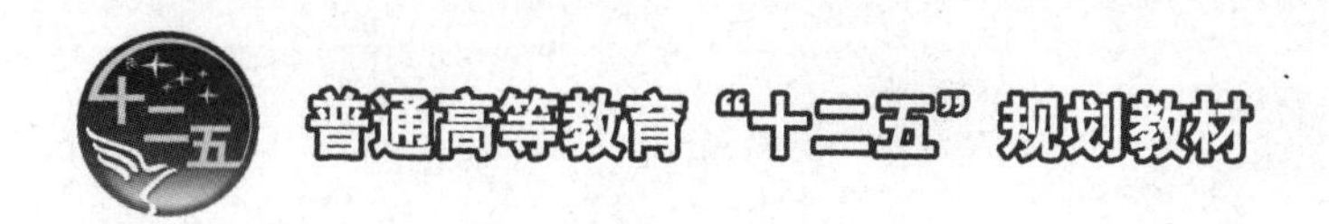

C++面向对象程序设计基础教程

主　编　付永华
副主编　黄　玲
编　写　傅尔胜　李　向　宋　涛
王亚楠　肖　连　杨金霞
主　审　李建文

中国电力出版社
CHINA ELECTRIC POWER PRESS

内 容 提 要

本书为普通高等教育"十二五"规划教材。本书具有以下特点：一，源于教学经验，符合教学规律——结合多年教学经验，融合各学校该课程的教学大纲，采用很多便于读者巩固所学知识的教学特征，设计了教学体系结构和教学内容，符合教学规律；二，实例易于理解——在保证程序结构严谨、清晰的基础上，尽量用生活实例来解释理论，而且大胆采用了趣味横生的一些例子，将知识点囊括其中，提高学生的学习兴趣；三，注重实践和提高——增加了设计部分，并提供了所有的源程序和设计思路，供学有余力的读者学习。

本书可作为普通高等院校程序设计基础课程的本、专科教材（可以根据本科、专科教学要求的不同进行适当取舍），对致力于数据库系统、交互式界面、应用平台、分布式系统、网络管理、CAD技术、人工智能等领域的开发人员亦有参考价值。

图书在版编目（CIP）数据

C++面向对象程序设计基础教程／付永华主编．—北京：中国电力出版社，2012.12

普通高等教育"十二五"规划教材

ISBN 978-7-5123-3790-9

Ⅰ．①C… Ⅱ．①付… Ⅲ．①C语言－程序设计－高等学校－教材 Ⅳ．①TP312

中国版本图书馆CIP数据核字（2012）第286166号

中国电力出版社出版、发行

（北京市东城区北京站西街19号 100005 http://www.cepp.sgcc.com.cn）

航远印刷有限公司印刷

各地新华书店经售

*

2012年12月第一版 2012年12月北京第一次印刷

787毫米×1092毫米 16开本 19.5印张 474千字

定价 **36.00** 元

前　言

自从20世纪60年代，面向对象这一概念被提出到现在，不但在编程方面，已经形成成熟的思想体系，成为软件开发的主流技术，而且，在信息科学、软件工程、人工智能和认知科学等领域，也产生了重要的影响。这种技术将客观世界直接映射到面向对象的世界，是一种全新的认知世界的方式。这种认知，可以通过编程语言来描述或者解释。

支持面向对象的语言很多，从最古老的Simula67语言和Smalltalk语言，到前几年比较流行的C#，每一种新的支持面向对象的语言的出现，都会掀起编程领域的一阵浪花。在这些璀璨的浪花中，一直持久澎湃的，应该属于C++。

"真正的程序员用C++，聪明的程序员用Delphi"。在编者上大学的时候，这句话就流行于编程领域。现在，因为各种因素，在网络时代，Delphi王朝已日渐没落，但C++风采依旧。

作为一门成熟的重量级语言，C++以强大灵活的语言机制、深邃的内涵、广博丰富的外延吸引了许多程序员。伴随着C++成为ANSI标准，C++和C++支持的面向对象的概念和应用已超越了程序设计和软件开发，扩展到很宽的范围。在数据库系统、交互式界面、应用平台、分布式系统、网络管理、CAD技术、人工智能等领域都可以看到C++的身影。

C++是一种高效应用的程序设计语言，它既可进行过程化程序设计，也可进行面向对象程序设计。学好C++，很容易触类旁通其他语言，C++架起了通向强大、易用、真正的软件开发应用的桥梁。因此，在深受程序员广泛喜爱的同时，基于技术的发展和学生的需求，目前，很多大学把支持面向对象编程的C++作为大学生的第一门语言，而支持结构化的语言，据了解，在国内的大学里，基本已经难觅踪迹。

但是，在进行"面向对象程序设计"、"C++高级语言程序设计"等课程的教学、课后辅导时，编者发现学生并不能够很好地学习和掌握C++，一开始劲头很足，打算学好C++，后来渐渐觉得课本晦涩，例题无趣，便失去了兴趣。很多初涉C++的程序员亦称接触到的教材或者书籍难觅佳品。

而且，有的人认为，编程无需教材，只要在网上找一些例子，多练习、多调试就够了，这样做是不错的，而且也应该如此。但这种情况，往往会造成不严谨，导致程序可阅读性不强。甚至，因为没有扎实的理论基础，对某些细节的东西，把握不到位，可能导致某些隐患。基于此，编者一直希望有一本严谨、务实，而又适用于各方面人员的教材。

该书的几位编者一直主讲"面向对象程序设计"、"C++高级语言程序设计"、"C语言程序设计"课程，有着多年的、丰富的一线教学经验，主持、参与了大量的横向课题、系统开发，有丰富的实践经验。知道学生最需要的是什么，深知如何去讲授才能让学生更好地理解知识。

从讲义到现在的书稿，已有三届学生、四个专业和近千名学生用过，可以说历经学生试用、反馈、修改、锤炼。经过对比分析，该书具有以下特点。

（1）例题经过精心设计，不是简单的C语言或者其他语言的重复。

（2）例题实用性较强，尤其是很多例题选用了游戏小程序，趣味性很强，避免了学生因为面向对象的抽象的理论知识从而产生的厌学心理。

（3）所有例题都经过运行调试，确保学生正确输入即可使用，代码注释丰富，利于学习。

（4）书中的“注意”、“规则”部分是几位编者通过多年教学、上机指导积累下来的宝贵经验，是重点、难点的总结。

（5）尝试用生活中的现象解释纯粹理论知识，增加可读性。

（6）该书的讲义有试用期，历经实践教学锤炼。

（7）力图跟踪国内外最新技术，增加课堂授课和实际应用的联系。

（8）提供在线的学习帮助系统。

（9）采用对错例题对比法，提前将学生容易犯的错误着重指出，提高了上机的质量和学生上手速度。

（10）第11章为学生提供实用、完整的程序代码，供能力突出的学生进一步研究提高。

（11）对部分不重要且其他教材中讲述比较详细的内容一笔带过，或者采用图的形式描述，侧重突出。

郑州航空工业管理学院王亚楠编写了第1章和第2章，郑州航空工业管理学院付永华编写了第3章和第11章，哈尔滨理工大学的黄玲编写了第4章、第5章和附录，郑州航空工业管理学院的傅尔胜编写了第6章，郑州航空工业管理学院李向编写了第7章，郑州航空工业管理学院宋涛编写了第8章，郑州航空工业管理学院肖连编写了第9章，河南省图书馆的杨金霞编写了第10章。郑州航空工业管理学院的王亚楠和付永华负责全书的程序调试。全书由郑州航空工业管理学院付永华统稿，由陕西科技大学李建文主审。

本书成书也几经波折，从该书初成讲义到出版，将近三年。

本书从构思体系到丰富内涵，一点一滴地积累，居然也有了四十余万文字；将打印的修改稿收集到一块儿，居然也充满了装显示器的纸箱；屏幕上，鼠标要拖动一会儿才能看到最后。看文字如同流水般轻轻划过屏幕，非常高兴。如果它能遂编者的心愿——为读者带来帮助，有些许提高，这是编者最大的欣慰。

真的要诚挚地表达编者的谢意：

感谢郑州航院信息科学学院刘永院长提供工作的支持、写作的灵感、多年编程的经验和部分源码的支持。

感谢李建文教授于百忙之中，审阅全书，并提出中肯的意见。

感谢刘冬青、谢晶和马晓林等同学，感谢她们将同学的意见汇总，及时和编委进行沟通，从学生的角度，提出自己的感受。

感谢所有正在帮助和曾经帮助编者的所有人。

限于水平本书存有许多错误和不足，敬请读者斧正，编者不胜感激。

编者信箱：fuyonghua_12@zzia.edu.cn。

编　者

2012年11月

目　录

第 1 章　面向对象技术暨 C++概述

1.1　面向对象技术概述

面向对象技术是一种全新设计和构造软件的技术，它使计算机解决问题的方式更符合人类的思维方式，更能直接地描述客观世界。通过增加代码的可重用性、可扩充性和程序自动生成功能来提高编程效率，并且大大减少软件维护的开销，已经被越来越多的软件设计人员所接受。希望读者通过本章的介绍，读者能从宏观上了解面向对象技术。本章首先介绍面向对象技术的基本概念、基本特征，面向对象与面向过程程序设计的区别，然后介绍目前流行的几种面向对象程序设计语言，特别强调 C++对面向对象技术的支持及其发展现状，其中还涉及.NET 技术。

1.1.1　面向对象技术的基本概念

1. 面向对象技术概述

面向对象技术是一种新的软件技术，其概念来源于程序设计。从 20 世纪 60 年代提出的面向对象的概念，到现在已发展成为一种比较成熟的编程思想，并且逐步成为目前软件开发领域的主流技术。同时，它不仅局限于程序设计方面，而且已经成为软件开发领域的一种方法论。它对信息科学、软件工程、人工智能和认知科学等都产生了重大影响，尤其在计算机科学与技术的各个方面影响深远。面向对象技术，可以将客观世界直接映射到面向对象解空间，从而为软件设计和系统开发带来革命性影响。

2. 面向对象与面向过程的区别

在面向对象程序设计（Object Oriented Programming，OOP）方法出现之前，程序员用面向过程的方法开发程序。面向过程的方法把密切相关、相互依赖的数据和对数据的操作相互分离，这种实质上的依赖与形式上的分离使得大型程序不但难于编写，而且难于调试和修改。在多人合作中，程序员之间很难读懂对方的代码，更谈不上代码的重用。由于现代应用程序规模越来越大，对代码的可重用性与易维护性的要求也相应提高，面向对象技术便应运而生了。

面向对象技术是一种以对象为基础，以事件或消息来驱动对象执行处理的程序设计技术。它以数据为中心而不是以功能为中心来描述系统，数据相对于功能而言具有更强的稳定性。它将数据和对数据的操作封装在一起，作为一个整体来处理，采用数据抽象和信息隐蔽技术，将这个整体抽象成一种新的数据类型——类，并且考虑不同类之间的联系和类的重用性。类的集成度越高，就越适合大型应用程序的开发。另一方面，面向对象程序的控制流程由运行时各种事件的实际发生来触发，而不再由预定顺序来决定，更符合实际。事件驱动程序执行围绕消息的产生与处理，靠消息循环机制来实现。更重要的是，可以利用不断扩充的框架产品 MFC（Microsoft Foundation Classes），在实际编程时采用搭积木的方式来组织程序，站在"巨人"肩上实现自己的愿望。面向对象的程序设计方法使得程序结构清晰、简单，提高了代码的重用性，有效地减少了程序的维护量，提高了软件的开发效率。

例如，用面向对象技术来解决学生管理方面的问题，重点应该放在学生上，要了解在管理工作中，学生的主要属性，要对学生做些什么操作等，并且把它们作为一个整体来对待，形成一个类，称为学生类。作为其实例，可以建立许多具体的学生，而每一个具体的学生就是学生类的一个对象。学生类中的数据和操作可以提供给相应的应用程序共享，还可以在学生类的基础上派生出大学生类、中学生类或小学生类等，实现代码的高度重用。

在结构上，面向对象程序与面向过程程序有很大不同，面向对象程序由类的定义和类的使用两部分组成，在主程序中定义各对象并规定它们之间传递消息的规律，程序中的一切操作都是通过向对象发送消息来实现的，对象接到消息后，启动消息处理函数完成相应的操作。

类与对象是面向对象程序设计中最基本且最重要的两个概念，有必要仔细理解和彻底掌握。它们将贯穿全书并且逐步深化。

3. 面向对象技术的基本特征

面向对象技术强调在软件开发过程中面向客观世界或问题域中的事物，采用人类在认识客观世界的过程中普遍运用的思维方法，直观、自然地描述客观世界中的有关事物。面向对象技术的基本特征主要有抽象性、封装性、继承性和多态性。

这些特征将放第 7 章去详细讲解。

1.1.2 面向对象程序设计语言和工具简介

20 世纪 60 年代，出现了最早的面向对象程序设计语言 Simula67 语言，具有了类和对象的概念，被公认为是面向对象语言的鼻祖。随后又出现了纯面向对象程序设计语言，如美国 Xerox Palo Alto 研究中心推出的 Smalltalk，它完整地体现并进一步丰富了面向对象的概念。进而出现了混合型面向对象程序设计语言，如 C++，这类语言一般是在其他语言的基础上开发出来的；还有与人工智能语言结合形成的面向对象程序设计语言，如 LOOPS、Flavors 和 CLOS；以及适合网络应用的面向对象程序设计语言，如 Java 语言等。下面简要介绍几种目前常用的面向对象程序设计语言。

1. 混合型面向对象程序设计语言 C++

C++是 AT&T Bell 实验室的 Bjarne Stroustrup 博士于 20 世纪 80 年代早期提出的，是迄今为止商业上最受欢迎的混合型面向对象程序设计语言。C++兼容了 C 语言并弥补了其缺陷，支持面向过程程序设计方法；增加了面向对象的能力，支持面向对象程序设计方法。许多软件公司都为 C++设计编译系统。如 AT&T、Apple、Sun、Borland 和 Microsoft 等，国内最为流行的是 Visual C++。同时，许多大学和公司也在为 C++编写各种不同的类库，其中 Borland 公司的 OWL（Object Windows Libray）和 Microsoft 公司的 MFC（Microsoft Foundation Class）是优秀的代表作，尤其是 MFC 在国内外都得到广泛应用。

C++被数以十万计的程序员应用到几乎每个领域中。早期的应用趋向于系统程序设计，有几个主要操作系统都是用 C++写出的：Compbell、Rozier、Hamilton、Berg、Parrington，更多系统用 C++做了其中的关键部分。C++还用于写设备驱动程序，或者其他需要在实时约束下直接操作硬件的软件。许多年来，美国的长途电话系统的核心控制依赖于 C++。图形学和用户界面是使用 C++最深入的领域，如 Apple Macintosh 或 Windows 的基本用户界面都是 C++程序。此外，一些最流行的支持 UNIX 中 X 的库也是用 C++写的。

本书就是以 C++为平台，描述面向对象技术。

2. 纯面向对象程序设计语言 Java

Java 是由 SUN 公司的 J.Gosling、B.Joe 等人在 20 世纪 90 年代初开发出的一种纯面向对象程序设计语言。Java 是标准的又是大众化的面向对象程序设计语言。首先，Java 作为一种解释型程序设计语言，具有简单性、面向对象性、平台无关性、可移植性、安全性、动态性和健壮性，不依赖于机器结构，并且提供了开发的机制，具有很高的性能；其次，它最大限度地利用了网络，Java 的应用程序（Applet）可在网络上传输，可以说是网络世界的通用语言；最后，Java 还提供了丰富类库，使程序设计者可以方便地建立自己的系统。因此，Java 具有强大的图形、图像、动画、音频、视频、多线程及网络交互能力，使其在设计交互式、多媒体网页和网络应用程序方面大显身手。

Java 程序有两种类型。一种是可在 Web 网页上运行的 Applet，称为小应用程序。考虑到网络环境、连接速度等原因，Applet 一般都比较小，适合客户端下载，很多网站利用 Java 开发出了商业网络平台，实现交互运行，还有大量的 Applet 嵌入到网页，使页面变得更加活泼生动。但 Applet 不能单独运行，必须嵌入在 HTML 文件中，由 Web 浏览器执行。另一种是 Application，即应用程序，可完成任何计算任务，运行时不必借助于 Web 浏览器，可单独执行。

Java 从 C++发展而来。Java 摒弃了 C++中许多不合理的内容，真正做到了面向对象。在 Java 中，一切都是对象。Java 通过 new 运算符创建对象，通过 new 运算符返回的对象引用来操纵对象，而不是直接操作指针，这样可以防止程序员的误操作而导致的错误。Java 通过内存垃圾收集机制，自动管理内存，不需要程序员显式地释放所分配的内存，从而大大减轻了程序员的负担。Java 与 C++都有类的概念，其最大的差异是 C++支持多重继承，而 Java 只支持单重继承。Java 抛弃多重继承是为了使类之间的继承关系更加清晰，不会造成任何混乱。

3. 可视化程序设计语言 Visual Basic

1991 年 Microsoft 公司推出了基于 BASIC 语言的可视化面向对象开发工具 Visual Basic，标志着软件设计和开发技术一个新时代的开始。在其带动下，相继产生了 Visual C++、Visual J++、Visual FoxPro 及 Borland Delphi、Power Builder 等众多可视化开发工具。这些工具的共同特点是，提供了 Windows 界面下一些常用界面元素样本。

所谓可视化技术一般是指软件开发阶段的可视化和对计算机图形技术和方法的应用。这里是指前者，即可视化程序设计，是应用可视化开发工具开发图形用户界面（GUI）应用程序的方法。软件开发人员不需编写大量代码去描述界面元素的外观和位置，而只需选定特定界面元素的样本，并用鼠标拖放到屏幕的窗体上，然后再通过不同的方法，编写一些容易理解的事件处理程序，就可完成应用软件的设计。

在 Visual Basic 中，既继承了 BASIC 语言所具有的语法简单、容易学习、容易使用、数据处理能力强的特点，又引入了面向对象、事件驱动的编程机制和可视化程序设计方法，大大降低了开发 Windows 应用程序的难度，有效地提高了应用程序开发的效率。同时，Visual Basic 还兼顾了高级编程技术，不仅可以编写功能强大的数据库应用程序、多媒体处理程序，还可以用来建立客户与服务器应用程序、通过 Internet 访问遍及全球的分布式应用程序、创建 ActiveX 控件及与其他应用程序紧密集成。它可以实现 Windows 的绝大部分高级功能，如多任务、多文档界面（MDI）、对象的链接与嵌入（OLE）、动态数据交换、动态链接库（DLL）子程序的调用等，尤其是动态链接技术，使得 Visual Basic 可以调用 Windows 系统的各种资源。

但是，Visual Basic 存在语法不严格、开发出的系统稳定性较低的缺点。相对 Visual C++语言来说，Visual Basic 面向系统底层的编程能力有限，不适合开发系统监控程序，不适合设备驱动程序的开发。比较而言，Visual C++虽然学习起来难度较大，但开发出的系统稳定性高，同时还能使用 Visual C++做一些 Windows 系统下特殊应用的开发，如设备驱动程序等。

4. Visual C++

随着 C++逐渐成为 ANSI 标准，它迅速成为程序员最广泛使用的工具，其开发环境也随之不断地推出。Visual C++从 1.0 发展到 6.0 等版本，软件系统逐渐庞大，功能日益完善。

（1）Visual C++ 6.0。1986 年 Borland 公司开发了 Turbo C++，而后又推出了 Borland C++。Microsoft 公司于 20 世纪 80 年代中期在 Microsoft C 6.0 的基础上开发了 Microsoft C/C++ 7.0，同时引进了类库 MFC 1.0 版本，完善了源代码。这些版本都是依赖于 DOS 环境，或在 Windows 下的 DOS 模式下运行。随后 Microsoft 公司推出了 Microsoft C/C++ 8.0，即 Visual C++1.0 版本，它是 Microsoft 公司推出的第一个真正基于 Windows 环境下的可视化集成开发环境，将编辑、编译、连接和运行集成为一体。由于 Internet 的流行，在 4.0 版本中，Visual C++引进了为 Internet 编程而设计的新类库。5.0 版本也增加了一些新类，但注意力更多地集中在改善产品的界面上，以提供一个更好的在线帮助系统、更高级的宏能力和对在开发者组内进行类和其他代码共享的支持。6.0 版本在功能上做了进一步的改进。

Visual C++ 一直是用于创建高性能的 Windows 和 Web 应用程序与 Web 服务的最佳语言。Microsoft 公司自喻 Visual C++是所有开发语言及工具中的“旗舰”。Visual C++不仅是 C++语言的集成开发环境，而且与 Win32 紧密相连，利用 Visual C++可以完成各种各样的应用程序的开发，从底层软件直到上层直接面向用户的软件，而且 Visual C++强大的调试功能也为大型应用程序的开发提供了有效的排错手段。

（2）Visual C++.NET。Visual C++.NET 是 Microsoft 的新一代 Visual C++语言。2000 年 6 月 22 日，Microsoft 公司正式推出了 Microsoft.NET（以下简称.NET），使 Microsoft 公司现有的软件在 Web 时代不仅适用于传统的 PC，而且也能够满足新设备的需要，如蜂窝电话及个人数字助理（Personal Digital Assistant，PDA）等。

（3）2.C#与.NET。当 Microsoft 公司推出组件对象模型（Component Object Model，COM），通过将组件改变为通用、集成型的构件，开发人员逐渐地从过去的繁杂编程事务中解脱出来，可以选择自己最得心应手的编程语言进行编程。然而，软件组件与应用程序之间的结合仍然是松散的，不同的编程语言与开发平台限制了模块间的互用性，其结果是产生了日益庞大的应用程序与不断升级的软硬件系统。

为了将快速的应用程序开发与对底层平台所有功能的访问紧密结合在一起，Microsoft 公司推出了 C#。C#是专门为.NET 应用而开发的面向对象程序设计语言，C#为 C++程序员提供了快捷的开发方式，使得程序员能够在.NET 平台上快速开发各种应用程序。同时，C#忠实地继承了 C 和 C++的基本特征——强大的控制能力及其他优点。

使用 C#语言设计的组件能够用于 Web 服务，通过 Internet，可以被运行于任何操作系统上的任何编程语言所调用。C#运行于.NET 平台之上，其各种特性与.NET 有着密切联系。它没有自己的运行库，许多强大的功能均来自.NET 平台的支持。

据了解，C++、Java 和 C#是应用最广泛的三种支持面向对象技术的编程语言，其中 C++

的历史最为悠久，在面向对象技术方面支持更多的特性，如运算符重载、多重继承等。因此，本书将采用 C++语言来介绍面向对象的编程技术。

1.2 C++ 初　窥

C++包含三部分相对独立的编程技术：以 C 语言为代表的面向过程的编程技术；C++向 C 语言中增加了类之后的面向对象编程技术；通过模板来实现的泛型编程。本章将带读者了解这些知识。但首先，请想一想为什么 C++从 C 中继承了这么多内容。我们使用 C++编程的一个主要原因就是要使用它的面向对象技术，但是你必须要首先了解一些 C 语言的基本编程技术：基本数据类型、运算符、控制结构和语法规则等。因此，如果你已经学会了 C 语言，那么再学习 C++将会比较从容，但也绝不是你想象的那样简单，多学几个关键字和结构就能精通 C++了。本书将指引着读者一步一步地学习 C++知识，每一阶段都经过精心的安排，最大化地降低学习 C++的难度。

本书假设读者从未学过 C 语言，因此在内容上既包含 C 语言的基础知识，也包含 C++的高级知识。使用本书，可以同时学到 C 和 C++的知识。如果你已经会 C 语言了，那么你将发现，本书的前半部分将是很好的复习 C 语言的资料。在这些章节中，既包含了后面将用到的重要概念，也讲明了 C 和 C++的区别。当你 C 语言基础扎实之后，你将开始学习 C++的高级知识。那时，你将了解类和对象的概念，以及 C++中是如何实现的。你还将学习模板，这也是非常重要的技术，能大大增加代码的重用性。

本书并没有打算写成一本无所不包的 C++手册，它并没有去探索语言中的所有细节。但是你将学到 C++中绝大部分重要的特性，包括模板，异常和命名空间。

下面让我们先简单地了解一下 C++的背景知识。

1.3 C++ 简　史

在过去的几十年里，计算机技术以不可思议的速度在进化发展。今天的笔记本电脑，无论是运算速度还是存储器的容量，都要强于 20 世纪 60 年代的大型机。编程语言也是一样，虽然变化不是特别显著，但这些变化都十分重要。更大、更强的计算机孕育了更大、更复杂的程序。随着程序规模的不断增大，程序设计过程的管理变得日益困难，程序部署后的维护工作也同样越来越烦琐。

20 世纪 70 年代，C 语言和 Pascal 语言开创了结构化编程的时代。C 语言同时还具有代码结构紧凑、运行效率高的特点，并且能够直接操纵硬件。这些特点使得 C 语言在 20 世纪 80 年代成为具有统治地位的编程语言。同时，20 世纪 80 年代还诞生了其他的一些编程模式，也就是 C++和 SmallTalk 语言提供的面向对象编程技术（OOP）。下面让我们进一步了解一下 C 语言和 OOP。

1.3.1 C 语言

20 世纪 70 年代，贝尔实验室的 Dennis Ritchie 正在参与一个重要的项目，那就是 UNIX 操作系统的开发。为了顺利完成这个项目，他需要一种简洁高效并且能直接操纵硬件的编程语言。按惯例，程序员一般都会选择汇编语言来完成这类任务。但是汇编语言太低级了，与计算机的 CPU 密切相关。如果你想把一个汇编语言编写的程序移植到另一个型号的计算机上，那么你几乎需要重新编写整个程序。而 UNIX 操作系统的设计目标是能够运行在各种类型的计算机上面，因此，人们需要一种高级别的语言，这种语言主要是用来解决各种问题，并且与硬件细节无关。因此，用这种语言编写出来的程序，拿到其他类型的计算机上运行时，只需要用该计算机的专用编译器重新编译一下即可，而无需重新编写整个程序。Ritchie 设想了一种语言，既有低级语言的高效性和硬件访问特性，又有高级语言的通用性和可移植性，于是他创造了 C 语言。

1.3.2　C 语言的设计哲学

由于 C++是在 C 语言的基础之上增加了新的编程哲学，因此，我们有必要先了解一下 C 语言的编程哲学。一般来讲，编程语言主要处理两个方面的东西——算法和数据。数据涵盖了一个程序所使用和处理的信息，而算法是程序在解决问题时所用到的方法。和大多数主流编程语言一样，C 语言在创建之初是一个过程式编程语言，这意味着它更重视算法的编写。

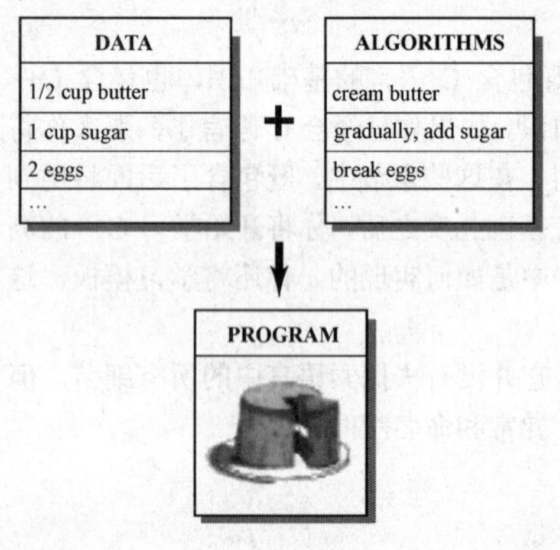

图 1.1　算法 + 数据 = 程序

从概念上讲，过程式语言首先设计出解决一个问题都需要哪些操作，然后用语言实现这些操作。一个程序事先制订好一系列的过程让计算机执行，从而得出一个特定的结果。这就好比一个食谱制订了一系列的操作，最终烘烤出一个蛋糕一样，如图 1.1 所示。

像 Fortran 和 BASIC 这种早期的过程式编程语言，它们在程序的组织结构方面有很大的问题。例如，程序中经常用到分支语句，根据判断结果的不同，来选择不同的代码块执行。许多早期的编程语言在处理这种结构时，如果问题比较复杂，则代码逻辑就会非常混乱。这种程序阅读起来非常困难，对它进行维护和修改简直就是一个灾难。因此，计算机科学家们制定了一种编程规范，称之为结构化编程。C 语言充分吸收了这种编程规范的特点。在处理分支结构时，C 语言仅仅提供了少量几个含义明确的关键字，如 for、while、if else 等。

自顶向下的设计方式是另一个新的概念。在 C 语言中，处理复杂问题的时候，都是先将它分解为若干个含义明确、易于处理的子问题。如果某个子问题仍然规模太大，则可以继续将它分解。在 C 语言中，提供了“函数”这一功能来帮助你实现问题的分解。你可能已经注意到了，结构化程序设计反映了这样一种设计过程：将问题分解为若干个操作，通过这些操作来最终解决问题。

1.3.3　C++的变化：面向对象的编程

尽管结构化编程对于程序的清晰性、可靠性及可维护性都有了大幅的改进，但是面对大型程序，它仍然有些力不从心。OOP 带来了一种新的方法来应对这种挑战。与强调算法的过程式编程不同，OOP 强调的是数据。传统的编程方式是让问题去适应编程语言，而 OOP 则尽量让语言去适应问题，其思想就是设计各种数据形式来与问题进行匹配，充分地表达出问题的特点。

在 C++中使用“类”这一概念来描述一种新的数据形式，而“对象”是针对类的定义，赋予具体的数据之后形成的一种数据结构。例如，类可以用来定义一个公司的高管的公共属性（姓名、头衔、年薪等），而对象用于描述一个具体人（马化腾，首席执行官，300 万）。一般来讲，类用来定义描述一个对象都需要哪些数据，并且定义了都可以对这些数据进行哪些操作。例如，你正在编写一个绘画程序，有一个功能是可以绘制一个矩形，那么你应该定义一个矩形类，该类可能包含如下属性，分别是左上角坐标，长、宽、线条颜色、线条风格、填充颜色等。在矩形类中，还应该定义相应的操作，如移动矩形、旋转矩形、改变填充颜色、调整大小等。当上述一切都实现之后，你在程序中想绘制一个矩形时，只需要定义一个矩形对象就可以了，然后通过各种方法来对其进行改变。如果你想绘制两个矩形，那么你需要定义两个对象，每个对象分别代表一个矩形。

在面向对象的编程模式中，首先需要定义一些类，来充分描述待解决问题中的方方面面。例如，在编写一个绘图程序的时候，你可能会定义直线类、矩形类、椭圆类、毛笔、铅笔、钢笔、画刷等这些类。接下来在编写程序的时候，就可以充分利用这些类提供的功能，方便地完成相应操作。由此可见，在 OOP 编程中，我们首先在较低的层次上进行编码，如定义一些类，然后进入到较高的层次上，如考虑一下程序的逻辑模式等。因此，这种编程模式被称为自底向上的方式。

面向对象的编程不仅仅是定义和使用类这么简单，它还包含更多的内容。例如，OOP 编程可以帮你创建可重用的代码，大大降低你的工作量。信息隐藏可以帮你避免一些不恰当的数据访问。多态允许你对运算符和函数进行重载，从而在运行时确定具体的工作代码。继承允许你根据已有的类来生成新的类。由此可见，OOP 编程引入了大量新的概念，与之前的过程式编程有很大的不同。之前在编程时，我们总把精力集中在具体的细节上，而现在，我们更多的是关注高层次的概念。之前是自顶向下的编程，而现在是自底向上的编程。本书将通过大量的、浅显易懂的例子来引导读者学习相关知识。

当然，设计一个优秀的类是十分困难的。幸运的是，C++中已经提供了大量的设计优良、功能实用的类来供你使用。同时，一些公司和组织也提供有类库供你使用，比如 Microsoft 公司就提供了 MFC 来帮助你方便地创建 Windows 下的图形应用程序。C++的一大特色就是它允许你重用那些设计精良、久经考验的成熟的类库。

1.3.4　C++与泛型编程

泛型编程是 C++支持的另一个编程模式，它和 OOP 技术相互配合，大大地增加了代码的重用性。OOP 主要是将各种编程元素抽象成类，而泛型是对数据类型进行抽象，从而使得同一段代码可以处理不同的数据类型。OOP 的优势是使大型项目的管理变得更容易，而泛型是处理常用任务的有利工具，比如排序、合并链表等。“泛型”的含义就是类型的独立性。C++中有很多数据类型，有整型、实型、字符型、布尔型，还有用户自定义的各种类型。如果你要对各种数据类型进行排序，则按照以前的编程方式，你必须针对每一种数据类型编写一个排序函数。而泛型技术允许你只编写一个排序函数，排序的数据类型指定为“泛型”，在调用这个函数时，将各种具体的数据类型代入，都可以使得函数完美地工作。由此可见，代码的重用性大大增加，编程工作量显著减少。在 C++中使用模板技术来实现泛型。

1.3.5　C++的起源

和 C 语言一样，C++也是源自于贝尔实验室，于 20 世纪 80 年代初由 Bjarne Stroustrup 发明。在谈到自己发明 C++的原因时，Bjarne Stroustrup 这样说：“我设计 C++的目的是让我和我的朋友无需再使用汇编、C 或其他高级语言来编写程序。C++的设计目标就是让每一个程序员都感到写程序是一件简单有趣的事情。”

在设计 C++的时候，Bjarne Stroustrup 最关心的问题是一定要让它易于使用。Bjarne Stroustrup 更愿意在 C++中加入一些编程中能实际用到的特性，而不是那些理论上很美好的东西。之所以选择在 C 语言的基础上进行改进，是因为 C 语言很简洁，很适合于系统编程，应用广泛并且与 Unix 操作系统关系十分密切。C++的 OOP 特性是受到了 Simula67 语言的启发。Bjarne Stroustrup 在向 C 语言中添加面向对象特性和泛型特性的时候，几乎没有改变 C 语言原有的内容。因此 C++是 C 语言的超集，也就是说，在 C 语言环境下运行良好的程序，也同样能在 C++环境下运行。C 和 C++之间或多或少还是有一些差别的，但不是十分重要。C++程序同样可以使用专门为 C 语言设计的函数库。这些特性使得 C++的推广变得非常容易。

C++的命名源自于 C 语言中的“++”运算符，该运算符的功能是在变量原有值的基础上加 1。因此，C++从名字上可以理解为是 C 语言的一个增强版本。

一个计算机程序就是把一个真实的问题转化为若干个计算机能够处理的模块。C++的面向对象特性使得它很容易对问题进行描述，而它包含的 C 语言特性又使得它很容易地操纵硬件。这种能力上的组合使得 C++迅速被大家所接受。

C++的泛型特性并不是一开始就有的，而是在 C++取得了阶段性成功之后，Bjarne Stroustrup 才添加进去的。只有当模板技术被广泛应用之后，人们才发现模板技术是 OOP 技术的一个重要的增强，有些人甚至认为模板比 OOP 更重要。OOP、泛型加上 C 语言的特性，这一切都表明 C++是一门非常重视实用性的语言，这也是它能取得成功的因素之一。

1.4 可移植性和标准

如果一个程序在更换平台之后，则能够顺利编译并正确执行，我们就说这个程序具有“可移植性”。

要想实现程序的可移植性会遇到很多困难，首先就是硬件的不兼容。如果一个程序用到了硬件的某些细节，那么它很难实现可移植性。为了减小移植程序的难度，对于直接访问硬件的代码，我们应该将它单独作为一个模块来编写。这样，在移植程序的时候，只需要把这个模块重新编写，而其他代码可以不做修改。在本书中我们将不会涉及这类代码。

另一个影响程序可移植性的是方言问题。先不说编程语言，就是我们日常说话中，同一个意思都会有不同的表达方式。普通话说“好”，郑州话说“中”，商丘话说“管”，其实都是一个意思。同样的，在编程语言中也存在方言问题。不同的编译器提供商，如 Intel 和 Microsoft，在实现 C++的时候都尽可能相互保持统一，但是，若没有一个公共的标准，不同公司之间想保证 100%统一是不可能的，每个公司的 C++都会有自己的方言。因此，美国国家标准化委员会（ANSI）在 1990 年成立了一个小组来开发 C++语言标准（C 语言标准也是这个委员会制定的）。国际标准化组织（ISO）不久之后也加入到这个项目中，共同开发 C++标准。

经过几年的努力，该标准于 1998 年制定完成，俗称 C++98。这个标准不仅规范地描述了 C++已经存在的特性，还对语言进行了扩充，加入了异常、运行时类型检查（RTTI）、模板和标准模板类库（STL）。在 2003 年，C++标准的第二个版本发布了。新版本标准是对上一个版本的修订——修正了一些印刷错误，明确了一些有歧义的地方。新标准并没有增加新特性。这个版本的 C++标准俗称 C++ 03。

C++还在继续演变进化。ISO 委员会于 2011 年 8 月发布了 C++ 11 标准。和 C++ 98 一样，C++ 11 标准为语言增加了许多新特性。它的目标是消除所有的不一致性，并且让语言变得更容易学习和使用。这个标准先前被称做 C++0x，当时人们认为 x 的取值应该是 7 或 8，也就是人们期待着该标准在 2007 年或 2008 年完成。但实际上标准的制定工作进展非常缓慢，直到 2011 年才完成。为了掩盖这种进度缓慢的尴尬，人们又将 0x 解读为十六进制数字，按照这种解释，这个标准在 2015 年之前出来都是正常的。按照这种解释，ISO 组织出色地完成了任务，在计划时间内发布了标准。

ISO C++标准又将 ANSI C 标准吸收进来，因为 C++被认为是 C 语言的一个超集。这意味着凡是合法的 C 语言程序，都应该是合法的 C++程序。虽然在 ANSI C 标准和当前的 C++标准之间存在着一些的不同之处，但数量非常少。实际上，在 ANSI C 中还引入了一些首先出现在 C++中的内容，如 const 修饰符。

在 ANSI C 标准出台之前，人们将 Kernighan 和 Dennis Ritchie 写的一本书《C 语言程序设计》当做事实标准，这个标准通常被称为 K&R C。ANSI C 标准出台之后，K&R C 标准现在一般被称为经典 C。

ANSI C 标准不仅定义了 C 语言的语法规范，同时还定义了一个 C 语言的标准库，所有的 C 语言提供商都必须支持该标准库，C++也同样支持该标准库。另外，ISO C++还为 C++定义了一个标准的类库。

综上所述，C++语言的发展经历了如下阶段。

（1）一开始，并没有书面标准，人们将 Bjarne Stroustrup 写的《C++程序设计》作为事实标准来遵照执行。

（2）C++ 98 标准出台，向语言中添加了许多新特性。该标准将近有 800 多页。

（3）C++ 11 标准出台，该标准长达 1300 多页。

1.5　创建一个程序的步骤

假如你想写一个 C++程序，你该如何编写并使得它能够运行呢？根据你的计算机所使用的操作系统的不同，还有你使用的编译器的不同，其中的步骤可能会不一样。但是，无论任何操作系统还是编译器，都少不了如下几个步骤，只是操作方式上有所不同而已。

（1）使用一个文本编辑器编写 C++代码，并将结果保存为文件。这个文件被称之为 C++源代码。

（2）用编译器对源代码进行编译，也就是使用一个称之为“编译器”的软件，对源代码进行处理，将其转化为与特定机器相关的机器指令。转变后的程序被称为目标代码。

（3）将目标代码与其他的一些代码进行连接。例如，C++程序一般都会使用标准库。标准库中包含了常用功能的目标代码，当你要实现诸如“打印信息到屏幕上”、“求一个数字的平方根”等功能时，可以直接调用相关代码。之后通过连接的方式，将你写的代码、库代码，还有平台相关的一些启动代码组合成一个可执行程序，如图 1.2 所示。

在本书中你将会经常遇到“源代码”这一概念，因此，请牢记这一概念。

本书中的大部分代码都是通用的，平台无关的，按照 C++98 编写，能够在所有的系统中

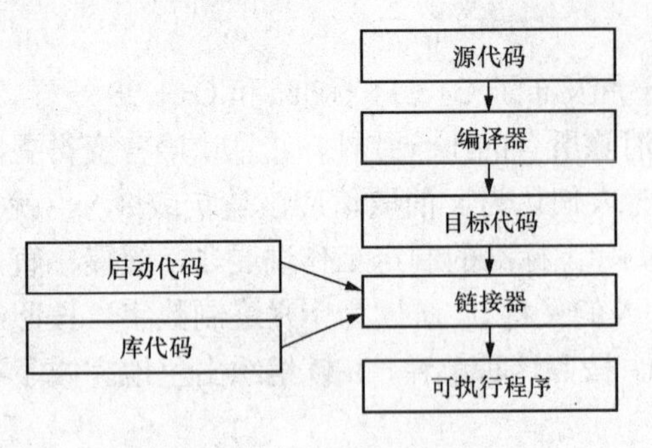

图 1.2　程序设计步骤

顺利地编译运行。当然，根据系统平台的不同，具体的操作还是有一些区别的，下面让我们来看看在各平台上该如何具体操作。

1.5.1　创建源代码文件

总的来讲，开发环境可分成两类。一类称之为 IDE，也就是集成开发环境，像 Microsoft 公司的 Visual C++，Apple 公司的 XCode 等，只需一套工具就包含了创建一个程序所需要的所有步骤。另外一种类型的开发工具，像 UNIX 系统中的 GNU C++等，仅仅能够处理编译和链接功能，而且还需要用户手动输入命令。针对这种开发环境，你可以使用任意的文本编辑器来编写代码，在 UNIX 系统中，vi 和 emacs 都是不错的文本编辑器。

在对源文件进行命名时，你必须要指定正确的扩展名来表明这是一个 C++源文件。这并不是为了方便你识别这个文件，而是让编译器将其识别为 C++源文件。如果你在 UNIX 系统中编译 C++程序，而编译器返回一个错误的“bad magic number”，这就是在告诉你文件扩展名弄错了。

扩展名并不是唯一的，根据你使用的开发环境的不同，扩展名是可以不一样的。图 1.3 展示了不同的系统中所能接受的扩展名。例如，spiffy.c 在 UNIX 系统下就是一个合法的 C++源文件名。当然，考虑到 UNIX 系统中是大小写敏感的，因此，如果你把扩展名写成了大写的 C，那么就不对了。而在 Windows 系统中，字母大小写是不敏感的，无论是大写还是小写都可以。

C++ Implementation	Source Code Extension(s)
UNIX	C, cc, cxx, c
GNU C++	C, cc, cxx, cpp, c++
Digital Mars	cpp, cxx
Borland C++	cpp
Watcom	cpp
Microsoft Visual C++	cpp, cxx, cc
Freestyle CodeWarrior	cpp, cp, cc, cxx, c++

图 1.3　源文件扩展名

1.5.2　编译和链接

一开始，Bjarne Stroustrup 在实现 C++的时候，采用的方式是先将 C++代码转化为 C 代码，然后利用 C 编译器进行编译。随着 C++的应用范围越来越广，越来越多的编译器开始直接支持 C++语法，而不是先将其转化为 C 代码。这样就使得 C++的编译速度有所提高，并且使人们感觉到 C++是一门独立的语言。

由于国内主流的操作系统是 Windows 操作系统，因此，本书主要介绍在 Windows 下如何编写 C++程序。Microsoft 公司出品的 Visual C++是一款非常流行的用于编写 C++程序的 IDE，至今已经发展到 Visual C++ 2010 版本。然而，新版本的 IDE 虽然功能强大，但体积也是很庞大的，安装起来不是很方便，并不适合初学者使用。因此，本书决定采用经典的 Visual

C++ 6.0 版本进行讲解。Microsoft 公司于 1998 年发布了 Visual C++ 6.0，取得了空前的成功，它一度成为 Windows 平台上最主流的 C++开发环境。当然，由于 C++在 1998 年才发布了第一版标准，因此 Visual C++ 6.0 对标准的支持并不是特别完美，来自百度百科的数据显示，其对标准的支持度只能达到 83.43%，但这并不影响我们的使用。当遇到 Visual C++ 6.0 与标准不兼容的地方时，本书会特别注明。下面让我们来看看如何在 Visual C++ 6.0 中创建一个 C++程序。

图 1.4 为 Visual C++ 6.0 启动后的界面。从图中我们可以看到，其主要工作区域内并无内容。接下来我们要做的事情就是创建一个新的工程，用于编写程序。单击菜单栏左上角的“文件”菜单，选择“新建”选项，出现界面如图 1.5 所示。

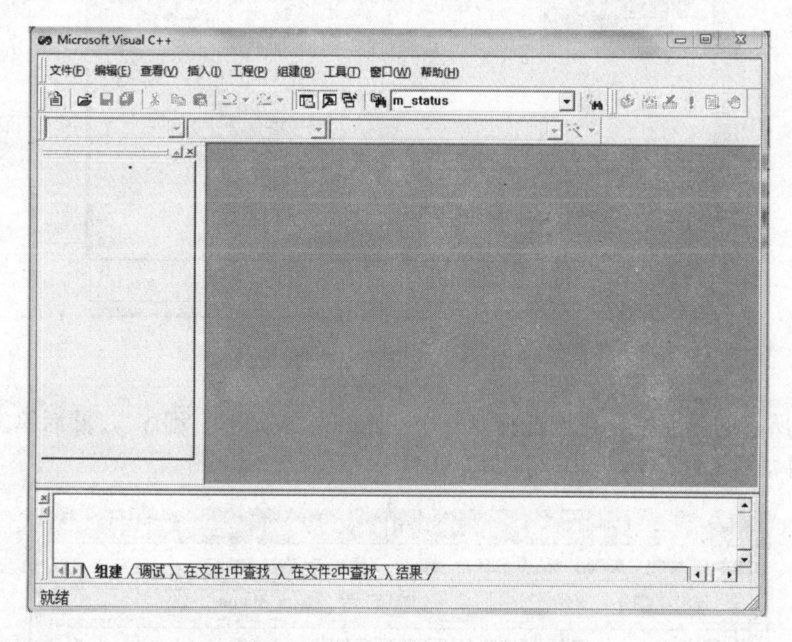

图 1.4　Visual C++ 6.0 启动界面

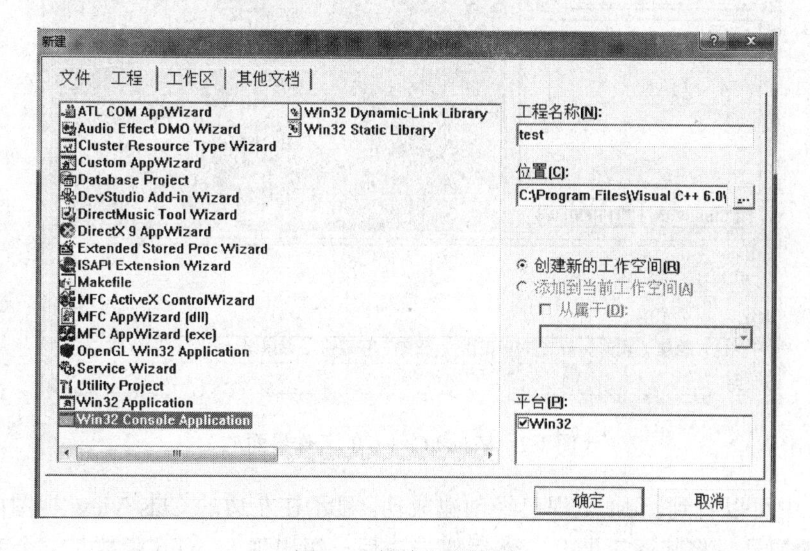

图 1.5　新建工程界面

图 1.5 展示了 Visual C++ 6.0 可以创建的各种工程，有 COM 工程、数据库工程、DirectX 工程和 Win32 工程等。我们只是要编写简单的 C++程序，因此，选择“工程”最下面的 Win32 Console Application。然后在界面右上角的“工程名称”内给工程起个名字，我们将其命名为 test。单击“确定”按钮后，出现界面如图 1.6 所示。

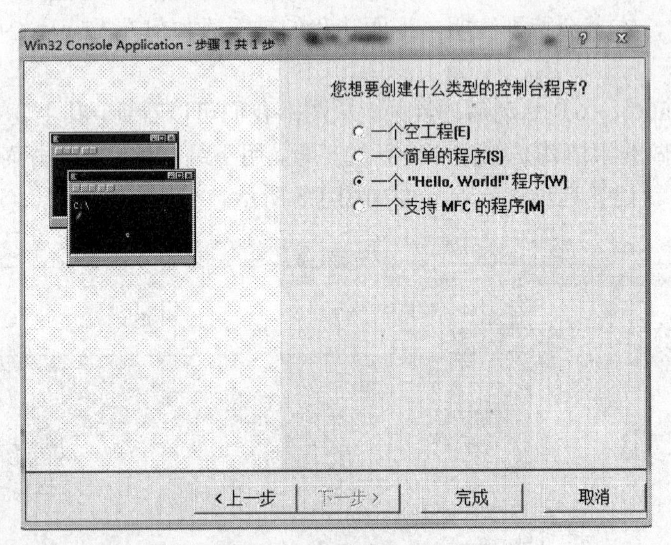

图 1.6 选择程序类型

在图 1.6 所示的界面中，我们选择“一个‘Hello，World！’程序”，然后单击“完成”按钮，出现界面如图 1.7 所示。

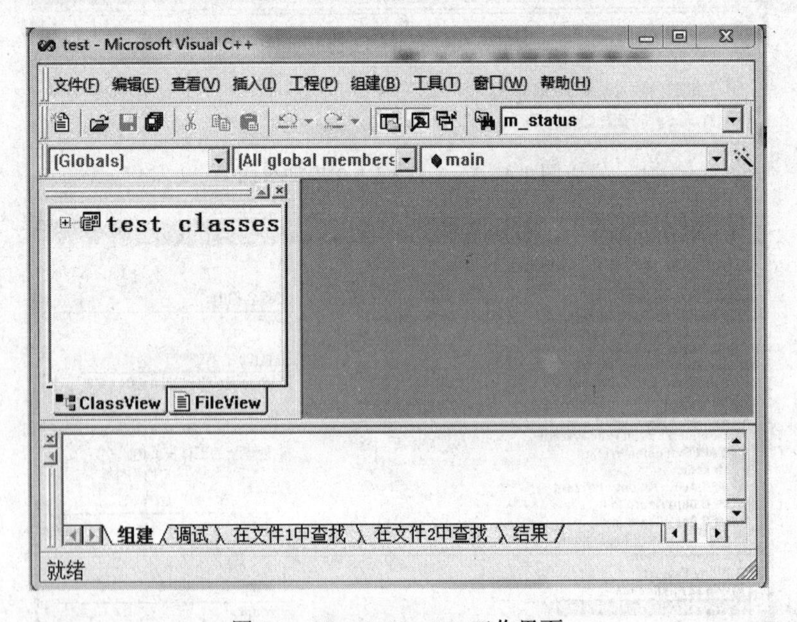

图 1.7 Visual C++ 6.0 工作界面

在图 1.7 中可以看到，test 工程已经创建成功，显示在左边的 ClassView 视图内。单击 test classes 左侧的加号，将其逐级展开，然后双击最后一级出现的 main 函数，一个 Hello World

程序就会出现在右侧，如图 1.8 所示。

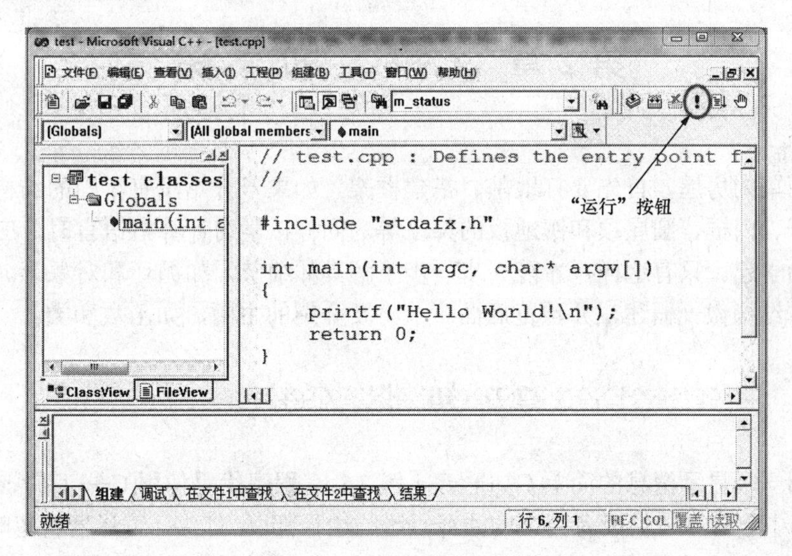

图 1.8　Hello World 程序

至此，一个完整的 C++程序就已经建立完毕。可以在此基础上进行修改，实现相应的功能。当代码编写完毕，单击图 1.8 中所特别标出的"运行"按钮，也就是界面右上角的一个红色的叹号，程序就会运行，在屏幕上显示出结果。

习　题

选择题

1. 面向对象程序设计的缩写是（　　）。

   A. OOP　　B. OOD　　C. OOX　　D. OOM

2. 下列哪个编程语言不是面向对象的（　　）。

   A. JAVA　　B. C 语言　　C. C++　　D. C#

3. 下面哪个 IDE 是 C++开发工具（　　）。

   A. Eclipse　　B. JBuilder　　C. Visual C++ 6.0　　D. NetBeans

第 2 章　C++　初　探

要建造简单的房屋，首先要打地基、搭建框架。如果一开始没有牢固的结构，则后面就很难构建窗子、门框、圆屋顶和镶地板的舞厅等。同样，学习计算机语言时，应该从程序的基本结构开始学起。只有这样，才能一步一步了解具体细节，如循环和对象等。这一章将要对 C++的基本结构做一概述，并预览后面章节将要介绍的主题，如函数和类。

2.1　初　识　C++

首先介绍一个显示消息的简单 C++程序［例 2.1］。程序代码使用 C++工具 cout 生成字符输出。源代码中包含一些供读者阅读的注释，这些注释都以//打头，编译器将忽略它们。C++对大小写敏感，也就是说区分大写字符和小写字符。这意味着大小写必须与范例中相同。例如，该程序使用的是 cout，如果将其替换为 Cout 或 COUT，程序将无法通过编译，并且编译器将指出使用了未知的标识符（编译器也是对拼写敏感的，因此请不要使用 Kout 或 coot）。文件扩展名 cpp 是一种表示 C++程序的常用方式。

【例 2.1】 在屏幕上打印一些消息。

```
#include<iostream>                    //预处理指令
int main()                            //函数头
{                                     //函数体开始
    using  namespace  std;            //使用命名空间
    cout<<"快来跟我学习 C++。";        //输出一条信息
    cout<<endl;                       //输出换行
    cout<<"你一定能成为高手！"<< endl;
    return 0;                         //程序结束
}                                     //函数体结尾
```

运行结果：

```
快来跟我学习 C++。
你一定能成为高手！
```

如果已经使用过 C 语言来编程，则看到 cout 对象（而不是 printf()函数）时可能会小吃一惊。事实上，C++能够使用 printf()、scanf()和其他所有标准 C 输入和输出函数，只需要包含常规 C 语言的 stdio.h 文件。不过本书介绍的是 C++，所以将使用 C++的输入/输出对象，它们在 C 版本的基础上作了很多改进。

使用函数来创建 C++程序。通常，先将其划分为各个模块任务，然后设计独立的函数来处理这些模块。［例 2.1］中的程序非常简单，只包含一个名为 main()的函数，它包含了以下这些元素：

- 注释，用//前缀表示。
- 预处理器编译指令#include。

- 函数头：int main ()。
- 编译指令　using　namespace。
- 函数体，用{和}括起。
- 使用C++的cout对象来显示消息。
- 结束main( )函数的返回语句。

下面详细介绍这些元素。首先来看看main( )函数，因为了解了main( )的作用后，main( )前面的一些特性（如预处理器编译指令）将更易于理解。

2.1.1　main( )函数

去掉修饰后，［例2.1］中的范例程序的基本结构如下。

```
int mian()
{
   statements
   return 0;
}
```

这几行表明有个名为main( )的函数，并描述了该函数的行为，这几行代码构成了函数的定义（function definition）。该定义由两部分组成：第一行int main叫函数头（function heading），花括号中包括的部分叫函数体（function body）。如图2.1所示对main( )函数做了说明。函数头对函数与程序其他部分之间的接口进行了总结；函数体是指出函数应该执行什么指令，在C++中，每条完整的指令都称为语句（statement）。所有的语句都以分号结束，因此在输入范例代码时，请不要省略分号。

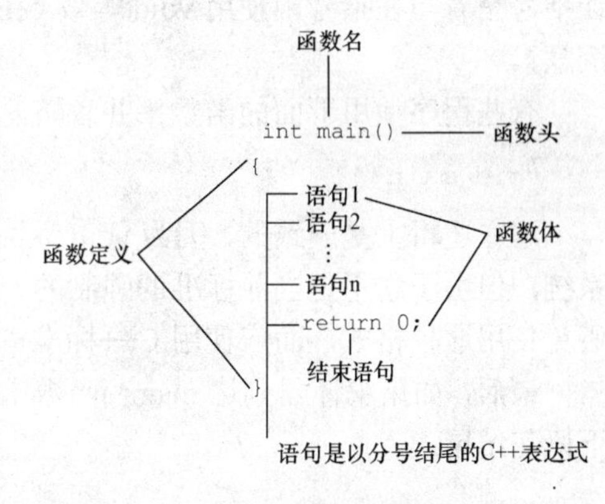

图2.1　main( )函数

main( )中最后一条语句叫返回语句（return statement），这条语句一执行，函数就结束了。

语句是一条完整的计算机指令。为理解源代码，编译器需要知道一条语句何时结束，另一条语句何时开始。有些语言使用语句分割符。例如，Fortran通过行尾将语句分割开来，Pascal使用分号分割语句。C++和C一样，使用终止符（terminator），而不使用分隔符。终止符是一个分号，是语句的结束的标记，是语句的组成部分，而不是语句之间的标记。

下面我们来看看函数头。就目前而言，需要记住的主要一点是，C++语法要求main( )函数的定义以函数头 int main( )开始，本章后面的“函数”一节将详细讨论函数头语法，不过，为满足读者的好奇心，我们可以先简单介绍一下。

C++函数可以被其他函数调用，函数头描述了本函数与它的调用者之间的接口。位于函数名前面的部分叫函数返回类型（function return type），它描述的是函数返回给它的调用者的信息。函数名后括号中的部分叫形参列表（arguement list）或参数列表（parameter list），它描述的是从调用函数传递给被调用的函数的信息。

不过，通常，main( )被启动代码使用，而启动代码是由编译器添加到程序中的，是程序和操作系统之间的桥梁。事实上，该函数头描述的是main( )和操作系统之间的接口。

来看一下 main()的接口，该接口从 int 开始。C++函数可以给调用函数返回一个值，这个值叫返回值（return value）。在这里，由关键字 int 可知，main()返回一个整数值。接下来，是空括号。通常，C++函数在调用另一个函数时，可以将信息传递给该函数。括号中的函数头部分描述的就是这种信息，在这里，空括号意味着 main()是不接受任何信息或参数。

简而言之，下面的函数头

```
int main()
```

表明 main()函数可以给调用它的函数返回一个整数值，且从不调用它的函数那里获得任何信息。

很多现有的程序都使用经典 C 函数头：

```
main()
```

在 C 语言中，省略返回类型相当于说函数的类型为 int。不过，C++逐步淘汰了这种用法。

也可以使用下面的变体：

```
int main(void)
```

在括号中使用关键字 void 明确地指出，函数不接受任何参数。在 C++（不是 C 语言）中，让括号空着与在括号中使用 void 等效（在 C 语言中，让括号空着意味着对是否接受参数保持沉默）。

有些程序使用下面的函数头并省略返回语句：

```
void main()
```

这在逻辑上是一致的，因为 void 返回类型意味着函数不返回任何值。该变体适用于很多系统，但由于它不是当前标准的强制的一个选项，因此在有些系统上不能工作。因此读者应避免使用这种格式，而应使用 C++标准格式。

最后，如果编译器到达 main()函数末尾时没有遇到返回语句时，则认为 main()函数以如下语句结尾：

```
return 0;
```

这条隐含的返回语句只适用于 main()函数，而不适用于其他函数。

之所以将［例 2.1］程序中的函数命名为 main()，原因是必须这样做。通常，C++程序必须包含一个名为 main()的函数（记住，大小写字母和拼写要正确）。由于［例 2.1］程序只有一个函数，因此该函数必须担负起 main()的责任。在运行 C++程序时，都是从 main()函数开始执行。因此，如果没有 main()函数，则程序将不完整。编译器将指出未定义 main()函数。

存在一些例外情况。例如，在 Windows 编程中，可以编写一个动态链接（dll）模块，这是其他 Windows 程序可以使用的代码。由于 dll 模块不是独立的程序，因此不需要 main()函数。用于专用环境的程序——如机器人中的控制器芯片——可能不需要 main()函数。但常规的独立程序都需要 main()函数，本书讨论的都是这样的程序。

2.1.2 C++注释

C++注释以//开头。注释是程序员为读者提供的说明，通常标识程序的一部分或解释代码的某个方面。编译器忽略注释，对编译器而言，程序［例 2.1］就像没有注释一样。

```
#include<iostream>
```

```
int main()
{
   using namespace std;
   cout<<"快来跟我学习 C++。";
   cout<<endl;
   cout<<"你一定能成为高手！"<< endl;
   return 0;
}
```

C++注释以//开头，以行尾结束。注释可以位于单独的一行上，也可以和代码位于同一行。

注释是程序的必要组成部分，应尽可能地使用注释来对程序进行说明。程序越复杂，注释的价值越大。注释不仅有助于他人理解这些代码，也有助于程序员自己理解代码，特别是隔了一段时间没有接触程序的情况下。一般来讲，程序的注释至少要占代码总量的 20%。

C++也能够识别 C 语言注释，C 语言注释位于符号/*和*/之间。

```
#include<iostream>            /* C 语言风格的注释 */
```

由于 C 语言风格注释以*/结束，而不是到行尾结束，因此可以跨越多行。可以在程序中任意使用 C 语言或 C++风格注释，也可以同时混合使用这两种注释。但应尽量使用 C++注释，因为这不涉及结尾符号与起始符号的正配对，所以产生问题的可能性很小。事实上，C99 标准也在 C 语言中添加了//注释。

2.1.3 C++预处理和 iostream 文件

如果程序要使用 C++输入/输出对象，请提供这样两行代码。

```
#include <iostream>
using namespace std;
```

如果编译器不接受这几行代码（例如，它找不到文件 iostream)，请将它们替换为下面的一行代码：

```
#include<iostream.h>          //本代码与早期的编译器兼容
```

为使程序正常工作，只需知道这些。下面更深入地介绍这些内容。

C++和 C 语言一样，也使用一种预处理器，该程序在进行主编译之前对源文件进行处理不必执行任何特殊的操作来调用该预处理器，它会在编译程序时自动运行。

［例 2.1］使用了#include 编译预处理指令：

```
#include <iostream>          //一个预处理指令
```

该编译指令导致预处理器将 iostream 文件的内容添加到程序中。这是一种典型的预处理操作：在源代码被编译之前，替换或添加文本。

这提出了一个问题：为什么要将 iostream 文件内容添加到程序中呢？答案涉及程序与外部世界之间的通信。iostream 中的 io 指的是输入（进入程序的信息）和输出（从程序中发送出去的信息）。C++的输入/输出方案涉及 iostream 文件中的多个定义。为了使用 cout 来显示信息，#include 编译指令使得 iostream 文件的内容随源代码文件的内容一起发送给编译器。实际上，iostream 文件的内容将取代程序中的代码行 #include<iostream>。原始文件没有被修改，而是将原代码文件和 iostream 组合成一个复合文件，编译的下一阶段将使用该文件。

记住：使用 cin 和 cout 进行输入/输出的程序必须包含 iostream 文件（在有些系统中是

iostream.h）。

2.1.4 头文件名

像 iostream 这样的文件叫包含文件（include file）——因为它们被包含在其他文件中；也叫头文件（header file）——因为它们被包含在文件起始处。C++编译器自带了很多头文件，每个头文件都支持一组特定的工具。C 语言的传统是，头文件使用扩展名 h，将其作为一种通过名称标识文件类型的简单方式。例如，math.h 头文件支持各种 C 语言数学函数。最初，C++也是这样做的。例如，支持输入/输出的头文件叫 iostream.h。不过，后来 C++的用法发生了变化。现在，对老式 C 语言的头文件保留了扩展名 h（C++程序仍可使用这种文件），而 C++头文件则没有扩展名。有些 C 语言头文件被替换为 C++头文件，这些文件被重新命名，去掉了扩展名 h（使之成为 C++风格的名称），并在文件名称前面加上前缀表明来自 C 语言。例如，C++版本的 math.h 改为 cmath 头文件。有时头文件的 C 语言版本和 C++版本相同，而有时候新版本做了一些修改。对于纯粹的 C++头文件（如 iostream）来说，去掉 h 不只是形式上的变化，没有 h 的头文件还可以包含命名空间。表 2.1 对头文件的命名约定进行了总结。

表 2.1　　头文件命名规范

头文件类型	约　定	范 例	说　明
C++旧式风格	以 .h 结尾	iostream.h	C++程序可以使用
C 语言旧式风格	以 .h 结尾	math.h	C 语言、C++均可使用
C++新式风格	无扩展名	iostream	C++程序可以使用，需要设置命名空间
转换后的 C 语言	加上前缀 c，无扩展名	cmath	C++程序可以使用，可以使用命名空间

由于 C 语言使用不同的文件扩展名来表示不同文件类型，因此用一些特殊的扩展名（如.hx 或.hxx）表示 C++头文件是有道理的，ANSI/ISO 委员会也这样认为。问题在于该使用哪种扩展名呢？最终他们一致同意不使用任何扩展名。

2.1.5 命名空间

如果头文件使用 iostream，而不是 iosream.h，则应使用下面的命名空间编译指令来使 isotream 中的定义对程序可用：

```
using namespace std;
```

这叫 using 编译指令（directive）。最简单的办法是，现在接受这个编译指令，以后再进一步了解它。我们先介绍一下即将发生的情况。

命名空间支持是 C++中一项较新的特性，当你的程序需要将多个厂商已有的代码组合起来时，命名空间会为你提供便利。一个潜在的问题是：可能使用两个已封装好的产品，而它们都包含一个名为 wanda()的函数。这样，使用 wanda()函数时，编译器将不知道指的是那个版本。命名空间让厂商能够将其产品封装在一个命名空间的单元中，这样就可以用命名空间的名称来指出想使用哪个厂商的产品。因此，Microflop Industries 公司可以将其编写的代码定义到一个名为 Microflop 的名称空间中。这样，其 wanda()函数的全称为 Microflop::wanda()。同样，Pisine 公司的 wanda()版本可以表示为 Pisine::wanda()。这样，程序就可以使用命名空间来区分不同的版本了。

```
Microflop::wanda("去跳舞吗?");    //使用 Microflop 公司的版本
```

```
Pisine::wanda("一条叫 Tom 的狗"); //使用 Piscine 公司的版本
```

按照这种方式，类、函数和变量便是 C++编译器的标准组件，它们现在都被放置在命名空间 std 中。仅当头文件没有扩展名 h 时，情况才是如此。这意味着在 iostream 中定义的、用于输出的 cont 对象实际上是 std::cout,而 endl 实际上是 std::endl。因此，可以省略 using 编译指令,用以下方式进行编码。

```
std::cout<<"快来跟我学习 C++。";
std::cout<<std::endl;
```

不过，多数用户并不喜欢将引入名称之前的代码（使用 iostream.h 和 cout）转换为命名空间代码（使用 iostream.h 和 cout::cout），除非他们可以不费力地完成这种转换。于是，using 编译指令应运而生。下面的一行代码表明,可以使用 std 命名空间中定义的名称，而不必使用 std 前缀。

```
using namespace std;
```

这个 using 编译指令使得 std 命名空间中的所有名称都可用。这是一种偷懒的做法。更好的方法是，只使所需的名称可用，这可以通过使用 using 声明来实现。

```
using std::cout;                //使 cout 可用
using std::endl;                //使 endl 可用
using std::cin;                 //使 cin 可用
```

用这些编译指令替换下述代码后

```
using namespace std             //偷懒的方式，std 命名空间下所有对象都可用
```

便可以使用 cin 和 cout 了，而不必加上 std::前缀。不过，要使用 iostream 中的其他名称，必须将它们分别加到 using 列表中。本书首先采用这种偷懒的方法，其原因有两个。首先，对于简单程序而言，采用何种命名空间管理方法无关紧要；其次，本书的重点是介绍 C++的基本方面。本书后面将采用其他命名空间管理技术。

2.1.6　在 C++中使用 cout 进行输出

现在来看一看如何显示消息。[例 2.1] 程序使用下面的 C++语句。

```
cout<<"快来跟我学习 C++。'';
```

双引号括起来的部分是要打印的消息。在 C++中，用双引号括起来的一系列字符叫字符串，因为它是由若干字符组合而成的。<<符号表示该语句将把这个字符串发送给 cout，该符号指出了消息流动的路径。cout 是一个预定义的对象，知道如何显示字符串、数字和单个字符串（第 1 章介绍过，对象是类的特定实例，而类定义了数据的存储和使用方式）。

马上就使用对象可能有些困难，因为几章后才会介绍对象。实际上，这演示了对象的长处之一，即不用了解对象的内部情况，就可以使用它。只需要知道它的接口，就可以使用它。对象有一个简单的接口，如果 string 是一个字符串，则下面的代码将显示该字符串。

```
cout<<string;
```

对于显示字符串而言，只需知道这些即可。不过，现在我们要看一下 C++从概念上如何解释这个过程。从概念上来看，输出是一个流，即从程序流出的一系列字符。对象表示这种流，其属性是在 iostream 文件中定义的。cout 的对象属性包括一个插入操作符，它可以将其

右侧的消息插入到流中。因此下面的语句

```
cout <<"快来跟我学习 C++。";
```

将把字符串"快来跟我学习 C++。"插入到输出流中。因此，与其说程序显示了一条消息，不如说它将一个字符串插入到了输出流中。

1. 控制符 endl

现在来看看［例 2.1］第二个输出流中看起来有些古怪的符号:

```
cout<<endl;
```

endl 是一个特殊的 C++符号，表示一个重要的概念：重启一行。在输出流中插入 endl 将导致屏幕光标移到下一行的开头。如 endl 等对于 cout 有特殊函数的符号被称为控制符(manipulator)。

打印字符串时，cout 不会自动移到下一行，因此在［例 2.1］中，第一条 cout 语句将光标留在输出字符串的后面。每条 cout 语句的输出从前一个输出的末尾开始，因此如果省略[例 2.1］中的 endl，将得到如下输出。

```
快来跟我学习 C++。你一定能成为高手！
```

下面来看一个例子，假设有如下代码:

```
cout<<"学习 C++的汉子你威武雄壮，敲击键盘";
cout<<"写代码";
cout<<"像那风一样";
cout<<"endl;
```

其输出将如下:

```
学习 C++的汉子你威武雄壮，敲击键盘写代码像那风一样
```

同样，每个字符串紧接在前一个字符串的前面。如果要在两个字符串之间留一个空格，则必须将空格包含在字符串中。注意，要尝试上述输出范例，必须将代码放到完整的程序中，该程序包含一个 main( )函数头及起始和结束花括号。

2. 换行符

C++还提供了另一种在输出中指示换行的旧式方法：C 语言符号\n。

```
cont<<"接下来是什么？\n";          // \n 意味着新的一行
```

\n 被视为一个字符，名为换行符。换行符是一种被称为"转义字符"的字符组合，在第 3 章做更详细的讨论。

2.1.7 C++源代码的格式化

有些语言（如 Fortran）是面向行的语言，即每条语句占一行。对于这些语言来说，"回车"键的作用是将语句分开。不过，在 C++中分号标识了语句的结尾。因此 C++中"回车"键的作用和"空格"键或制表符相同。也就是说在 C++中通常可以在能够使用"回车"键的地方使用"空格"键，反之亦然。这说明既可以把一条语句放在几行上，也可以把几条语句放在同一行上。例如，可以将［例 2.1］重新格式化为如下所示。

```
#include<iostream>
  int
main
```

```
(){ using
  namespace
  std;  cout
  <<
"快来跟我学习 C++。"
;    cout<<
endl; cout<<
"你一定能成为高手！"<<
endl; return 0; }
```

这样虽然不太好看，但仍然是合法的代码。有些规则是不能违反的，具体地说，在C语言和C++中，不能把空格、制表符或回车符放入元素（比如名称）中间，也不能把回车符放入字符串中间。下面是一个不能这样做的例子。

```
int ma in()          //错误 -在函数名中不能加入空格
re
turn 0;              //错误 - 在关键字中不能加入回车符
cout << "Behold the Beans
of Beauty! ";        //错误 - 在字符串中不能加入回车符
```

1. 标记和空白

一行代码中不可分割的元素叫标记（token）。通常，必须用空格、制表符或回车符将两个标记分开，空格、制表符和回车符统称为空白（white space）。有些字符（如括号和逗号）是不需要用空白分开的标记。下面的一些范例说明了什么情况下可以使用空白，什么情况下可以省略。

```
return0;             //错误,return 和 0 之间必须有空格;
return(0);           //正确，有括号就不需要空格了
return  (0);         //正确，加上空格也不错
intmain()            //错误，int 和 main 之间必须有空格
int main()           //正确，括号内可以没有空格
int main(  )         //正确，空号内可以加上空格
```

2. C++源代码风格

虽然C++在格式方面赋予了人们很大的自由，但如果能够统一编码风格，程序将更便于阅读。有效但难看的代码不会令人满意。多数程序员都是用［例 2.1］的风格，它遵循了以下规则：

- 每行一条语句。
- 每个函数都有一个开始花括号和一个结束花括号，这两个花括号各占一行。
- 函数中的语句都相对于花括号进行缩进。
- 与函数名称相关的圆括号周围没有空白。

前3条规则旨在确保代码清晰易读；第4条规则帮助区分函数和一些也使用圆括号的C++内置结构（如循环）。在涉及其他指导原则时，本书将提醒读者。

2.2　C++ 语　　句

C++程序是一组函数，而每个函数又是一组语句。C++有好几种语句，下面介绍其中的

一部分。[例 2.2] 提供了两种新的语句。声明语句创建变量，赋值语句给该变量提供一个值。另外，该程序还演示了 cout 的新功能。

【例 2.2】 手机短信

```
#include <iostream>

int main()
{
   using namespace std;

   int message_count;                         //声明一个整型变量

   message_count = 8;                         //给变量赋值
   cout << "我手机里有";
   cout << message_count;                     //打印变量的值
   cout << "条短信。";
   cout << endl;
   message_count = message_count + 1;   //修改变量的值
   cout << "叮咚。现在我手机里有" <<message_count << "条短信了。" << endl;
   return 0;
}
```

运行结果：

```
我手机里有 8 条短信。
叮咚。现在我手机里有 9 条短信了
```

2.2.1 声明语句与变量

计算机是一种精确的、有条理的机器。要将信息项存储在计算机中，必须指出信息的存储位置和所需的内存空间。在 C++中，完成这种任务的一种相对简便的方法，是使用声明语句来指出存储类型并提供位置标签。例如，[例 2.2] 中包含这样一条声明语句（注意其中的分号）：

```
int message_count;
```

这条语句使程序使用足够的存储空间来存储一个整数，在 C++中用 int 表示整数。编译器负责分配和标记内存的细节。C++可以处理多种类型的数据，而 int 是最基本的数据类型。它表示整数——没有小数部分的数字。C++的 int 类型可以为正，也可以为负数，但是大小范围取决于具体的编译运行环境。第 3 章将详细介绍 int 和其他基本类型。

除了指出类型外，该声明语句还指出，此后程序将使用名称 message_count 来表示存储在该内存单元中的值。message_count 被称为变量，因为它的值可以修改。在 C++中，所有变量都必须声明。如果省略了声明，则当程序试图使用 message_count 时，编译器将指出错误。事实上，程序员尝试省略声明，可能只是为了看看编译器的反应。这样，以后看到这样的反应时，便知道应检查是否省略了声明。

因此，声明通常指出了要存储的数据和程序对存储在这里的数据使用的名称。在这个例子中，程序将创建一个名为 message_count 的变量，它可以存储整型数据，如图 2.2 所示。

程序中的声明语句叫定义声明（defining declaration）语句，简称为定义（definition）。这意味着它将导致编译器为变量分配内存空间。在较为复杂的情况下，还可能有引用声明

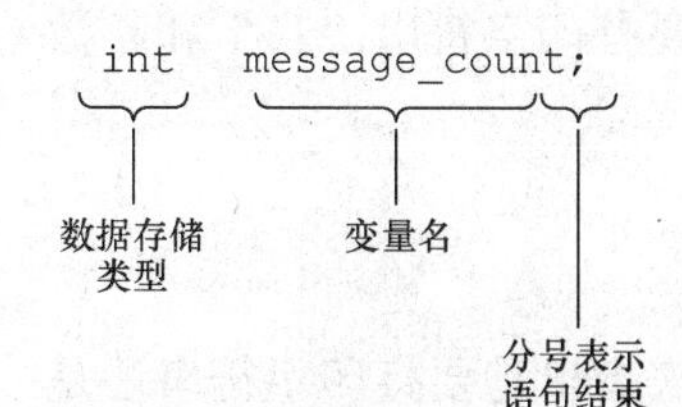

图 2.2　变量声明

(reference declaration)。这些声明命令计算机使用在其他地方定义的变量。通常，声明不一定是定义，但在这个例子中，声明是定义。

如果熟悉 C 语言或 Pascal 语言，则一定对变量声明比较熟悉。不过 C++中的变量声明也可能让人小吃一惊。在 C 语言或 Pascal 语言中，所有变量声明通常都位于函数或过程的开始的位置，但 C++没有这种限制。实际上，C++通常的做法是，在首次使用变量前声明它。这样，就不必在程序中到处查找来了解变量的类型。本章后面将有一个这样的例子。这种风格也有缺点，它没有把所有的变量名放在一起，因此无法对函数使用了哪些变量一目了然(C99 标准使 C 语言声明规则与 C++非常相似)。

提示：对于声明变量，C++的做法是尽可能在首次使用变量前声明它。

2.2.2　赋值语句

赋值语句将值赋给存储单元。例如，下面的语句：

```
message_count = 8;
```

将整数 8 赋给变量 message_count 表示的内存单元。符号=叫赋值操作符。C++（和 C 语言）有一项不寻常的特性——可以连续使用赋值操作符。例如，下面的代码是合法的。

```
int steinway;
int baldwin;
int yamaha;
yamaha = baldwin = steinway = 88;
```

赋值将从右向左进行。首先，88 被赋给 steinway；然后 steinway 的值（现在是 88）被赋给 baldwin；然后 baldwin 的值 88 被赋给 yamaha（C++遵循 C 语言的习惯，允许外观奇怪代码）。

［例 2.2］中第二条赋值语句表明，可以对变量进行修改：

```
message_count = message_count +1;   //修改变量的值
```

赋值操作符合右边的表达式 message_count +1 是一个算术表达式。计算机将变量 message_count 的值 8 加上 1，得到 9，然后，赋值操作符将这个新值存储到变量 message_count 对应的内存单元中。

2.2.3　cout 的新花样

到目前为止，本章的范例都使用 cout 来打印字符串，［例 2.2］使用 cout 来打印变量，该变量的值是一个整数：

```
cout<< message_count;
```

程序没有打印“message_count”，而是打印存储在 message_count 中的整数值，即 8。实际上，这将两个操作合二为一了。首先 cout 将 message_count 替换为器当前值 8，然后把值转换为合适的输出字符。如上所示，cout 可用于数字和字符串。这似乎没有什么不同寻常的地方，但别忘了，整数 8 与字符串“8”有天壤之别。这里的要点是，在打印之前，cout 必须将整数形式的数字转换为字符串形式。另外，cout 很聪明，知道 message_count 是一个需要转换的整数。

与老式 C 语言的区别在于 cout 的聪明程度。在 C 语言中，要打印字符串“25”和整数 25，可以使用 C 语言的多功能输出函数 printf( );

```
printf("打印一个字符串：%s  \n", "25");
printf("打印一个整数：%d  \n", 8);
```

撇开 printf( )的复杂性不说，必须使用特殊代码（%s 或%d）来指出是要打印字符串还是整数。如果让 printf( )打印字符串，但又错误地提供了一个整数，由于 printf( )不够精密，因此根本发现不了错误。它将继续处理，显示一堆乱码。

cout 的智能行为源自 C++的面向对象性。实际上，C++插入操作符（<<）将根据其后的数据类型相应地调整其行为，这是一个操作符重载的例子。在后面的章节中学习函数重载和操作符重载时，将知道如何实现这种智能设计。

如果已经习惯了 C 语言和 printf( )，可能觉得 cout 看起来很奇怪。程序员可能固执地坚持使用 printf( )。但与使用所有转换说明的 printf( )相比，cout 的外观一点也不奇怪。更重要的是，cout 还有明显的优点，它能够识别类型的功能表明，其设计更灵活、更好用。另外，它是可扩展的（extensible）。也就是说，可以重新定义<<操作符，使 cout 能够识别和显示所开发的新数据类型。如果喜欢 printf( )提供的细致的控制功能，则可以使用更高级的 cout 来获得相同的效果。

2.3 其他 C++ 语句

再来看几个 C++语句的例子。［例 2.3］中的程序对前一个程序进行了扩展，要求在程序运行时输入一个值。为实现这项任务，它使用了 cin，这是与 cout 对应的用于输入的对象。另外，该程序还演示了 cout 对象的多功能性。

【例 2.3】 取得用户输入的信息

```
#include<iostream>
int main()
{
  using namespace std;
  int message_count;

  cout<<"你手机中有几条短信?"<<endl;
  cin>>message_count;                    //C++ 输入
  cout<<"你又收到了 2 条短信。";
  message_count = message_count + 2;
  cout<<"现在你手机中共有"<<message_count<<"条短信。"<<endl;
  return 0;
}
```

运行结果（斜体带下划线的字表示用户输入）：

```
你手机中有几条短信?
10
你又收到了 2 条短信。现在你手机中共有 12 条短信。
```

上述程序包含两项新特性：用 cin 来读取键盘输入及将 4 条输出语句组合成一条。下面分别介绍它们。

2.3.1　使用 cin

上面的输出表明，从键盘输入的值（10）最终被赋给变量 message_count。下面就是执行这项功能的语句：

```
cin>> message_count;
```

从这条语句可知，信息从 cin 流向 message_count。显然，对这一过程有更为正式的描述。就像 C++将输出看做是流出程序的字符流一样，它也将输入看做是流入程序的字符流。iostream 文件将 cin 定义为表示这种流的对象。输出时，<<操作符将字符串插入到输出流中；输入时，cin 使用>>操作符从输入流中抽取字符。通常，需要在操作符右侧提供一个变量，以接受抽取的信息（符号<<和>>被选择用来指示信息流的方向）。

与 cout 一样，cin 也是一个智能对象，它可以将通过键盘输入的一系列字符（即输入）转换为接受信息的变量能够接受的形式。在这个例子中，程序将 message_count 声明为一个整型变量，因此输入内容被转换为计算机用来存储整数的数字形式。

2.3.2　使用 cout 进行拼接

［例 2.3］中的另一项新特性是将 4 条输出语句合并为一条。iostream 文件定义了<<操作符，以便可以像下面这样合并（拼接）输出。

```
cout<<"现在你手机中共有"<<message_count<<"条短信。"<<endl;
```

这样能够将字符串输出和整数输出合并为一条语句。得到的输出与下述代码生成的相似。

```
cout<<"现在你手机中共有";
cout<<message_count;
cout<<"条短信。";
cout<< endl;
```

根据 C++的语法特点，该语句还可以写成这样。

```
cout<<"现在你手机中共有";
    <<message_count;
    <<"条短信。";
    << endl;
```

这是由于 C++的自由格式规则将标记间的换行符和空格是可相互替换的。当代码行很长，限制输出的显示风格时，最后一种技术很方便。

需要注意的另一点是：

```
现在你手机中共有 12 条短信。
```

和

```
你又收到了 2 条短信。
```

在同一行中。这是由于前面指出过的，cout 语句的输出紧跟在前一条 cout 语句的输出后面。即使两条 cout 语句之间有其他语句，情况也将如此。

2.3.3　类简介

看了足够多的 cin 和 cout 例子后，本节将进一步介绍有关类的知识。正如第 1 章指出的，类是 C++中面向对象编程（OOP）的核心概念之一。

类是用户定义的一种数据类型。要定义类，需要描述它能够表示什么信息和可对数据执行哪些操作。类之与对象就像类型之于变量。也就是说，类定义描述的是数据格式及其用法，而对象则是根据数据形式规范创建的实体。如果了解其他 OOP 术语，就知道 C++类对应于某些语言中的对象类型，而 C++对象对应于对象实例或实例变量。

下面更具体一些。前面讲述过下面的变量声明：

```
int message_count;
```

上面的代码将创建一个类型为 int 的变量（message_count）。也就是说，message_count 可以存储整数，可以按特定的方式使用——例如，用于加和减。现在来看 cout，它是一个 ostream 类对象。ostream 类定义（iostream 文件的另一个成员）描述了 ostream 对象表示的数据及可以对它执行的操作，如将数字或字符串插入到输出流中。同样，cin 是一个 istream 类对象，也是在 iostream 中定义的。

记住：类描述了一种数据类型的全部属性，对象是根据这些描述创建的实体。

知道类是用户定义的类型，但作为用户，并没有设计 ostream 和 istream 类。就像函数可以来自函数库一样，类也可以来自类库。ostream 和 istream 类就属于这种情况。从技术上来说，它们没有被内置到 C++语言中，而是该语言自带的类库。这些类的定义位于 iostream 文件中，没有被内置到编译器中。如果愿意，程序员甚至可以修改这些类定义。iostream 系列类和相关的 fstream（或文件 I/O）类是早期所有的实现都自带的唯一两组类定义。不过，ANSI/ISO C++委员会在 C++标准中添加了其他一些类库。另外，多数实现都在软件包中提供了其他类定义。事实上，C++当前之所以如此有吸引力，很大程度上是由于存在大量支持 UNIX、Macintosh 和 Windows 编程的类库。

类描述指定了可对类对象执行的所有操作。要对特定对象执行这些允许的操作，需要给该对象发送一条消息。例如，如果希望 cout 对象显示一个字符串，应向它发送一条消息，告诉它，“对象！显示这些内容！”C++提供了两种发送消息的方式：一种方式是使用类方法（本质上就是稍后将介绍的函数调用）；另一种方式是重新定义操作符，cin 和 cout 采用的就是这种方式。因此，下面的语句：

```
cout<<"I am not a crook. ";
```

使用重新定义的<<操作符将“显示消息”发送给 cout。在这个例子中，消息带一个参数——要显示的字符串（见图 2.3）。

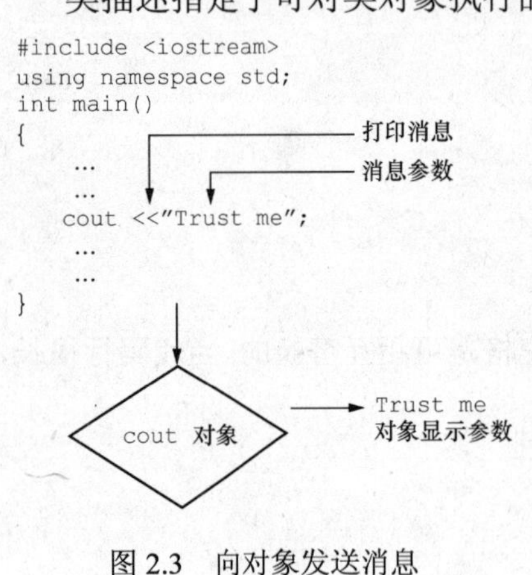

图 2.3 向对象发送消息

2.4 函 数

由于函数用于创建 C++程序的模块，对 C++的 OOP 定义至关重要，因此必须要熟悉它。函数的某些方面属于高级主题，将在后面的章节重点讨论。不过，现在了解函数的一些基本特征，将使得在以后的函数学习中更加得心应手。

C++函数分两种，有返回值的和无返回值的。在标准 C++函数库中可以找到这两种函数的例子，读者也可以自己创建这两种类型的函数。下面首先来看一个有返回值的库函数，然后介绍如何编写简单的函数。

2.4.1 使用有返回值的函数

有返回值的函数将生成一个可被赋给变量的值。例如，标准 C/C++库包含一个名为 sqrt( )的函数，它返回平方根，假设要计算 6.25 的平方根，并将这个值赋给变量 *x*，则可以在程序中使用下面的语句：

```
x=sqrt(6.25);                  //返回值为 2.5 ，并将其赋值给 x
```

表达式 sqrt（6.25）将调用 sqrt( )函数。表达式 sqrt（6.25）被称为函数调用，其中被调用的函数叫被调用函数（called function），包含函数调用的函数叫调用函数（calling function），它们之间的关系如图 2.4 所示。

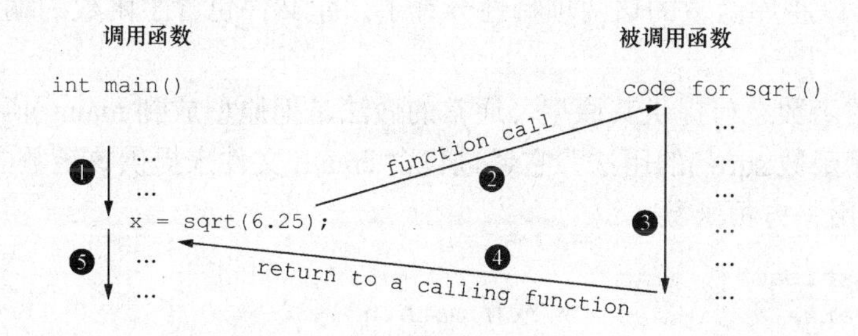

图 2.4 函数调用

函数 sqrt( )得到的结果是 2.5，并将这个值发送给调用函数。发送回去的值叫函数的返回值。可以这么认为，函数执行完毕后，语句中的函数调用部分将被替换为返回的值。因此，这个例子将返回值赋给变量 x。简而言之，参数是发给函数的信息。返回值是从函数中发送回去的值。

情况基本上就是这样，只是在使用函数之前 C++编译器必须知道函数的参数类型和返回值类型。如果缺少这些信息，则编译器将不知道如何解释返回值。C++提供这种信息的方式是使用函数原型语句。

记住：C++程序应当为程序中使用的每个函数提供原型。

函数原型之于函数就像变量声明之于变量——用于指出涉及的类型。例如，C++库将 sqrt( )函数定义成将一个（可能）带小数部分的数字（如 6.25）作为参数，并返回一个相同类型的数字。有些语言将这些数字称为实数，但是 C++将这种类型称为 double。sqrt()的函数原型如下。

```
double sqrt(double);           //函数原型
```

第一个 double 意味着 sqrt( )将返回一个 double 的值。括号中的 double 意味着需要一个 double 参数。因此该原型对 sqrt( )的描述和下面代码中使用的函数相同：

```
double x;                      //声明一个 double 类型的变量
x=sqrt(6.25);
```

原型结尾的分号表明它是一条语句。这使得它是一个原型，而不是函数头。如果省略分号，则编译器将把这行代码解释为一个函数头，并要求接着提供定义函数的函数体，具体格式如图 2.5 所示。

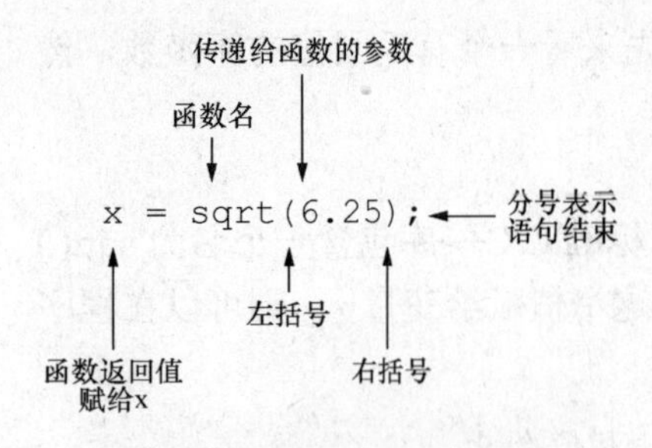

图 2.5 函数调用的格式

在程序中使用 sqrt()时，也必须提供原型。可以用两种方法来实现：

- 在源代码文件中输入函数原型。
- 包含头文件 cmath，其中定义了原型。

第二个方法更好，因为头文件更有可能使原型正确。对于 C++库中的每个函数，都在一个或多个头文件中提供了其原型。请通过手册或在线帮助查看函数描述来确定应使用哪个头文件。例如，sqrt()函数的说明将指出，应使用 cmath 头文件。

不要混淆函数原型和函数定义。原型只描述函数接口，定义包含了函数的代码，如计算平方根的代码。C++将库函数的这两项特性分开了，库文件包含了函数的编译代码，而头文件则包含了原型。

应在首次使用函数之前提供其原型。通常的做法是把原型放到 main()函数定义的前面。[例 2.4] 演示了库函数 sqrt()的用法，它通过包含 cmath 文件来提供该函数的原型。

【例 2.4】 调用平方根函数。

```
#include<iostream>
#include<cmath>                    //或者 math.h
  int main()
{
  using namespace std;

  double area;
  cout <<"请输入一个正方形的面积:";
  cin >>area;
  double side;
  side=sqrt(area);
  cout<<"这个正方形的边长是: " <<side<< endl;
  cout<< "太神奇了!"<< endl;
}
```

运行结果（斜体带下画线的字表示用户输入）：

```
请输入一个正方形的面积:
80
这个正方形的边长是: 8.944 27。
太神奇了!
```

注意：如果使用的是老式编译器，则必须在［例 2.4］中使用#include<math.h>,而不是#include <cmath>。

由于 sqrt()处理的是 double 值，因此这里将变量声明为这种类型。声明 double 变量的句法与声明 int 变量相同：

```
type-name variable-name;
```

doube 类型使得变量 area 和 side 能够存储带小数的值，如 536.0 和 39.1918。将看起来是整数（536）的值赋给 double 变量时，将以实数形式存储它，其中的小数部分为.0。在第 3 章读者将会了解到，double 变量覆盖的范围要比 int 类型大得多。

C++允许在程序的任何地方声明新变量，因此［例 2.4］中在要使用 side 时才声明它。C++还允许在创建变量时对它进行赋值，因此也可以这样写：

```
double side=sqrt(area);
```

这个过程叫初始化（initialization)，将在第 3 章介绍。

cin 知道如何将输入流中的信息转换为 double 类型，cout 知道如何将 double 类型插入到输出流中。前面讲过，这些对象都是很智能化的。

2.4.2　函数变体

有些函数需要多项信息。这些函数使用多个参数，参数间用逗号分开。例如，数学函数 pow( )接受两个参数，返回值为以第一个参数为底，第二个参数为指数的幂。该函数的原型如下：

```
double pow(double,double);  //拥有 2 个参数的函数原型
answer=pow(5.0, 8.0);       //使用多个参数进行函数调用
```

另外一些函数不接受任何参数。例如，有一个 C 语言库（与 cstdlib 或 stdlib.h 头文件相关的库）包含一个

```
rand (void);                //无参数的函数原型
```

注意，与其他一些计算机语言不同，在 C++中，函数调用中必须有括号，即使该函数不需要任何参数。

还有一些函数没有返回值，最典型的就是一些打印信息的函数。例如，你可以编写一个函数，输入三角形的层数，然后在屏幕上用星号(*)打印出一个等腰三角形。当你输入 6 时，程序结果如图 2.6 所示。由于这个函数只是在屏幕上打印一些图形，因此它不会返回任何值。可以在函数原型中使用关键字 void 来指定返回类型，以指出函数没有返回值。

图 2.6　用星号(*)打印三角形

```
void printTriangle(int);
```

由于它不返回值，因此不能将它放在赋值语句或其他表达式中。相反，应使用一条纯粹的函数调用语句：

```
printTriangle(6);
```

在有些语言中，有返回值的函数被称为函数（function)，没有返回值的函数被称为过程（procedure）或子程序（subroutine)。但 C++与 C 语言一样，这两种形式都称为函数。

2.4.3　关键字

关键字是计算机语言中的词汇，本章使用了 4 个 C++关键字：int、void、return 和 double。由于这些关键字都是 C++专用的，因此不能挪作他用。也就是说，不能将 return 当做变量名使用，也不能把 double 当做函数名，不过可以将它们用做名称的一部分，如 painter（其中包含 int）或 return-aces。另外，main 不是关键字，它不是语言的组成部分。不过，它是一个必不可少的函数的名称。同样，其他函数名和变量名也都不能是关键字。不过，在程序中同一个名称（比如 cout）用作对象名和变量名会把编译器弄糊涂。也就是说，在不使用 cout 对象进行输出的函数中，可以将 cout 用做变量名，但不能在同一个函数中同时将 cout 用做对象名

和变量名。

2.5 命 名 约 定

C++程序员给函数、类和变量命名时，可以有很多种选择。就函数名称而言，程序员有以下选择：

```
Myfunction()
myfunction()
myFunction()
my_function()
my_fun()
my_Fun()
```

命名方式该如何选择，取决于开发团体、使用的技术或库及程序员个人的品位和喜好。因此凡是C++语言所涉及的所有合法的风格都是正确的，都可以根据个人的判断而使用。

撇开语言是否容许不谈，个人的命名风格也是值得注意的——它有助于保持一致性和精确性。让人一目了然的个人命名约定是良好的软件工程的标志，在整个编程生涯中都会起到很好的作用。

Google 是世界著名的 IT 公司，它开发出 Google 搜索、Google 地图、Google 文档还有 Gmail 等多个广受欢迎的 Internet 应用。下面让我们来看看 Google 公司对编程的命名方式有何要求。

1. 总则

不要随意缩写。

宏、枚举等使用全部大写+下画线。

变量、文件、函数等使用全部小写+下画线。

类成员变量以下画线结尾，全局变量以 g_开头。

参考现有或相近命名约定……

2. 通用命名规则

函数命名、变量命名、文件命名应具有描述性，不要过度缩写，类型和变量应该是名词，函数名可以用“命令性”动词。

如何命名：

尽可能给出描述性名称，不要节约空间，让别人很快理解你的代码更重要，好的命名选择：

```
int num_errors;                  //很好
int num_completed_connections;   //很好
```

丑陋的命名使用模糊的缩写或随意的字符：

```
int n;                           //糟糕 - 名字无意义
int nerr;                        //糟糕 - 容易引发歧义的缩写
int n_comp_conns;                //糟糕 - 容易引发歧义的缩写
```

类型和变量名一般为名词，如 FileOpener、num_errors。

函数名通常是指令性的，如 OpenFile( )、set_num_errors( )，访问函数需要描述的更细致，要与其访问的变量相吻合。

缩写：

除非放到项目外也非常明了，否则不要使用缩写，例如：

```
//好的命名，一目了然
int num_dns_connections;     //大多数人都能理解这是 DNS 连接的数目
//糟糕的命名
int wgc_connections;         //只有你们项目组的人才能理解 wgc 的含义
```

不要用省略字母的缩写：

```
int error_count;             //很好
int error_cnt;               //糟糕
```

3. 文件命名

文件名要全部小写，可以包含下画线（_）或短线（–），按项目约定。

可接受的文件命名：

```
my_useful_class.cpp
my-useful-class.cpp
myusefulclass.cpp
```

通常，尽量让文件名更加明确，http_server_logs.h 就比 logs.h 要好，定义类时文件名一般成对出现，如 foo_bar.h 和 foo_bar.cpp，对应类 FooBar。

内联函数必须放在.h 文件中，如果内联函数比较短，就直接放在.h 中。如果代码比较长，则可以放到以–inl.h 结尾的文件中。对于包含大量内联代码的类，可以有三个文件：

```
url_table.h                  //类的声明文件
url_table.cpp                //类的定义文件
url_table-inl.h              //代码很长的内联函数定义文件
```

4. 类型命名

类型命名每个单词以大写字母开头，不包含下画线：MyExcitingClass、MyExcitingEnum。

所有类型命名——类、结构体、类型定义（typedef）、枚举——使用相同约定，例如：

```
//类和结构体
class UrlTable { ...
class UrlTableTester { ...
struct UrlTableProperties { ...
//typedefs
typedef hash_map<UrlTableProperties *, string> PropertiesMap;
//枚举
enum UrlTableErrors { ...
```

5. 变量命名

变量名一律小写，单词之间以下画线相连，类的成员变量要用下画线结尾，如 my_exciting_local_variable、my_exciting_member_variable_。

普通变量命名：

```
string table_name;           //很好 - 使用了下划线
string tablename;            //很好 - 全是小写
```

```
string tableName;            //糟糕 - 混合了大小写
```

结构体的数据成员可以和普通变量一样，不用像类那样接下画线：

```
struct UrlTableProperties {
  string name;
  int num_entries;
}
```

全局变量：

对全局变量没有特别要求，少用就好，可以以 g_或其他易与局部变量区分的标志为前缀。

6. *常量命名*

在名称前加 k：kDaysInAWeek。

所有编译时常量（无论是局部的、全局的还是类中的）和其他变量保持些许区别，k 后接大写字母开头的单词：

```
const int kDaysInAWeek = 7;
```

7. *函数命名*

普通函数：

函数名以大写字母开头，每个单词首字母大写，没有下画线：

```
AddTableEntry()
DeleteUrl()
```

存取函数：

存取函数要与存取的变量名匹配，这里摘录一个拥有实例变量 num_entries_的类：

```
class MyClass {
 public:
  ...
  int num_entries() const { return num_entries_; }
  void set_num_entries(int num_entries) { num_entries_ = num_entries; }

 private:
  int num_entries_;
};
```

其他短小的内联函数名也可以使用小写字母，例如，在循环中调用这样的函数甚至都不需要缓存其值，小写命名就可以接受。

8. *命名空间*

命名空间的名称应该是全小写的，它的命名应该基于项目的名称和目录结构：google_awesome_project。

9. *枚举命名*

枚举值应全部大写，单词间以下画线相连：MY_EXCITING_ENUM_VALUE。

枚举名称属于类型，因此大小写混合：UrlTableErrors。

```
enum UrlTableErrors {
  OK = 0,
  ERROR_OUT_OF_MEMORY,
```

```
  ERROR_MALFORMED_INPUT,
};
```

10. *宏命名*

如果使用宏，像这样：MY_MACRO_THAT_SCARES_SMALL_CHILDREN。

通常是不使用宏的，如果绝对要用，其命名像枚举命名一样全部大写、使用下画线：

```
#define ROUND(x) ...
#define PI_ROUNDED 3.0
MY_EXCITING_ENUM_VALUE
```

本 章 小 结

C++程序由一个或多个被称为函数的模块组成。程序从 main()函数（全部小写）开始执行，因此该函数必不可少。函数由函数头和函数体组成。函数头指出函数的返回值（如果有的话）的类型和函数期望通过参数传递给它的信息的类型。函数体由一系列位于花括号（{}）中的 C++语句组成。

有多种类型的 C++语句，包括：

声明语句——定义变量的名称和类型

赋值语句——使用赋值操作符（=）给变量赋值

消息语句——将消息发送给对象，激发某种行为

函数调用——执行某个函数

函数原型——声明一个函数

返回语句——将一个值从被调用函数返回给调用函数

C++提供了两个预定义的对象（cin 和 cout）来处理输入/输出操作。在使用它们之前必须要包含相应的头文件。

至此，读者对简单的 C++程序有了一个大致的了解，可以进入下一章，学习程序的更多细节。

习 题

一、选择题

1．C++程序的执行从哪个函数开始（　　）。

A．main 函数　　B．printf 函数　　C．rand 函数　　D．abs 函数

2．在 C++中，cout 对象位于哪个命名空间中（　　）。

A．abc　　B．std　　C．name　　D．io

3．在 C++中用 cout 输出时，endl 表示什么字符（　　）。

A．制表符　　B．空格　　C．回车换行符　　D．连接符

二、判断题

1．在 C++中，不能使用 printf 函数来输出（ √　× ）。

2．在 C++中，可以使用标准库中的 CIN 对象进行输入（ √　× ）。

第3章 数据类型与运算表达式

3.1 数据类型概述

任何一个程序的流程可以分为三部分：数据的输入、数据的加工、数据的输出。数据是程序加工的对象和运行的结果，所以程序设计语言对数据种类的支持程度是衡量该语言处理客观世界问题能力的重要指标。而且，计算机处理的对象是数据，而数据是以某种特定的形式存在的（如整数、浮点数、字符等形式）。不同的数据之间往往还存在某些联系（如由若干个整数组成一个整数数组）。

类型（type）是一组值的集合。例如，布尔型由两个值TRUE和FALSE组成。

数据类型（data type）是指一个类型及定义在这个类型上的一组操作。例如，一个整数变量是整数类型的一个成员，所允许的操作有加、减、乘、除等。

根据数据类型的定义，计算机所处理的数据应该唯一地属于某种数据类型，并占用相同大小的存储空间，同一种类型的数据所允许施加的操作是相同的。

C++的数据类型包括基本数据类型和自定义数据类型。使用数据类型时，需要注意数据类型所表达的值的范围、表达方式、与其他数据类型的关系、所允许的操作（运算）。

基本数据类型主要有整型、浮点型、字符型、空类型、布尔型。

自定义数据类型包括枚举类型、类类型、结构体类型、共用体类型、数组类型、指针类型和引用类型。

C++并没有统一规定各类数据的精度、数值范围和在内存中所占的字节数，各C++编译系统根据自己的情况作出安排。表3.1列出了在32位计算机上Visual C++环境下数据类型的情况，类型后面的标识符为类型的说明符。

表3.1　　C++语言的数据类型（32位机）

类　型		类型（格式）	位数	数值范围
基本数据类型	整型 int	短整型（short int）	16	–32 768～32 767
		整型（int）	32	–2 147 483 648～2 147 483 647
		长整型（long）	32	–2 147 483 648～2 147 483 647
	浮点型	单精度型（float）	32	3.4×10^{-38}～3.4×10^{38}
		双精度型（double）	64	3.4×10^{-308}～3.4×10^{308}
		长双精度型（long double）	80	3.4×10^{-4932}～3.4×10^{4932}
	字符型 char	字符型（char）	1	–128～+127
		无符号字符型（unsigned char）	1	0～255
	空类型 void			
	布尔型 bool			1和0

续表

类　型		类型（格式）	位数	数值范围
自定义数据类型	枚举类型（enum）	enum <枚举类型名>	视具体情况而定	
	类类型（class）	class <类类型名>		
	结构体类型（struct）	struct <结构类型名>		
	共用体类型（union）	union <联合类型名>		
	数组类型	<类型关键字> [*N*]		
	指针类型	<类型关键字> *		
	引用类型	类型名&名称　例如：int&test;		

3.2　C++语言基本数据类型

3.2.1　整型

整型（int）所代表的是整数的数值集合，但并不是所有的整数。

现实意义上的整数的确是可以无穷小（负方向上无穷大），也可以是无穷大的。但是，计算机的内存是有限的，所以它表示的整数范围要受到一定限制。一个 int 类型的变量或常量在计算机中所占用的存储空间因软硬件环境不同而不同。如果最基本的 int 占用 32 位长，则在其前加限定字后字长和所代表的数值范围如下。

（1）short，表示声明一个仅占 2 字节（16 位）内存的整型。

（2）long，表示声明一个占 4 字节的整型，由于默认的 int（32 位计算机）就是 4 字节，所以如果是在 Windows 里编程 long int 与 int 一样。

（3）unsigned，表示声明的整型变量不需要有符号（正、负）信息，因此可以表示更大的整数，但却不能表示负数。

（4）signed，表示要声明的整型变量需要正负信息，可以存放正数，也可存放负数。由于默认的 int 就是表示有符号的，因此使用较少。各种整数类型所代表的整数范围如表 3.2 所示。

表 3.2　整数类型所代表的整数范围

类　型	长度（位）	范　围
long int	32	–214 783 648～2 147 483 647
unsigned int	32	0～4 294 967 295
int	32	–2 147 483 648～2 147 483 647
short int	16	–32 768～32 767
unsigned short int	16	0～655 535

另外，作为一种省略方法，后两种也可分别略作 short 和 unsigned short。

按不同的进制区分，整型常量有三种表示方法。

（1）十进制整数，如 1357、–432、0 等。在一个整型常量后面加一个字母 l 或 L，则认为是 long int 型常量。如 123L、421L、0L 等，这往往用于函数调用中。如果函数的形参为 long int，则要求实参也为long int型，此时123用做实参不行，而要用123L作实参。

（2）八进制整数，在常数的开头加一个数字0，就表示这是以八进制数形式表示的常数。如020表示这是八进制数20，即$(20)_8$，它相当于十进制数16。

（3）十六进制整数，在常数的开头加一个数字0和一个英文字母X（或x），就表示这是以十六进制数形式表示的常数。如0X20表示这是十六进制数20，即$(20)_{16}$，它相当于十进制数32。

整型数据所能进行的运算很多包括各种算术运算、逻辑运算、关系运算等。

3.2.2　字符型

组成字符串的字符也是计算机处理的一种数据。在C++中用关键字char来表示字符型，代表常用的字符，在计算机中它仅占1字节，8位。

将一个字符常量存放到内存单元时，实际上并不是把该字符本身放到内存单元中去，而是将该字符相应的ASCII代码放到存储单元中。如果字符变量c1的值为'a'，c2的值为'b'，则在变量中存放的是'a'的ASCII码97，'b'的ASCII码98，实际上它们在内存中是以二进制形式存放的。

既然字符数据是以ASCII码存储的，它的存储形式就与整数的存储形式类似。这样，在C++中字符型数据和整型数据之间就可以通用。一个字符数据可以赋给一个整型变量，反之，一个整型数据也可以赋给一个字符变量。也可以对字符数据进行算术运算，此时相当于对它们的ASCII码进行算术运算。

【例3.1】 将字符赋给整型变量。

```
//此程序在Visual C++ 6.0环境下运行通过
#include <iostream.h>
int main()
  {int  grade1,grade2;          //grade1和grade2是整型变量
   grade1='A';                  //将一个字符常量赋给整型变量grade1
   grade2='B';                  //将一个字符常量赋给整型变量grade2
   cout<< grade1<<' '<< grade2<<'\n';
                                //输出整型变量grade1和grade2的值，'\n'是换行符
   return 0;
  }
```

运行结果：

```
65 66
```

grade 1和grade2被指定为整型变量。但在第5和第6行中，将字符'A'和'B'分别赋给grade和grade，它的作用相当于以下两个赋值语句：

```
grade=65; grade=66;
```

因为'A'和'B'的ASCII码为65和66。在程序的第5和第6行是把65和66直接存放到grade和grade的内存单元中。因此输出65和66。

可以看到：在一定条件下，字符型数据和整型数据是可以通用的。但是应注意字符数据只占1字节，它只能存放0～255范围内的整数。下面程序的作用是将小写字母转换为大写字母。

【例3.2】 字符数据与整数进行算术运算。

```
//此程序在 Visual C++ 6.0 环境下运行通过
#include <iostream>
using namespace std;
int main( )
  {char c1,c2;
   c1='a';
   c2='b';
   c1=c1-32;
   c2=c2-32;
   cout<<c1<<' '<<c2<<endl;
   return 0;
  }
```

运行结果：

```
A B
```

'a'的 ASCII 码为 97，而'A'的 ASCII 码为 65，'b'为 98，'B'为 66。从 ASCII 代码表中可以看到每一个小写字母比它相应的大写字母的 ASCII 代码大 32。C++数据与数值直接进行算术运算，'a'–32 得到整数 65，'b'–32 得到整数 66。将 65 和 66 存放在 c1，c2 中，由于 c1，c2 是字符变量，因此用 cout 输出 c1，c2 时，得到字符 A 和 B（A 的 ASCII 码为 65，B 的 ASCII 码为 66）。

能用符号表示的字符可直接用单引号括起来表示，如'a'，'9'，'Z'，也可用该字符的 ASCII 码值表示，例如十进制数 85 表示大写字母'U'，十六进制数 0x5d 表示']'，八进制数 0102 表示大写字母'B'。

一些不能用符号表示的控制符，只能用 ASCII 码值来表示，如十进制数 10 表示换行，十六进制数 0x0d 表示回车，八进制数 033 表示 Esc。也有另外一种表示方法，如'\033'表示 Esc，这里'\0'符号后面的数字表示十六进制的 ASCII 值。当然这种表示方法也适用于可直接用符号表示的字符。另外，有些常用的字符用特殊规定来表示，如表 3.3 所示。

表 3.3　特殊规定符表示含义

'\f'	'\X0C'	换页
'\r'	'\X0D'	回车
'\t'	'\X09'	制表键
'\n'	'\X0A'	换行
'\\'	'\X5C'	\符号
'\''	'\X27	'符号
'\"'	'\X22'	"符号

3.2.3　浮点型

浮点类型（float）代表实数的值的集合，其基本类型 float 在计算机中占 4 字节，即 32 位。浮点常数表示为+29.56，–56.33，–6.8e–18，6.365，常数只有一种进制的表示——十进制，且所有浮点常数都被默认为 double。

浮点类型有三种，可以定义能表示不同范围大小的浮点数如表 3.4 所示。

表 3.4 不同类型浮点数的表示范围

类　型	长　度	范　围
float	32 位	$3.4\times10^{-38}\sim3.4\times10^{38}$
double	64 位	$3.4\times10^{-308}\sim3.4\times10^{308}$
long double	80 位	$3.4\times10^{-4932}\sim3.4\times10^{4932}$

3.2.4 无值型

表示的值集为空集，无值型（void）字节长度为 0，主要有两个用途：一是明确地表示一个函数不返回任何值，作为函数参数时表示函数没有参数；二是产生一个可以指向任何类型内存空间的指针（可根据需要动态分配其内存）。

例如：

```
void *buffer;                  //buffer 被定义为无值型指针
```

3.2.5 布尔型

布尔型（bool）表示的值集只有两个值，分别是 true 和 false，主要用于表达逻辑表达式和关系表达式的运算结果。

3.3 C++语言的用户自定义数据类型

用户自定义数据类型是根据基本数据类型定义的。

C++提供了许多种基本的数据类型（如 int、float、double、char 等）供用户使用。但是由于程序需要处理的问题往往比较复杂，而且呈多样化，已有的数据类型显得不能满足使用要求。因此 C++允许用户根据需要自己声明一些类型，例如数组就是用户自己声明的数据类型。此外，用户可以自己声明的类型还有结构体（structure）类型、共用体（union）类型、枚举（enumeration）类型、类（class）类型等，这些统称为用户自定义类型（user-defined type，UDT）。

图 3.1 即时战略游戏中的士兵

3.3.1 结构体

结构体是一种数据类型，它把互相联系的数据组合成一个整体。例如，在绝大多数的即时战略游戏中，都有各种士兵，如图 3.1 所示。

游戏中的士兵的兵种编号、兵种名称、火力值、生命值、移动速度、等级，是互相联系的数据，在 C/C++语言中用“struct”来定义。

例如：

```
struct Soldiers
    {
      int    num;              //兵种编号
      char   name[20];         //兵种名称
      int    firepower;        //火力值
      int    life;             //生命值
      int    speed;            //移动速度
```

```
    int    grade;            //等级
   };
```

这样，程序设计者就声明了一个新的结构体类型 Soldiers（struct 是声明结构体类型时所必须使用的关键字，不能省略），它向编译系统声明：这是一种结构体类型，它包括 num，name，firepower，life，speed，grade 等不同类型的数据项。应当说明 Soldiers 是一个类型名，它和系统提供的标准类型（如 int、char、float、double 等）一样，都可以用来定义变量，只不过结构体类型需要事先由用户自己声明而已。

声明一个结构体类型的一般形式为

```
struct 结构体类型名
{成员表列};
```

结构体类型名用来作结构体类型的标志。上面的声明中 Soldiers 就是结构体类型名。大括号内是该结构体中的全部成员（member），由它们组成一个特定的结构体。上例中的 num，name，firepower，life，speed，grade 等都是结构体中的成员。在声明一个结构体类型时必须对各成员都进行类型声明，即

```
类型名  成员名;
```

每一个成员又称为结构体中的一个域（field）。成员表列又称为域表。成员名的命名规则与变量名的命名规则相同。

声明结构体类型的位置一般在文件的开头，即在所有函数（包括 main 函数）之前，以便本文件中所有的函数都能利用它来定义变量。当然也可以在函数中声明结构体类型。

在 C 语言中，结构体的成员只能是数据（如上面例子中所表示的那样）。C++对此加以扩充，结构体的成员既可以包括数据（即数据成员），又可以包括函数（即函数成员），以适应面向对象的程序设计。但是由于 C++提供了类（class）类型，一般情况下，不必使用带函数的结构体，因此在本章中只介绍只含数据成员的结构体，有关包含函数成员的结构体将在介绍类类型时一并介绍。

1. 结构体类型变量的定义方法及其初始化

前面只是指定了一种结构体类型，它相当于一个模型，但其中并无具体数据，系统也不为之分配实际的内存单元。为了能在程序中使用结构体类型的数据，应当定义结构体类型的变量，并在其中存放具体的数据。

（1）定义结构体类型变量的方法。可以采取以下三种方法定义结构体类型的变量。

1）先声明结构体类型再定义变量名。如上面已定义了一个结构体类型 Soldiers，可以用它来定义结构体变量。例如：

```
Soldiers  soldiers1, soldiers2;
```

以上定义了 soldiers1 和 soldiers2 为结构体类型 Soldiers 的变量，即它们具有 Soldiers 类型的结构。

在定义了结构体变量后，系统会为之分配内存单元。例如 soldiers1 和 soldiers2 在内存中各占 40 字节（4+20+4+4+4+4=40）。

2）在声明类型的同时定义变量。

例如：

```
struct Soldiers                  //声明结构体类型 Soldiers
    {
      int    num;                //兵种编号
      char   name[20];           //兵种名称
      int    firepower;          //火力值
      int    life;               //生命值
      int    speed;              //移动速度
      int    grade;              //等级
    } soldiers1, soldiers2;
                                 //定义 Soldiers 的两个的变量 soldiers1, soldiers2
```

这种形式的定义的一般形式为

```
struct 结构体名
{
成员表列
}变量名表列;
```

3）直接定义结构体类型变量。其一般形式为

```
struct                           //注意没有结构体类型名
{
成员表列
}变量名表列;
```

这种方法虽然合法，但很少使用。提倡先定义类型后定义变量的第 1）种方法。在程序比较简单，结构体类型只在本文件中使用的情况下，也可以用第 2）种方法。

【注意】

关于结构体类型，有几点要说明。

（1）不要误认为凡是结构体类型都有相同的结构。实际上，每一种结构体类型都有自己的结构，可以定义出许多种具体的结构体类型。

（2）类型与变量是不同的概念，不要混淆。只能对结构体变量中的成员赋值，而不能对结构体类型赋值。在编译时，是不会为类型分配空间的，只为变量分配空间。

（3）对结构体中的成员（即“域”），可以单独使用，它的作用与地位相当于普通变量。关于对成员的引用方法见第 7 章。

（4）成员也可以是一个结构体变量。

例如，在有的游戏中，属性划分得更加详细。如图 3.2 所示，仅仅“基本能力值”就分了物理攻击力、魔法攻击力、防御力和命中率。

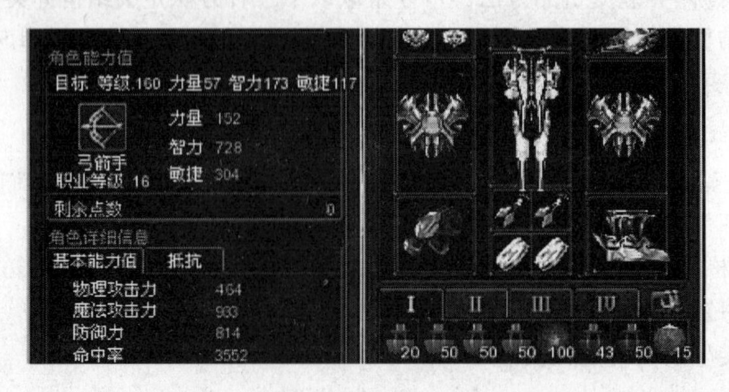

图 3.2 游戏角色属性的划分更加详细

因此，需要在原先结构的基础上，再构建一个新的结构体。

```
struct Basic_Ability    //声明一个结构体类型Basic_Ability
{
   int physical;
   int magic;
   int defense;
   int hit_rate;
} ;
struct Soldiers             //声明结构体类型Soldiers
   {
     int    num;            //兵种编号
     char   name[20];       //兵种名称
     int    firepower;      //火力值
     int    life;           //生命值
     int    speed;          //移动速度
     int    grade;          //等级
     Basic_Ability soldier_ability;
                            //Basic_Ability是结构体类型，soldier_ability是它的成员
   } soldiers1, soldiers2;
                            //定义Soldiers的两个的变量soldiers1, soldiers2
```

结构体中的成员名可以与程序中的变量名相同，但二者没有关系。例如，程序中可以另定义一个整型变量num，它与Soldiers中的num是两回事，互不影响。

（2）结构体变量的初始化。和其他类型变量一样，对结构体变量可以在定义时指定初始值。

例如：

```
struct Soldiers             //声明结构体类型Soldiers
   {
     int    num;            //兵种编号
     char   name[20];       //兵种名称
     int    firepower;      //火力值
     int    life;           //生命值
     int    speed;          //移动速度
     int    grade;          //等级
   } soldiers1={101, "Paladin",100,100,5,3};
```

也可以采取声明类型与定义变量分开的形式，在定义变量时进行初始化：

```
Soldiers soldiers1={101, "Paladin",100,100,5,3};
                            //Soldiers是已声明的结构体类型
```

2. 结构体变量的引用

在定义了结构体变量以后，当然可以引用这个变量。

（1）可以将一个结构体变量的值赋给另一个具有相同结构的结构体变量。如上面的soldiers1和soldiers2都是Soldiers类型的变量，可以这样赋值：

```
soldiers1= soldiers2;
```

（2）可以引用一个结构体变量中的一个成员的值。例如，soldiers1.num 表示结构体变量soldiers1中的成员的值。

引用结构体变量中成员的一般方式为

```
结构体变量名.成员名
```

例如，可以这样对变量的成员赋值：

```
soldiers1.num=10010;
```

（3）如果成员本身也是一个结构体类型，则要用若干个成员运算符，一级一级地找到最低一级的成员。例如，对上面定义的结构体变量 soldiers1，可以这样访问各成员：

```
soldiers1.num              (引用结构体变量 soldiers1 中的 num 成员)

struct Basic_Ability       //声明一个结构体类型 Basic_Ability
{
   int Physical;
   int magic;
   int defense;
   int hit rate;
} ;
```

如果想引用 soldiers1 变量中的 Basic_Ability 成员中的 physical 成员，则不能写成 soldiers1.physical，必须逐级引用，即

soldiers1.Basic_Ability. physical (引用结构体变量 soldiers1 中的 Basic_Ability 成员中的 physical 成员)；

（4）不能将一个结构体变量作为一个整体进行输入和输出。例如，已定义 soldiers1 和 soldiers2 为结构体变量，并且它们已有值。不能企图这样输出结构体变量中的各成员的值：

```
cout<< soldiers1;
```

只能对结构体变量中的各个成员分别进行输入和输出。

（5）对结构体变量的成员可以像普通变量一样进行各种运算（根据其类型决定可以进行的运算种类）。例如：

```
soldiers1.firepower = soldiers2.firepower;
sum=soldiers1.firepower+soldiers2.firepower;
soldiers1.firepower++;
++soldiers1.firepower;
```

由于“.”运算符的优先级最高，因此 soldiers1.firepower ++相当于(soldiers1. firepower)++。++是对 soldiers1.firepower 进行自加运算，而不是先对 firepower 进行自加运算。

（6）可以引用结构体变量成员的地址，也可以引用结构体变量的地址。如

```
cout<<& soldiers1;                    //输出 soldiers1 的首地址
cout<<&soldiers1.firepower;           //输出 soldiers1.firepower 的地址
```

结构体变量的地址主要用作函数参数，将结构体变量的地址传递给形参。

【例 3.3】 引用结构体变量中的成员。

```
//此程序在 Visual C++ 6.0 环境下运行通过
#include <iostream>
using namespace std;
struct Basic_Ability                  //声明一个结构体类型 Basic_Ability
```

```
{
    int physical;
    int magic;
    int defense;
    int hit_rate;
};
struct Soldiers                        //声明结构体类型 Soldiers
    {
      int    num;                      //兵种编号
      char   name[20];                 //兵种名称
      int    firepower;                //火力值
      int    life;                     //生命值
      int    speed;                    //移动速度
      int    grade;                    //等级
      Basic_Ability soldier_ability;
     } soldiers1, soldiers2={101, "Paladin",100,100,5,3,100,100,100,100};
//定义 Soldiers 类型的变量 soldiers1, soldiers2, 并对 soldiers2 初始化
int main( )
{ soldiers1= soldiers2;                //将 soldiers2 各成员的值赋予 soldiers1 的相应成员
  cout<<soldiers1.num<<endl;           //输出 soldiers1 中的 num 成员的值
  cout<<soldiers1.name<<endl;          //输出 soldiers1 中的 name 成员的值
  cout<<soldiers1.firepower <<endl;//输出 soldiers1 中的 firepower 成员的值
  cout<<soldiers1.life <<endl; //输出 soldiers1 中的 life 成员的值
  cout<<soldiers1.speed <<endl;//输出 soldiers1 中的 speed 成员的值
  cout<<soldiers1.grade <<endl;//输出 soldiers1 中的 grade 成员的值
  cout<<soldiers1.soldier_ability.physical<<'/'<<soldiers1.soldier_ability
  .magic <<'/'<<soldiers1.soldier_ability.defense <<'/'<<soldiers1.soldier
  _ability.hit_rate <<endl;
                                       //输出 soldiers1 中的 soldier_ability 各成员的值
  return 0;
}
```

运行结果如下：

```
101
Paladin
100
100
5
3
100/100/100/100
```

3. 结构体的应用

【例 3.4】 利用结构体，输入某一日期，计算这天在全年中的天数。

```
//此程序在 Visual C++ 6.0 环境下运行通过
#include<iostream.h>
struct date
{int year;
  int month;
  int day;
}  date;
```

```
void main()
{int i,days;
  static int daymonth[13]={0,31,30,31,30,31,30,31,31,30,31,30,31};
  cout<<"请输入年、月、日："<<endl;
  cin>>date.year>>date.month>>date.day;
  days=0;
  for(i=1;i<date.month;i++)
  days+=daymonth[i];
  days+=date.day;
  if((date.year%4==0&&date.year%100!=0||date.year%400==0)
    &&date.month>=3)
    days+=1;
  cout<<date.month<<"月"<<date.day<<"日是"<<date.year<<"年的第"<<days<<"天";
}
```

运行结果：

```
请输入年、月、日：
2005 2 2↙
2月2日是2005年的第33天
```

3.3.2 共用体

当需要把不同类型的变量存放到同一段内存单元、或对同一段内存单元的数据按不同类型处理时，则需要使用“共用体”数据结构。

共用体的定义形式：

```
union 共用体名
{
 成员列表;
 变量列表;
}
```

例如，把一个整型变量、一个字符型变量、一个实型变量放在同一个地址开始的内存单元中。则定义如下：

```
union data
{
 int i;
 char ch;
 float f;
}
```

共用体类型和结构体类型用法基本差不多，不同点如下。

共用体型变量空间：各成员占相同的起始地址，所占内存长度等于最长的成员所占内存。

结构体变量空间：各成员占不同的地址，所占内存长度等于全部成员所占内存之和。结构体中的每个元素都可以赋值，而共用体只有一个元素最终被赋值。

下面利用一个例题来反映它们的不同。

【例3.5】 反映共用体类型和结构体类型的不同。

```
//此程序在Visual C++ 6.0环境下运行通过
#include<iostream.h>
```

```
void main()
  {
   int size;
   union u_tag             //共用体
    {
     int i;
     double d;
    }u={88};
   struct s_tag            //结构体
    {
     int i;
     double d;
    }s={66,1.234};
   size=sizeof(union u_tag);
   cout<<"sizeof(union u_tag)="<<size<<endl;
   u.i=100;
   cout<<"u.i="<<u.i<<endl;
   u.d=1.2345;
   cout<<"u.d="<<u.d<<endl;
   size=sizeof(u.d);
   cout<<"sizeof(u.d)="<<size<<endl;
   cout<<"s.i="<<s.i<<endl;
   cout<<"s.d="<<s.d<<endl;
   size=sizeof(struct s_tag);
   cout<<"sizeof(struct s_tag)="<<size<<endl;
  }
```

运行结果：

```
sizeof (union u_tag) =8
u.i=100
u.d=1.2345
sizeof (u.d) =8
s.i=66
  s.d=1.234
  sizeof(struct s_tag)=16
```

1. 对共用体变量的访问方式

不能引用共用体变量，而只能引用共用体变量中的成员。例如，下面的引用方式是正确的：

a.i（引用共用体变量中的整型成员 i）

a.ch（引用共用体变量中的字符型成员 ch）

a.f（引用共用体变量中的双精度型成员 d）

不能只引用共用体变量，如 `cout<<a;`

是错误的，应该写成 `cout<<a.i;`或 `cout<<a.ch;`等。

2. 共用体类型数据的特点

（1）使用共用体变量的目的是希望用同一个内存段存放几种不同类型的数据。但是在每一瞬时只能存放其中一种，而不是同时存放几种。

（2）能够访问的是共用体变量中最后一次被赋值的成员，在对一个新的成员赋值后原有的成员就失去作用。

（3）共用体变量的地址和它的各成员的地址都是同一地址。

（4）不能对共用体变量名赋值；不能企图引用变量名来得到一个值；不能在定义共用体变量时对它初始化；不能用共用体变量名作为函数参数。

设一个游戏中，有若干个游戏角色的数据，其中主要是将军和法师。将军的数据中包括：姓名、编号、性别、职业、武器。法师的数据包括：姓名、编号、性别、职业、魔法值。可以看出，将军和法师所包含的数据是不同的。现要求把它们放在同一表格中，如表 3.5 所示。

表 3.5　　武将与法师的数据表

name	number	gender	job	weapon / magic
Li	1011	f	g	Lance
Wang	2085	m	m	100

如果 job 项为 g 将军，则第 5 项为 weapon 年级，即 Li 的武器是 Lance。如果 job 项是 m 法师，则第 5 项 magic 为 100。显然对第 5 项可以用共用体来处理（将 weapon 和 magic 放在同一段内存中）。

按照要求输入游戏角色的数据，然后再输出。为简化起见，只设两个人（一个将军、一个法师）。

【例 3.6】 输入将军和法师的数据，再输出。

```
//此程序在 Visual C++ 6.0 环境下运行通过
#include <iostream>
#include <string>
#include <iomanip>                    //因为在输出流中使用了控制符 setw
using namespace std;
struct
{ int num;
  char name[10];
  char gender;
  char job;
  union P                              //声明共用体类型
  { char weapon[10];                   //武器
     Int magic;                        //魔法值
  } category;                          //成员 category 为共用体变量
} person[2];                           //定义共用体数组 person，含两个元素
int main( )
{ int i;
  for(i=0;i<2;i++)
  //输入两个角色的数据
  {cin>>person[i].num>>person[i].name>>person[i].gender >>person[i].job;
    if(person[i].job=='g') cin>>person[i].category.weapon;
    //若是将军则输入武器
    else if (person[i].job=='m') cin>>person[i].category.magic;
    //若是法师则输入职务
  }
  cout<<endl<<"No. Name  gender job weapon/magic"<<endl;
  for(i=0;i<2;i++)
```

```
  {if (person[i].job=='g')
    cout<<person[i].num<<setw(6)<<person[i].name<<"    "<<person[i]. gender
    <<"    "<<person[i].job<<setw(10)<<person[i].category.weapon <<endl;
    else
    cout<<person[i].num<<setw(6)<<person[i].name<<"    "<<person[i].gender
    <<"    "<<person[i].job<<setw(10)<<person[i].category. magic <<endl;
    }
  return 0;
}
```

运行情况如下：

```
101 Li fg Lance↙      (注意在输入的字母 f 和 g 之间无空格)
102 Wang mm 100↙      (注意在输入的字母 m 和 m 之间无空格)

No. Name   gender  job  weapon /magic
101    li     f     g     Lance
102 wang     m     m       100
```

【注意】

在 cout 语句中用了 setw 控制符和插入空格，可以让上下文对齐一些，具体需要多少，请自行设定。

3.3.3　枚举类型

如果一个变量只有几种可能的值，可以定义为枚举（enumeration）类型。所谓“枚举”是指将变量的值一一列举出来，变量的值只能在列举出来的值的范围内。

声明枚举类型用 enum 开头。例如：

```
enum weekday{sun, mon, tue, wed, thu, fri, sat};
```

上面声明了一个枚举类型 weekday，花括号中 sun, mon, …, sat 等称为枚举元素或枚举常量。表示这个类型的变量的值只能是以上 7 个值之一。它们是用户自己定义的标识符。

声明枚举类型的一般形式为

```
enum  枚举类型名 {枚举常量表列};
```

在声明了枚举类型之后，可以用它来定义变量。如

```
weekday  workday, week_end;
```

这样，workday 和 week_end 被定义为枚举类型 weekday 的变量。

在 C 语言中，枚举类型名包括关键字 enum，以上的定义可以写为

```
enum weekday  workday, week_end;
```

在 C++中允许不写 enum，一般也不写 enum，但保留了 C 语言的用法。根据以上对枚举类型 weekday 的声明，枚举变量的值只能是 sun 到 sat 之一。例如

```
workday=mon;
week_end=sun;
```

是正确的。也可以直接定义枚举变量，如

```
enum{sun, mon, tue, wed, thu, fri, sat} workday, week_end;
```

这些标识符并不自动地代表什么含义。

【规则】

(1) 对枚举元素按常量处理，故称枚举常量。

(2) 枚举元素作为常量，它们是有值的，C++编译按定义时的顺序对它们赋值为0，1，2，3，…。也可以在声明枚举类型时另行指定枚举元素的值。

(3) 枚举值可以用做判断比较。

(4) 一个整数不能直接赋给一个枚举变量。

【例3.7】 口袋中有红、黄、蓝、白、黑5种颜色的球若干个。每次从口袋中任意取出3个球，问得到3种不同颜色的球的可能取法，输出每种排列的情况。

```
//此程序在Visual C++ 6.0环境下运行通过
#include <iostream.h>
#include <iomanip.h>                         //精度控制
void main( )
{   enum color {red,yellow,blue,white,black};             //声明枚举类型
    color pri;                               //定义color类型的变量pri
    int i,j,k,n=0,loop,pri;                  //n是累计不同颜色的组合数
    for (i=red;i<=black;i++)                 //当i为某一颜色时
        for (j=red;j<=black;j++)             //当j为某一颜色时
            if (i!=j)                        //若前两个球的颜色不同
            {   for (k=red;k<=black;k++)
                                             //只有前两个球的颜色不同，才需要检查第3个
                                               球的颜色
                    if ((k!=i) && (k!=j))    //3个球的颜色都不同
                    {   n=n+1;               //使累计值n加1
                        cout<<setw(3)<<n;    //输出当前的n值，字段宽度为3
                        for (loop=1;loop<=3;loop++)   //先后对3个球作处理
                        {   switch (loop)    //loop的值先后为1,2,3
                            {   case 1: pri=color(i);break;
                                             //color(i)是强制类型转换，使pri的值为i
                                case 2: pri=color(j);break;       //使pri的值为j
                                case 3: pri=color(k);break;       //使pri的值为k
                                default:break;}
                            switch (pri)     //判断pri的值，输出相应的"颜色"
                            {   case red:    cout<<setw(8)<<"red"; break;
                                case yellow: cout<<setw(8)<<"yellow"; break;
                                case blue:   cout<<setw(8)<<"blue"; break;
                                case white:  cout<<setw(8)<<"white"; break;
                                case black:  cout<<setw(8)<<"black"; break;
                                default    :   break;
                            }
                        }
                    cout<<endl;
                    }
            }
            cout<<"total:"<<n<<endl;  //输出符合条件的组合的个数
}
```

运行结果如下：

```
  1     red  yellow    blue
  2     red  yellow   white
```

```
 3    red  yellow  black
 4    red   blue  yellow
…
58  black  white    red
59  black  white  yellow
60  black  white   blue
total:60
```

在这个程序中，如果不用枚举常量，而用常数0代表“红”，1代表“黄”……也可以。但显然用枚举变量更直观，因为枚举元素都选用了令人“见名知意”的标识符，而且枚举变量的值限制在定义时规定的几个枚举元素范围内，如果赋予它一个其他的值，就会出现出错信息，便于检查。

3.3.4 用typedef定义类型

关键字typedef用于定义一种新的数据类型，它代表已有数据类型，是已有数据类型的别名。例如：

```
typedef int INTEGER;          //定义新数据类型INTEGER，与已有数据类型int等价
typedef float REAL;           //定义新数据类型REAL，代表已有数据类型float
```

通过上述定义后，以下两行等价：

```
int  i, j ; float a, b;
INTEGER i, j;  REAL  a, b;
```

【规则】

总的来说，声明一个新的类型名的方法如下。

（1）先按定义变量的方法写出定义语句（如int i;）；

（2）将变量名换成新类型名（如将i换成COUNT）；

（3）在最前面加typedef（如typedef int COUNT）；

（4）然后可以用新类型名去定义变量。

例如，声明一个数组类型，方法如下：

（1）先按定义数组形式书写：int n[100];。

（2）将变量名n换成自己指定的类型名：int NUM[100];。

（3）前面加上typedef，得到typedef int NUM[100];。

（4）用来定义变量：NUM n;（n是包含100个整型元素的数组）。

习惯上常把用typedef声明的类型名用大写字母表示，以便与系统提供的标准类型标识符相区别。

【注意】

（1）typedef可以声明各种类型名，但不能用来定义变量。用typedef可以声明数组类型、字符串类型，使用比较方便。

（2）用typedef只是对已经存在的类型增加一个类型名，而没有创造新的类型。

（3）当在不同源文件中用到同一类型数据（尤其是像数组、指针、结构体、共用体等类型数据）时，常用typedef声明一些数据类型，把它们单独放在一个头文件中，然后在需要用到它们的文件中用#include命令把它们包含进来，以提高编程效率。

（4）使用typedef有利于程序的通用与移植。有时程序会依赖于硬件特性，用typedef便

于移植。

3.4 变量和常量

3.4.1 变量和常量的概念

在C++程序中，进行处理的数据必须首先保存到内存空间中，此外处理过的数据及中间结果也要暂时保存在内存空间中，在程序中必须通过适当的标识方法来体现这种过程，为此引入了变量与常量的概念。

变量是一个用于存放数据的并用标识符命名的内存地址，其所标识的内存所保存的数据在程序运行的过程中可以被改变。在使用变量前必须先定义它的类型和标识它的标识符。变量的类型指示这个变量可以存放什么数据。

变量具有5个要素。

1. 变量的类型

变量的类型必须是C/C++语言所支持的基本数据类型、用户自定义的数据类型、导出数据类型。

2. 变量的值

每引入一个变量应该在代码中给变量赋一个有意义的值称为初始化，此外变量的值在程序的运行过程中可以改变。变量中值的类型应该与变量的类型保持一致。

3. 变量的地址

因为变量是内存空间，所以每一个变量都有相应的地址，可以通过变量名或者变量的地址来使用变量。

4. 变量的存储属性

变量的存储属性指的是变量在存储与内存分配中的特征，它与变量的生存周期密切相关，具体的存储类别见下一节。

5. 变量的作用域

变量的作用域指的是变量的标识符所能代表的该变量的范围，其与存储属性密切相关。

常量也是用于存放数据的内存地址，与变量不同的是其内存所保存的内容不可以发生变化。常量有时候也分为字面常量与有名常量，字面常量指的是数据本身也称之为常数，不同的数据类型有不同的常量表示方法，而有名常量指的是其内容不可以变化的，必须用标识符标识的内存空间。

3.4.2 变量的声明与使用

【注意】

任何类型的变量在使用之前应该先声明，说明其所保存的数据类型、变量的标识符（代表一个引用的内存地址）、存储类别。格式为

```
[<存储类>]<类型名或类型定义><变量名表>;
```

例如:

```
auto int size, high, temp=37;
```

该语句的作用：在内存中申请3个空间用于存放int类型的数值，其中变量temp在声明

的同时为其赋予了初值（称为初始化）。

按照变量的作用域可以将变量分为局部变量与全局变量。在函数中声明的变量称为局部变量，局部变量的使用范围和生存期只局限于函数的内部且为定义点直到包含它的最近的一个语句块结束；在函数外文件范围声明的变量为全局变量，其使用范围和生存期为从它的定义点直到整个程序结束。

存储类有四种形式，说明如下。

1. auto（函数内定义变量的默认形式）

变量为自动变量，只能在函数内声明，因此该种类型的变量只能为局部变量，作用域在声明的函数内，其空间在程序的临时工作区内，使用完后即使程序没结束也被释放。

2. register

寄存器变量，该变量以寄存器作为存储空间，其余特性与 auto 相同。

3. static

静态变量，可以在函数内或者函数外声明，其空间在内存数据区，在整个程序运行期间不会被释放。

4. extern

外部变量，用于指出所说明的变量已经在另外的文件中被说明，不必产生新的空间。

从变量的作用域来看，变量又分以下两种。

（1）global variable。全局变量，在所有函数及类外定义的变量称为全局变量。其空间在内存数据区，在整个程序运行期间不被释放，其作用域可包含多个函数或者类。

（2）local variable。局部变量，在一个函数内部定义的变量是局部变量。它只在本函数范围内有效，也就是说只有在本函数内才能使用它们，在此函数以外是不能使用这些变量的。同样，在复合语句中定义的变量只在本复合语句范围内有效。

例如：

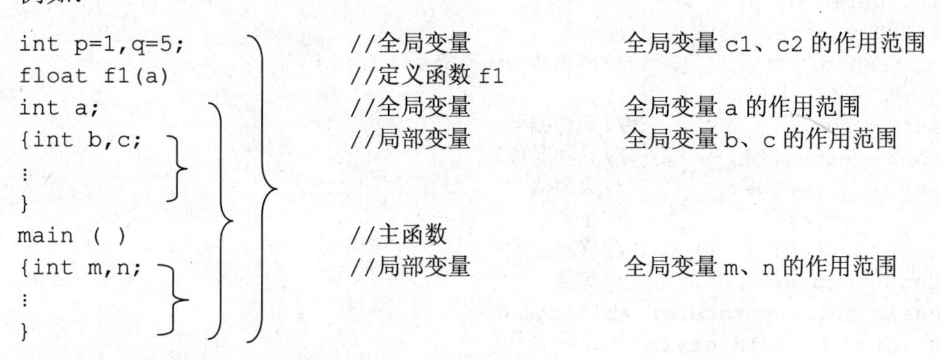

```
int p=1,q=5;          //全局变量          全局变量 c1、c2 的作用范围
float f1(a)           //定义函数 f1
int a;                //全局变量          全局变量 a 的作用范围
{int b,c;             //局部变量          全局变量 b、c 的作用范围
⋮
}
main ( )              //主函数
{int m,n;             //局部变量          全局变量 m、n 的作用范围
⋮
}
```

3.4.3 自定义数据类型变量的声明与使用

1. 结构体变量的声明与引用

前文已经介绍过，在此简单列举，以作比较。

（1）先定义结构体类型，再定义结构体变量。

例如：

```
struct Soldiers           //声明结构体类型 Soldiers
  {
    int   num;            //兵种编号
```

```
    char   name[20];        //兵种名称
    int    firepower;       //火力值
    int    life;            //生命值
    int    speed;           //移动速度
    int    grade;           //等级
   };
struct soldiers  soldiers1, soldiers2;
```

结构体变量中的各成员，在内存中顺序存放。结构体变量所占内存大小用运算符 sizeof 计算，此外结构体的定义也有局部和全局的特点。

（2）在定义类型的同时定义变量。

例如：

```
struct Soldiers                    //声明结构体类型 Soldiers
   {
    int    num;             //兵种编号
    char   name[20];        //兵种名称
    int    firepower;       //火力值
    int    life;            //生命值
    int    speed;           //移动速度
    int    grade;           //等级
   } soldiers1, soldiers2;
```

（3）成员是另一个结构体变量。

例如：

```
struct Basic_Ability               //声明一个结构体类型 Basic_Ability
{
    int physical;
    int magic;
    int defense;
    int hit rate;
};struct Soldiers                   //声明结构体类型 Soldiers
   {
    int    num;             //兵种编号
    char   name[20];        //兵种名称
    int    firepower;       //火力值
    int    life;            //生命值
    int    speed;           //移动速度
    int    grade;           //等级
    Basic_Ability soldier_ability;
   } soldiers1, soldiers2;
```

结构体变量引用时，一般情况下，不能将一个结构体变量作为整体来引用，只能引用其中的成员（分量）。引用结构体成员的具体方式为

```
结构体变量名.成员名
```

例如：

```
soldiers1.num=102;
soldiers1.name="Archangel";
```

但是当成员是另一个结构体变量时，应一级一级地引用成员。

例如：

```
soldiers1.soldier ability.physical ="100";
```

仅在赋值或者取地址的时候，可以把结构体变量作为一个整体来访问。

例如：

```
Soldiers2 = soldiers1;
cout<< & soldiers1;            //输出 soldiers1 的地址
```

若结构体变量名为 a，则结构体变量的初始化如下所示。

```
a = {101, "Archangel",99,99,5,10,100,100,100,100};
```

2. 共用体变量的声明与引用

若有如下共用体类型定义

```
union data
  {
    int i;
    char ch;
    float f;
  };
```

则，可以声明共用体变量 a 如下。

```
union data a;
```

只能引用共用体变量的成员，例如：

```
cout<<a.i;
a.ch='a';
```

共用体变量中的值是最后一次存放的成员的值，例如：

```
a.i = 1;
a.ch = 'a';
a.f = 1.5;
```

完成以上 3 个赋值语句后，共用体变量的值是 1.5，而 a.i=1 和 a.ch='a'已无意义。

共用体变量不能直接初始化，例如下面语句错误。

```
union data
{
 int i;
 char ch;
 float f;
 }a={1,'a', 1.5};
```

3. 枚举变量的声明与引用

枚举元素定义以后成为常量，所以在引用时不能改变其值，在给枚举类型的变量赋值的时候只能赋已经定义的常量值。在 C++编译器中，按定义的顺序取值 0、1、2、…

例如：

```
enum weekday {sun, mon, tue, wed, thu, fri, sat};
weekday  var =mon;
cout<<var;                    //结果输出整数 1
```

3.4.4 C++常量及定义

在C++程序中用于保存数据的内存空间可以分为常量与变量两大类，定义有名常量空间必须使用const关键字，因为常量不能被修改，因此在定义的时候必须同时进行初始化。

一般常量的定义格式为

```
const <类型名><常量标识符>=<表达式>
```

或者

```
<类型名> const<常量标识符>=<表达式>
```

其中类型名限定为整型、浮点型、字符型及其派生类型；表达式必须是同类型的常数或者在编译时可以求值的表达式［如3*24、sizeof (int)等］。

定义或说明一个常数组可采用如下格式。

```
<类型说明符> const <数组名>[<大小>]={初始化值}
```

或者

```
const <类型说明符> <数组名>[<大小>]={初始化值}
```

例如：

```
int const a[5]={1,2,3,4,5};
```

3.5 C++的导出数据类型

C++语言的重要特征之一是数据类型极为丰富。除了基本数据类型和用户自定义数据类型外还提供另一类数据类型即导出数据类型，其特点是导出数据类型的定义是在其他已定义的类型的基础上定义的，具体说主要有3种导出数据类型，分别是数组类型（集合类型）、指针类型、引用类型。本节讲述数组及字符数组的使用。

3.5.1 数组

数组是由同一类型变量组成的有序集合，组成数组的变量称为数组的元素。数组是集合类型数据。一个数组由连续的存储单元（数组单元）组成，每一个数组单元保存相同的数据类型的数据。数组通常可以分为一维数组、二维数组与多维数组。

1. 一维数组

（1）一维数组的定义。由 *n* 个同一类型的数据组成的一维序列，构成一维数组，其定义格式为

```
<类型名> <数组名> [<N>]          //其下标为0, 1, …, N-1
```

类型名可以为任何数据类型，包括：基本类型、自定义类型、派生类型等；数组名是数组的标识，也是数组连续空间的首地址；N为一个整型数表示数组中元素的个数，也称为数组的大小，在定义时N为常整数或者是整型常量，不能为变量。

如下定义一维数组：

```
int a[10];
```

当程序执行此语句时，在内存中申请了10个连续存储单元（10个变量），且每个单元只

能存放 int 类型的数据。a 为数组名，这 10 个变量分别通过 a[0]，a[1]，…，a[9]来引用；10 为数组的元素的个数，或者称为数组的大小。

（2）数组的初始化。数组的初始化可以通过 3 种方式进行。

```
int a[4]={1,2,3,4};          //给变量 a[0]，a[1]，a[2]，a[3]分别赋值为 1, 2, 3, 4
int a[]={1,2,3,4};           //元素数自动设为 3 且各个元素的值与上同。
int a[4]; a[0]=1; a[1]=2; a[2]=3; a[4]=4;  //分别给数组的 4 个元素赋值。
```

（3）对数组的操作。对数组的操作可以通过数组的下标来进行，下标可以是常整数，也可以是一个整型变量。若定义数组：

```
int a[4]={1,2,3,4};
```

则，给数组中第三个变量赋值为 2，可有以下两种方式：

```
a[2]=2;
```

或者

```
int i=2;a[i]=2;
```

需要注意的是通过下标引用数组的时候，若数组的长度为 *n* 则其引用的时候下标范围为 0，…，*n*–1。

例如：

```
#include<iostream.h>
void main()
 {
   int Array1[]={1,2,3,4,5};
   int Array2[5]={1,2,3};
   for(int i=0;i<5;i++)
     cout<<Array1[i]<<","<<Array2[i] <<endl;
 }
```

运行结果：

```
Array1[0]=1, Array2[0]=1
Array1[1]=2, Array2[1]=2
Array1[2]=3, Array2[2]=3
Array1[3]=4, Array2[3]=0
Array1[4]=5, Array2[4]=0
```

（4）一维数组程序举例。

【例 3.8】 用数组来处理求 Fibonacci 数列问题。

可以用 20 个元素代表数列中的 20 个数，从第 3 个数开始，可以直接用表达式 f[i]=f[i–2]+f[i–1]求出各数。

```
//此程序在 Visual C++ 6.0 环境下运行通过
#include <iostream>
#include <iomanip>
using namespace std;
int main( )
  { int i;
    int f[20]={1,1};          //f[0]=1,f[1]=1
```

```
    for(i=2;i<20;i++)
f[i]=f[i-2]+f[i-1];                  //在i的值为2时，f[2]=f[0]+f[1]，依次类推
    for(i=0;i<20;i++)                //此循环的作用是输出20个数
      {if(i%5==0) cout<<endl;        //控制换行，每行输出5个数据
        cout<<setw(8)<<f[i];         //每个数据输出时占8列宽度
      }
    cout<<endl;                      //最后执行一次换行
    return 0;
}
```

运行结果如下：

```
(空一行)
       1       1       2       3       5
       8      13      21      34      55
      89     144     233     377     610
     987    1597    2584    4181    6765
```

【例 3.9】 编写程序，用起泡法对10个数排序（按由小到大顺序）。

起泡法的思路是：将相邻两个数比较，将小的调到前头，如图 3.3 所示。然后进行第 2 趟比较，对余下的前面 5 个数按上述方法进行比较，如图 3.4 所示。

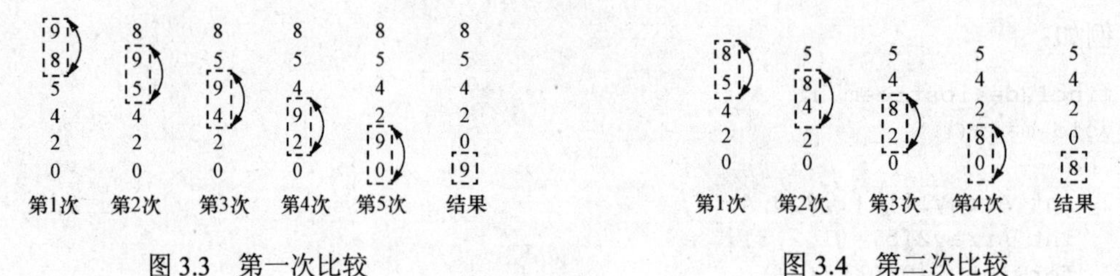

图 3.3 第一次比较　　　图 3.4 第二次比较

可以推知，如果有 *n* 个数，则要进行 *n*–1 趟比较（和交换）。在第 1 趟中要进行 *n*–1 次两两比较，在第 *j* 趟中要进行 *n*–*j* 次两两比较。

根据以上思路写出程序，今设 *n*=10，本例定义数组长度为 11，*a*[0]不用，只用 *a*[1]～*a*[10]，以符合人们的习惯。从前面的叙述可知，应该进行 9 趟比较和交换。

```
//此程序在Visual C++ 6.0环境下运行通过
#include <iostream>
using namespace std;
int main()
{
      int a[11];
      int i,j,t;
      cout<<"input 10 numbers : "<<endl;
      for (i=1;i<11;i++)                        //输入a [1] ～a [10]
      cin>>a[i];
      cout<<endl;
      for (j=1;j<=9;j++)                        //共进行9趟比较
      for(i=1;i<=10-j;i++)                      //在每趟中要进行(10-j)次两两比较
      if (a[i]>a[i+1])                          //如果前面的数大于后面的数
        {t=a[i];a[i]=a[i+1];a[i+1]=t;}          //交换两个数的位置，使小数上浮
      cout<<"the sorted numbers :"<<endl;
```

```
    for(i=1;i<11;i++)                    //输出10个数
    cout<<a[i]<<" ";
    cout<<endl;
    return 0;
}
```

运行情况如下：

```
input 10 numbers :
3 5 9 11 33 6 -9 -76 100 123

the sorted numbers :
-76 -9 3 5 6 9 11 33 100 123
```

2. 二维数组

（1）二维数组的定义。二维数组可以看成为一维数组的数组，由于一个二维数组其元素为一维数组，由此形成一维数组的数组称为二维数组，其定义格式为

```
<类型名> <数组名>[<N1>][<N2>]
```

该数组有N_1个元素，而每一个元素又是一个大小为N_2的一维数组。相当于定义了$N_1 \times N_2$个同类型的变量。

例如：

```
int a[3][4];
```

在内存中申请了3×4个用于存放整型数据的连续单元，变量名分别为

```
a[0][0]、a[0][1]、a[0][2]、a[0][3]
a[1][0]、a[1][1]、a[1][2]、a[1][3]
a[2][0]、a[2][1]、a[2][2]、a[2][3]
```

相当于3个数组名为a[0]、a[1]、a[2]的一维数组，每个一维数组有4个元素，它们在内存中是按行序存储的。

（2）二维数组的初始化。

```
int a[3][4]={{1,2,3,4},{5,6,7,8},{9,10,11,12}};    //相当于给连续变量依次赋值
int a[3][4]={1,2,3,4,5,6,7,8,9,10,11,12};          //同上
```

也可以逐个赋值，例如：

```
a[0][0]=1;
 …
a[2][3]=12;
```

（3）二维数组的操作。对二维数组的操作同样是通过下标来引用，下标可以为常量、变量。

如定义数组：`int a[3][4];`

若给第2行3列的元素赋值为2，可以有如下两种方式：

```
a[1][2]=2;
```

或者

```
int i=1,j=2;a[i][j]=2;
```

【注意】

此处需要说明的是，i 不能超过 2，j 不能超过 3。

下面利用二维数组来存储矩阵元素。

【例 3.10】 求一个 3×3 矩阵的对角线的元素的和。

```
//此程序在 Visual C++ 6.0 环境下运行通过
#include <iostream.h>
void main()
 {int a[3][3],sum=0;
  int i,j;
  cout<<"enter data:"<<endl;;
   for (i=0;i<3;i++)
     for (j=0;j<3;j++)
      cin>>a[i][j];
   for (i=0;i<3;i++)
     sum=sum+a[i][i];
   cout<<"sum="<<sum<<endl;
     }
```

运行结果：

```
enter data:
1 2 3 4 5 6 7 8 9↙
sum=15
```

尝试将该题目改成求 $n \times n$ 矩阵的对角线的元素的和或者正负对角线元素的和。

（4）二维数组程序举例。

【例 3.11】 将一个二维数组行和列元素互换，存到另一个二维数组中。例如：

```
a = 1  2  3          b = 1  4
    4  5  6              2  5
                         3  6
```

程序如下。

```
//此程序在 Visual C++ 6.0 环境下运行通过
#include <iostream>
using namespace std;
int main( )
{
    int a[2][3]={{1,2,3},{4,5,6}};
    int b[3][2],i,j;
    cout<<"array a: "<<endl;
    for (i=0;i<=1;i++)
      {
         for (j=0;j<=2;j++)
           {  cout<<a[i][j]<<" ";
              b[j][i]=a[i][j];
           }
         cout<<endl;
      }
    cout<<"array b: "<<endl;
```

```
    for (i=0;i<=2;i++)
      {
        for(j=0;j<=1;j++)
        cout<<b[i][j]<<" ";
        cout<<endl;
      }
return 0;
}
```

运行结果如下：

```
  array a:
  1  2  3
  4  5  6
  array b:
  1  4
  2  5
  3  6
```

【例 3.12】 有一个 3×4 的矩阵，要求编程序求出其中值最大的那个元素的值，以及其所在的行号和列号。

开始时把 *a*[0][0]的值赋给变量 *max*，然后让下一个元素与它比较，将二者中值大者保存在 *max* 中，然后再让下一个元素与新的 *max* 比，直到最后一个元素比完为止。*max* 最后的值就是数组所有元素中的最大值。

程序如下。

```
//此程序在 Visual C++ 6.0 环境下运行通过
#include <iostream>
using namespace std;
int main( )
{ int i,j,row=0,colum=0,max;
    int a[3][4]={{5,12,23,56},{19,28,37,46},{-12,-34,6,8}};
    max=a[0][0];                    //使 max 开始时取 a[0][0]的值
    for (i=0;i<=2;i++)              //从第 0 行~第 2 行
    for (j=0;j<=3;j++)              //从第 0 列~第 3 列
    if (a[i][j]>max)                //如果某元素大于 max
    {max=a[i][j];                   //max 将取该元素的值
      row=i;                        //记下该元素的行号 i
      colum=j;                      //记下该元素的列号 j
      }
  cout<<"max="<<max<<",row="<<row<<",colum="<<colum<<endl;
  return 0;
}
```

输出结果为

```
max=56, row=0, colum=3
```

3. 多维数组

二维以上的数组为多维数组，多维数组的定义和初始化同二维数组类似，定义的格式为

```
<类型名> <数组名>[<N1>][<N2>]…[Nk]
```

多维数组的内存单元同样是地址连续的，其元素个数为 $N_1 \times N_2 \times \cdots \times N_k$，其元素的引用同样是通过下标引用。

3.5.2 字符数组与字符串

用来存放字符数据的数组是字符数组，字符数组中的一个元素存放一个字符。字符数组具有数组的共同属性。由于字符串应用广泛，C 语言和 C++专门为它提供了许多方便的用法和函数。

1. 字符数组的定义和初始化

定义字符数组的方法与前面介绍的类似。例如：

```
char c[10];
c[0]='Z';c[1]='h';c[2]='e';c[3]='n';c[4]='g';
c[5]=' ';c[6]='z';c[7]='h';c[8]='o';c[9]='u';
```

上面定义了字符数组 c，包含 10 个元素。在赋值以后数组的状态如图 3.5 所示。

C[0]	C[1]	C[2]	C[3]	C[4]	C[5]	C[6]	C[7]	C[8]	C[9]
Z	h	e	n	g		z	h	o	u

图 3.5 元素在数组中的状态图

对字符数组进行初始化，最容易理解的方式是逐个字符赋给数组中各元素。例如：

```
char c[10]={'Z', 'h', 'e', 'n', 'g', ' ', 'z', 'h', 'o', 'u'};
```

把 10 个字符分别赋给 c[0]～c[9]这 10 个元素。

如果花括号中提供的初值个数大于数组长度，则按语法错误处理。如果初值个数小于数组长度，则只将这些字符赋给数组中前面那些元素，其余的元素自动定为空字符。如果提供的初值个数与预定的数组长度相同，则在定义时可以省略数组长度，系统会自动根据初值个数确定数组长度。例如：

```
char c [ ]={'Z', 'h', 'e', 'n', 'g', ' ', 'z', 'h', 'o', 'u'};
```

也可以定义和初始化一个二维字符数组，例如：

```
char diamond [5][5]={{' ',' ','*'},{' ', '*', ' ', '*'},{'*', ' ', ' ', ' ',
'*'},{' ', '*', ' ', '*'},{' ', ' ', '*'}};
```

2. 字符数组的赋值与引用

只能对字符数组的元素赋值，而不能用赋值语句对整个数组赋值。例如：

```
char c[5];
c={'C','h','i','n','a'};                        //错误，不能对整个数组一次赋值
c[0]='C'; c[1]='h';c[2]='i';c[3]='n';c[4]='a'; //对数组元素赋值，正确
```

如果已定义了 a 和 b 是具有相同类型和长度的数组，且 b 数组已被初始化，请分析：

```
a=b;                                            //错误，不能对整个数组整体赋值
a[0]=b[0];                                      //正确，引用数组元素
```

【例 3.13】 设计和输出一个图案。

```
//此程序在 Visual C++ 6.0 环境下运行通过
#include <iostream.h>
```

```
void main()
{ char a[5]={'*','*','*','*','*'};
  int i,j,k;
  char space=' ';
  for (i=0;i<5;i++)            //输出5行
    { cout<<endl;              //输出每行前先换行
      cout<<"    ";            //每行前面留4个空格
      for (j=1;j<=i;j++)
        cout<<space;           //每行再留一个空格
      for (k=0;k<5;k++)
        cout<<a[k];            //每行输出5个*号
    }
  cout<<endl;
}
```

运行结果为

```
    * * * * *
     * * * * *
      * * * * *
       * * * * *
        * * * * *
```

【例 3.14】 设计和输出一个钻石图形。

```
//此程序在Visual C++ 6.0环境下运行通过
#include <iostream>
using namespace std;
void main( )
{char diamond[][5]={{' ',' ','*'},{' ','*',' ','*'},{'*',' ','
',' ','*'},{' ','*',' ','*'},{' ',' ','*'}};
   int i,j;
   for (i=0;i<5;i++)
      { for (j=0;j<5;j++)
         cout<<diamond[i][j];     //逐个引用数组元素，每次输出一个字符
         cout<<endl;
      }
}
```

运行结果为

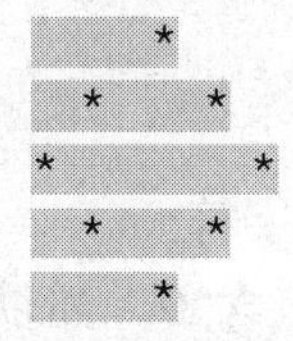

3. 字符串和字符串结束标志

用一个字符数组可以存放一个字符串中的字符。例如：

```
char str [12] ={'Z', 'h', 'e', 'n', 'g',' ', 'z', 'h', 'o', 'u'};
```

用一维字符数组 str 来存放一个字符串"Zheng zhou"中的字符。字符串的实际长度10与数组长度12不相等，在存放上面10个字符之外，系统对字符数组最后两元素自动填补空字

符'\0'。

为了测定字符串的实际长度，C++规定了“一个字符串结束标志，以字符'\0'代表”。在上面的数组中，第 11 个字符为'\0'，就表明字符串的有效字符为其前面的 10 个字符。也就是说，遇到字符'\0'就表示字符串到此结束，由它前面的字符组成字符串。

对一个字符串常量，系统会自动在所有字符的后面加一个'\0'作为结束符。例如字符串"Zheng zhou"共有 10 个字符，但在内存中它共占 11 字节，最后 1 字节'\0'是由系统自动加上的。

在程序中往往依靠检测'\0'的位置来判定字符串是否结束，而不是根据数组的长度来决定字符串长度。当然，在定义字符数组时应估计实际字符串长度，保证数组长度始终大于字符串实际长度。如果在一个字符数组中先后存放多个不同长度的字符串，则应使数组长度大于最长的字符串的长度。

说明：'\0'只是一个供辨别的标志。

如果用以下语句输出一个字符串：

```
cout<<"Zheng zhou";
```

系统在执行此语句时逐个地输出字符，那么它怎么判断应该输出到哪个字符就停止了呢？

下面再对字符数组初始化补充一种方法——用字符串常量来初始化字符数组。例如：

```
char str [ ]={"Zheng zhou"};
```

也可以省略花括号，直接写成

```
char str [ ]="Zheng zhou";
```

不是用单个字符作为初值，而是用一个字符串（注意字符串的两端是用双引号而不是单引号括起来的）作为初值。显然，这种方法直观、方便，符合人们的习惯。注意：数组 str 的长度不是 10，而是 11（因为字符串常量的最后由系统加上一个'\0'）。因此，上面的初始化与下面的初始化等价：

```
char str [ ]={'Z', 'h', 'e', 'n', 'g', ' ', 'z', 'h', 'o', 'u', '\0'};
```

而不与下面的等价：

```
char str [ ]={'Z', 'h', 'e', 'n', 'g', ' ', 'z', 'h', 'o', 'u'};
```

前者的长度为 11，后者的长度为 10。如果有

```
char str [10]="C++";
```

数组 str 的前 3 个元素为'C'，'+'，'+'，第 4 个元素为'\0'，后 6 个元素为空字符。

需要说明的是：字符数组并不要求它的最后一个字符为'\0'，甚至可以不包含'\0'。如以下这样写完全是合法的：

```
char str [3]={'C', '+', '+'};
```

是否需要加'\0'，完全根据需要决定。但是由于 C++编译系统对字符串常量自动加一个'\0'。因此，人们为了使处理方法一致，便于测定字符串的实际长度，以及在程序中作相应的处理，在字符数组中有效字符的后面也人为地加上一个'\0'。例如：

```
char str [4]={'C', '+', '+', '\0'};
```

4. 字符数组的输入/输出

字符数组的输入/输出可以有两种方法：

（1）逐个字符输入/输出。

（2）将整个字符串一次输入/输出。

例如有以下程序段：

```
char str [20];
cin>>str;        //用字符数组名输入字符串
cout<<str;       //用字符数组名输出字符串
```

在运行时输入一个字符串，如

```
China↙
```

在内存中，数组 str 中，在 5 个字符的后面自动加了一个结束符'\0'。输出时，逐个输出字符直到遇结束符'\0'，就停止输出。输出结果为

```
China
```

如前所述，字符数组名 str 代表字符数组第一个元素的地址，执行“cout<<str，”的过程是从 str 所指向的数组第一个元素开始逐个输出字符，直到遇到'\0'为止。

【注意】

（1）输出的字符不包括结束符'\0'。

（2）输出字符串时，cout 流中用字符数组名，而不是数组元素名。

（3）如果数组长度大于字符串实际长度，也只输出到遇'\0'结束。

（4）如果一个字符数组中包含一个以上'\0'，则遇第一个'\0'时输出就结束。

（5）用 cin 从键盘向计算机输入一个字符串时，从键盘输入的字符串应短于已定义的字符数组的长度，否则会出现问题。

C++提供了 cin 流中的 getline 函数，用于读入一行字符（或一行字符中前若干个字符），使用安全又方便。

5. 字符串处理函数

由于字符串使用广泛，C 语言和 C++提供了一些字符串函数，使得用户能很方便地对字符串进行处理。几乎所有版本的 C++都提供下面这些函数，它们是放在函数库中的，在 string 和 string.h 头文件中定义。如果程序中使用这些字符串函数，应该用#include 命令把 string.h 或 string 头文件包含到本文件中。下面介绍几种常用的函数。

（1）字符串连接函数 strcat。其函数原型为

```
strcat(char [ ], const char [ ]);
```

strcat 是 string catenate（字符串连接）的缩写。该函数有两个字符数组的参数，函数的作用是：将第二个字符数组中的字符串连接到前面字符数组的字符串的后面。第二个字符数组被指定为 const，以保证该数组中的内容不会在函数调用期间修改。连接后的字符串放在第一个字符数组中，函数调用后得到的函数值，就是第一个字符数组的地址。例如：

```
char str1[30]="People's Republic of ";
char str2[ ]="China";
```

```
cout<<strcat(str1, str2));        //调用strcat函数
```

输出：

```
People's Republic of China
```

（2）字符串复制函数strcpy。其函数原型为

```
strcpy (char[ ], const char[ ]);
```

strcpy是string copy（字符串复制）的缩写。它的作用是将第二个字符数组中的字符串复制到第一个字符数组中去，将第一个字符数组中的相应字符覆盖。例如：

```
char str1[10],str2[ ]="China";
strcpy (str1,str2);
```

执行后，str2中的5个字符"China"和'\0'（共6个字符）复制到数组str1中。

【注意】

（1）在调用strcpy函数时，第一个参数必须是数组名（如str1），第二个参数可以是字符数组名，也可以是一个字符串常量。

（2）可以用strcpy函数将一个字符串中前若干个字符复制到字符数组中去。

（3）只能通过调用strcpy函数来实现将一个字符串赋给一个字符数组，而不能用赋值语句将一个字符串常量或字符数组直接赋给一个字符数组。

（3）字符串比较函数strcmp。其函数原型为

```
strcmp (const char[ ],const char[ ]);
```

strcmp是string compare（字符串比较）的缩写。作用是比较两个字符串。由于这两个字符数组只参加比较而不改变其内容，因此两个参数都加上const声明。以下写法是合法的：

```
strcmp (str1, str2);
strcmp ("China", "Korea");
strcmp (str1, "Beijing");
```

比较的结果由函数值代回。

1）如果字符串1=字符串2，函数值为0。

2）如果字符串1>字符串2，函数值为一正整数。

3）如果字符串1<字符串2，函数值为一负整数。

字符串比较的规则与其他语言中的规则相同，即对两个字符串自左至右逐个字符相比（按ASCII码值大小比较），直到出现不同的字符或遇到'\0'为止。如全部字符相同，则认为相等；若出现不相同的字符，则以第一个不相同的字符的比较结果为准。

【注意】

对两个字符串比较，不能用以下形式：

```
if (str1>str2) cout<<"yes";
```

字符数组名str1和str2代表数组地址，上面写法表示将两个数组地址进行比较，而不是对数组中的字符串进行比较。对两个字符串比较应该用：

```
if(strcmp(str1,str2)>0) cout<<"yes";
```

（4）字符串长度函数strlen。函数原型为

```
strlen(const char[ ]);
```

strlen是string length（字符串长度）的缩写。它是测试字符串长度的函数。其函数的值为字符串中的实际长度，不包括'\0'在内。例如：

```
char str[10]="China";
cout<<strlen (str);
```

输出结果不是10，也不是6，而是5。

以上是几种常用的字符串处理函数，除此之外还有其他一些函数。

【例3.15】 有3个字符串，要求找出其中最大者。要求用函数调用。

```
//此程序在Visual C++ 6.0环境下运行通过
#include <iostream.h>
#include <string.h>
int main()
  { void max_string(char str[][30],int n); //函数声明
    int i;
    char student_name[3][30];
    for(i=0;i<3;i++)
    cin>>student_name[i];                    //输入3个学生的名字
    max_string(student_name,3);              //调用max_string函数
    return 0;
  }
void max_string(char str[][30],int n)
  {
    int i;
    char string[30];
    strcpy(string,str[0]);                   //使string的值为str[0]的值
    for(i=0;i<n;i++)
    if(strcmp(str[i],string)>0)              //如果str[i]>string
    strcpy(string,str[i]);                   //将str[i]中的字符串复制到string
    cout<<endl<<"the largest string is: "<<string<<endl;
  }
```

运行结果如下：

```
LIMING
WANGGANG
ZHANGHAI
the largest string is: ZHANGHAI
```

3.6 C++基本运算符与表达式

运算符又称操作符，是对数据进行运算的符号，它指示在一个或多个操作数上完成某种运算操作或动作。

C++语言中，除了输入、输出及程序流程控制操作以外的所有基本操作都作为运算处理。例如，赋值运算符“=”、逗号运算符“,”、括号运算符“()”。

常用的运算符有算术运算符、关系运算符、逻辑运算符、赋值运算符、逗号运算符等。

按照参与运算的运算分量的个数，运算分为单目运算、双目运算、三目运算、多目运算。

C++语言只有一种三目运算（条件运算符），多目运算一般指函数调用。

表达式是由运算分量（常数、常量、变量、函数调用语句）和运算符按照一定规则连接起来组成的式子，其中运算分量表示参与运算的操作数，运算符指明运算的类型。

每一个表达式最后都有一个确定的运算结果，显然表达式也可以嵌套，即在一个表达式中可以包含另外的表达式作为该表达式的一个操作数；没有内嵌其他表达式的表达式称为基本表达式，按照基本表达式中的运算符可以将其分为算术表达式、关系表达式等。

3.6.1 运算符说明

1. 单目、双目、三目运算符

单目：一般位于操作数前面。如–x，!x；

双目：位于两个操作数之间。如 a+b；

三目：只有一个，即条件运算符。如(a>b)?a:b。

2. 运算符的优先级

若在一个表达式中有多个运算，则有括号先算括号，没有括号将按照一定的优先级运算，C++语言将运算符的优先级划分为 16 级。

3. 运算符的结合性

运算符的结合性：优先级相同的运算符在表达式中相邻出现时，是从左到右进行计算（左结合性），还是从右至左进行计算（右结合性）呢？左结合性是人们习惯的计算顺序。

C++语言中，只有单目运算（!、～、++、––、–、*、&)、条件运算（？:)、赋值运算（=、+=、–=、*=、/=、%=）的结合性是右结合性，其余运算为左结合性。

3.6.2 运算符的种类

1. 算术运算符

（1）单目运算符：+，–，++，––前面为正负；

（2）双目运算符：+，–，*，/，%。

【注意】

（1）双目运算符一般要求两个相同类型的操作数，如果类型不同，则进行转换，精度低的向精度高的转换。

（2）––、++、%只用于 int 和 char 类型数据。

（3）两个整数相除得到的商是它们的整数商，两个整数取余得到的是整余数。如：9/2=4，9.0/2=4.5。

（4）自增运算符++和自减运算符––，操作数只能是整型变量。有前置、后置两种方式。自增、自减运算比等价的赋值语句生成的目标代码更高效。

++i：在使用 i 之前，先使 i 的值增加 1，俗称先增后用。

i++：先使用 i 的值，然后使 i 的值增加 1，俗称先用后增。

––i：在使用 i 之前，先使 i 的值减 1，俗称先减后用。

i––：先使用 i 的值，然后使 i 的值减 1，俗称先用后减。

例如：
```
i=1999;
j=++i;          //先将 i 的值增 1,变为 2000;后使用,j 的值为 2000
j=i++;          //先使用,j 的值为 1999;后增,i 的值变为 2000
```

例如：
```
i=2000;
```

```
        j=--i;              //将 i 的值减 1,变为 1999;后使用,j 的值也为 1999
        j=i--;              //先使用,j 的值为 2000;后减,i 的值变为 1999
```

例如：i=1;　a=(++i)+(++i)+(++i) 的值为多少呢？

(有人计算出 9，因为 2+3+4)，其实这是错误的。执行过程为

执行++i(i=2)→执行++i(i=3)→执行 i+i(3+3=6)→执行++i(i=4)→执行(6+4=10)

【例 3.16】 写出程序的运行结果。

```
//此程序在 Visual C++ 6.0 环境下运行通过
#include <iostream.h>
void main()
{ int  i,j,m,n;
    i=8;
    j=10;
    m=++i+j++;
                            //等价于 m=(++i)+(j++)，即 i=i+1,m=i+j,j=j+1
    n=(++i)+(++j)+m;        //等价于 i=i+1,j=j+1,n=i+j+m
cout<<i<<' '<<j<<' '<<m<<' '<<n<<endl;
}
```

运行结果：

```
10 12 19 41
```

2. 关系运算符

生活中，往往要求根据某个指定的条件是否满足来决定执行的内容。例如，购物在 20 件以下的打九五折，20 件及以上的打九折。

C++提供 if 语句来实现这种条件选择。例如：

```
if (amount<20) discount=0.95;   //amount 代表购物数量，discount 代表折扣
else discount =0.9;
total=amount* discount;          //total 为实付款
```

（1）关系运算。上面 if 语句中的“amount<20”实现的不是算术运算，而是关系运算。实际上是比较运算，将两个数据进行比较，判断比较的结果。“amount<20”就是一个比较式，在高级语言中称为关系表达式，其中“>”是一个比较符，称为关系运算符。

C++的关系运算符如下。

<	（小于）	
<=	（小于或等于）	优先级相同（高）
>	（大于）	
>=	（大于或等于）	
==	（等于）	
! =	（不等于）	优先级相同（低）

优先次序：

1）前 4 种关系运算符（<，<=，>，>=）的优先级别相同，后两种也相同。前 4 种高于后两种。例如，“>”优先于“==”。而“>”与“<”优先级相同。

2）关系运算符的优先级低于算术运算符。

3）关系运算符的优先级高于赋值运算符。

例如：

c>a+b 等效于 c>(a+b)

a>b==c 等效于(a>b)==c

a==b<c 等效于 a==(b<c)

a=b>c 等效于 a=(b>c)

（2）关系表达式。用关系运算符将两个表达式连接起来的式子，称为关系表达式。关系表达式的一般形式可以表示为

表达式 关系运算符 表达式

其中的“表达式”可以是算术表达式或关系表达式、逻辑表达式、赋值表达式、字符表达式。例如，下面都是合法的关系表达式。

a>b, a+b>b+c, (a==3)>(b==5), 'a'<'b', (a>b)>(b<c)

关系表达式的值是一个逻辑值，即“真”或“假”。例如，关系表达式“5==3”的值为“假”，“5>=0”的值为“真”。在 C 和 C++中都用数值 1 代表“真”，用 0 代表“假”。

若 a=5，b=3，c=7，以下赋值表达式：

d=a>b，d 得到的值为 1。

f=a>b>c，f 得到的值为 0。

3. 逻辑运算符

（1）逻辑常量和逻辑变量。C 语言没有提供逻辑型数据，关系表达式的值（真或假）分别用数值 1 和 0 代表。C++增加了逻辑型数据。逻辑型常量只有两个，即 false（假）和 true（真）。

逻辑型变量要用类型标识符 bool 来定义，它的值只能是 true 或 false 之一。例如：

```
bool found,flag=false;        //定义逻辑变量 found 和 flag，并使 flag 的初值为 false
found=true;                   //将逻辑常量 true 赋给逻辑变量 found
```

由于逻辑变量是用关键字 bool 来定义的，因此又称为布尔变量。逻辑型常量又称为布尔常量。

设立逻辑类型的目的是为了看程序时直观易懂。

在编译系统处理逻辑型数据时，将 false 处理为 0，将 true 处理为 1。因此，逻辑型数据可以与数值型数据进行算术运算。

如果将一个非零的整数赋给逻辑型变量，则按“真”处理。例如：

```
flag=123;                     //赋值后 flag 的值为 true
cout<<flag;
```

输出为数值 1。

（2）逻辑运算和逻辑表达式。有时只用一个关系表达式还不能正确表示所指定的条件。

C++提供了 3 种逻辑运算符：

&& 逻辑与 （相当于 AND）。

|| 逻辑或 （相当于其他语言中的 OR）。

! 逻辑非 （相当于其他语言中的 NOT）。

逻辑运算举例如下：

a && b　若 a, b 为真，则 a && b 为真。

a||b　若 a, b 之一为真，则 a||b 为真。

!a　若 a 为真，则!a 为假。

在一个逻辑表达式中如果包含多个逻辑运算符，按以下的优先次序：

1）!（非）→ &&（与）→||（或），即“!”为三者中最高的。

2）逻辑运算符中的“&&”和“||”低于关系运算符，“!”高于算术运算符。

例如：

(a>b) && (x>y)　可写成 a>b && x>y。

(a==b) || (x==y)　可写成 a==b || x==y。

(!a) || (a>b)　可写成 !a || a>b。

将两个关系表达式用逻辑运算符连接起来就成为一个逻辑表达式，上面几个式子就是逻辑表达式。逻辑表达式的一般形式可以表示为

表达式　逻辑运算符　表达式

逻辑表达式的值是一个逻辑量“真”或“假”。前面已说明，在给出逻辑运算结果时，以数值 1 代表“真”，以 0 代表“假”。但在判断一个逻辑量是否为“真”时，采取的标准是：如果其值是 0 就认为是“假”，如果其值是非 0 就认为是“真”。例如：

若 a=4，则!a 的值为 0。因为 a 的值为非 0，被认作“真”，对它进行“非”运算，得“假”，“假”以 0 代表。

若 a=4，b=5，则 a && b 的值为 1。因为 a 和 b 均为非 0，被认为是“真”。

a, b 值同前，a–b||a+b 的值为 1。因为 a–b 和 a+b 的值都为非零值。

a, b 值同前，!a || b 的值为 1。

4 && 0 || 2 的值为 1。

在 C++中，整型数据可以出现在逻辑表达式中，在进行逻辑运算时，根据整型数据的值是 0 或非 0，把它作为逻辑量假或真，然后参加逻辑运算。

通过这几个例子可以看出：逻辑运算结果不是 0 就是 1，不可能是其他数值。而在逻辑表达式中作为参加逻辑运算的运算对象可以是 0（“假”）或任何非 0 的数值（按“真”对待）。如果在一个表达式中的不同位置上出现数值，应区分哪些是作为数值运算或关系运算的对象，哪些作为逻辑运算的对象。

实际上，逻辑运算符两侧的表达式不但可以是关系表达式或整数（0 和非 0），也可以是任何类型的数据，如字符型、浮点型或指针型等。系统最终以 0 和非 0 来判定它们属于“真”或“假”。如'c ' && 'd'的值为 1。

熟练掌握 C++的关系运算符和逻辑运算符后，可以巧妙地用一个逻辑表达式来表示一个复杂的条件。例如，要判别某一年（year）是否为闰年。闰年的条件是符合下面两者之一：

1）能被 4 整除，但不能被 100 整除；

2）能被 400 整除。例如 2004、2000 年是闰年，2005、2100 年不是闰年。

可以用一个逻辑表达式来表示：

```
(year % 4 == 0 && year % 100 != 0) || year % 400 == 0
```

当给定 year 为某一整数值时，如果上述表达式值为真（1），则 year 为闰年；否则 year

为非闰年。可以加一个“!”用来判别非闰年：

```
!((year % 4 == 0 && year % 100 != 0) || year % 400 == 0)
```

若表达式值为真（1），year为非闰年。也可以用下面的逻辑表达式判别非闰年：

```
(year % 4 != 0) || (year % 100 == 0 && year % 400 !=0)
```

若表达式值为真，year 为非闰年。请注意表达式中右面的括号内的不同运算符（%,!,&&,==）的运算优先次序。

4. 赋值运算符与赋值表达式

（1）赋值运算符。赋值符号“=”就是赋值运算符，它的作用是将一个数据赋给一个变量。如“a=4”的作用是执行一次赋值操作（或称赋值运算）。把常量 4 赋给变量 a。也可以将一个表达式的值赋给一个变量。

（2）赋值过程中的类型转换。如果赋值运算符两侧的类型不一致，但都是数值型或字符型时，则在赋值时会自动进行类型转换。

1）将浮点型数据（包括单、双精度）赋给整型变量时，舍弃其小数部分。

2）将整型数据赋给浮点型变量时，数值不变，但以指数形式存储到变量中。

3）将一个 double 型数据赋给 float 变量时，要注意数值范围不能溢出。

4）字符型数据赋给整型变量，将字符的 ASCII 码赋给整型变量。

5）将一个 int、short 或 long 型数据赋给一个 char 型变量，只将其低 8 位原封不动地送到 char 型变量（发生截断）。例如：

```
short int i=289;
char c;
c=i;          //将一个int型数据赋给一个char型变量
```

6）将 signed（有符号）型数据赋给长度相同的 unsigned（无符号）型变量，将存储单元内容原样照搬（连原有的符号位也作为数值一起传送）。

【例 3.17】 将有符号数据传送给无符号变量。

```
//此程序在Visual C++ 6.0环境下运行通过
#include <iostream.h>
void main( )
{ unsigned short a;
    short int b=-1;
    a=b;
    cout<<"a="<<a<<endl;
  }
```

运行结果：

```
65535
```

赋给 b 的值是−1，怎么会得到 65 535 呢？−1 的补码形式为 1 111 111 111 111 111（即全部 16 个二进制位均为 1），将它传送给 a，而 a 是无符号型变量，16 位全 1 是十进制的 65 535。如果 b 为正值，且在 0～32 767，则赋值后数值不变。

不同类型的整型数据间的赋值归根结底就是一条：按存储单元中的存储形式直接传送。

C 语言和 C++使用灵活，在不同类型数据之间赋值时，常常会出现意想不到的结果，而编译系统并不提示出错，全靠程序员的经验来找出问题。这就要求编程人员对出现问题的原因有所了解，以便迅速排除故障。

（3）复合的赋值运算符。在赋值符“=”之前加上其他运算符，可以构成复合的运算符。如果在“=”前加一个“+”运算符就成了复合运算符“+=”。例如，可以有

a+=3　　　　等价于 a=a+3。

x*=y+8　　　　等价于 x=x* (y+8)。

x%=3　　　　等价于 x=x%3。

以“a+=3”为例来说明，它相当于使 a 进行一次自加 3 的操作。即先使 a 加 3，再赋给 a。同样，“x*=y+8”的作用是使 x 乘以（y+8），再赋给 x。

为便于记忆，可以这样理解：

1）a+= b　　　　（其中 a 为变量，b 为表达式）。

2）a+= b　　　　（将有下画线的“a+”移到“=”右侧）。

3）a = a + b　　　　（在“=”左侧补上变量名 a）。

注意，如果 b 是包含若干项的表达式，则相当于它有括号。例如：

1）x %= y+3。

2）x %= (y+3)。

3）x = x%(y+3)（不要错认为 x=x%y+3）。

凡是二元（二目）运算符，都可以与赋值符一起组合成复合赋值符。C++可以使用以下几种复合赋值运算符：

+=，－=，*=，/=，%=，<<=，>>=，&=，∧=，|=

其中后 5 种是有关位运算的。

C++之所以采用这种复合运算符，一是为了简化程序，使程序精练；二是为了提高编译效率（这样写法与“逆波兰”式一致，有利于编译，能产生质量较高的目标代码）。专业的程序员在程序中常用复合运算符，初学者可能不习惯，也可以不用或少用。

【例 3.18】 分析程序的运行结果。

```
//此程序在 Visual C++ 6.0 环境下运行通过
#include <iostream.h>
void main( )
  { int a=10,b=5;
    a+=a-=a*=a/=a;
    b*=b+3;
    cout<<"a="<<a<<endl;
    cout<<"b="<<b<<endl;
  }
```

运行结果：

```
a=0
b=40
```

（4）赋值表达式。由赋值运算符将一个变量和一个表达式连接起来的式子称为“赋值表达式”。

它的一般形式为

<变量> <赋值运算符> <表达式>

如“a=5”是一个赋值表达式。对赋值表达式求解的过程是：先求赋值运算符右侧的“表达式”的值，然后赋给赋值运算符左侧的变量。一个表达式应该有一个值。赋值运算符左侧的标识符称为“左值”（left value，简写为 lvalue）。并不是任何对象都可以作为左值的，变量可以作为左值，而表达式 a+b 就不能作为左值，常变量也不能作为左值，因为常变量不能被赋值。

出现在赋值运算符右侧的表达式称为“右值”（right value，简写为 rvalue）。显然左值也可以出现在赋值运算符右侧，因而左值都可以作为右值。例如：

```
int a=3,b,c;
b=a;                //b 是左值
c=b;                //b 也是右值
```

赋值表达式中的“表达式”，又可以是一个赋值表达式。例如：

```
a=(b=5)
```

下面是赋值表达式的例子：

```
a=b=c=5            (赋值表达式值为 5，a，b，c 值均为 5)。
a=5+(c=6)          (表达式值为 11，a 值为 11，c 值为 6)。
a=(b=4)+(c=6)      (表达式值为 10，a 值为 10，b 等于 4，c 等于 6)。
a=(b=10)/(c=2)     (表达式值为 5，a 等于 5，b 等于 10，c 等于 2)。
```

请分析下面的赋值表达式：

```
(a=3*5)=4*3
```

赋值表达式作为左值时应加括号，如果写成下面这样就会出现语法错误：

```
a=3*5=4*3
```

因为 3*5 不是左值，不能出现在赋值运算符的左侧。

赋值表达式也可以包含复合的赋值运算符。例如：

```
a+=a-=a*a
```

也是一个赋值表达式。如果 a 的初值为 12，此赋值表达式的求解步骤如下：

1）先进行“a-=a*a”的运算，它相当于 a=a-a*a=12-144=-132。

2）再进行“a+=-132”的运算，它相当于 a=a+(-132)= -132-132=-264。

C++将赋值表达式作为表达式的一种，使赋值操作不仅可以出现在赋值语句中，而且可以以表达式形式出现在其他语句（如输出语句、循环语句等）中。这是 C++语言灵活性的一种表现。

请注意，用 cout 语句输出一个赋值表达式的值时，要将该赋值表达式用括号括起来，如果写成“cout<<a=b;”将会出现编译错误。

5. 位运算符

一般的高级语言处理数据的最小单位只能是字节，C 语言能处理到二进制的位，当然 C++也可以。在 C++中有 6 个位运算符：<<、>>、～、|、^、&。

例如：　3:　00000011

　　　　5:　00000101

按位与运算：　3&5:　　　　0 0 0 0 0 0 0 1
按位或运算：　3|5　　　　 0 0 0 0 0 1 1 1
按位异或运算：3^5　　　　 0 0 0 0 0 1 1 0
按位取反运算：～3　　　　 1 1 1 1 1 1 0 0
左移位运算：　5<<2　　　　0 0 0 1 0 1 0 0
右移位运算：　5>>2　　　　0 0 0 0 0 0 0 1

在移位操作中，左边的操作数是需要移位的数值，右边的操作数是左移或右移的位数，如图 3.6 所示。

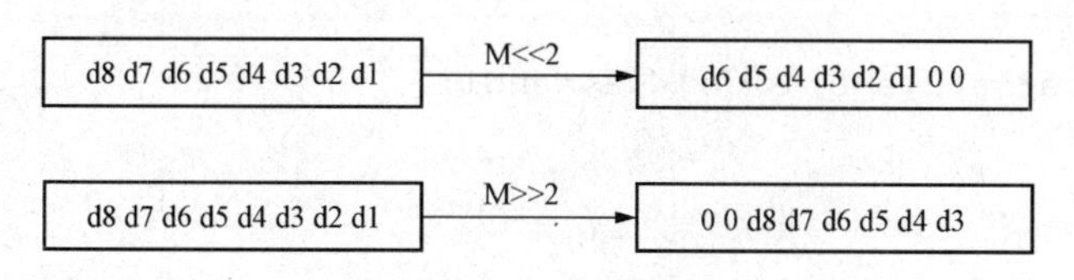

图 3.6　移位操作的实现过程

6. 其他运算符

（1）条件运算符？。

```
d1?d2:d3;          //d1 为真，则表达式的值为 d2，否则为 d3。
```

（2）逗号运算符。C++提供一种特殊的运算符——逗号运算符。用它将两个表达式连接起来，称为逗号表达式，又称为“顺序求值运算符”。逗号表达式的一般形式为

表达式 1，表达式 2

例如：

```
3+5, 6+8
```

逗号表达式的求解过程是：先求解表达式 1，再求解表达式 2。整个逗号表达式的值是表达式 2 的值。例如：

```
a=3*5, a*4
```

赋值运算符的优先级别高于逗号运算符，因此应先求解 a=3*5（也就是把“a=3*5”作为一个表达式）。经计算和赋值后得到 a 的值为 15，然后求解 a*4，得 60。整个逗号表达式的值为 60。

一个逗号表达式又可以与另一个表达式组成一个新的逗号表达式，例如：

```
(a=3*5, a*4), a+5
```

逗号表达式的一般形式可以扩展为

表达式 1，表达式 2，表达式 3，…，表达式 *n*

它的值为表达式 *n* 的值。

逗号运算符是所有运算符中级别最低的。因此，下面两个表达式的作用是不同的。

1）x=(a=3, 6*3)。

2）x=a=3, 6*a。

其实，逗号表达式无非是把若干个表达式“串联”起来。在许多情况下，使用逗号表达

式的目的只是想分别得到各个表达式的值，而并非一定要得到和使用整个逗号表达式的值，逗号表达式最常用于循环语句（for 语句）中。

在用 cout 输出一个逗号表达式的值时，要将该逗号表达式用括号括起来，如

```
cout<<(3*5,43-6*5,67/3)<<endl;
```

【例 3.19】 分析程序的运行结果。

```
//此程序在 Visual C++ 6.0 环境下运行通过
#include <iostream.h>
void main( )
{ int a=10,b;
  cout<<(a+5,a*=a+2,a*5)<<'  '<<a<<endl;
}
```

运行结果：

```
6008224120
```

（3）sizeof 运算符。测试类型名所表示类型的长度，或表达式所占用字节数。

```
sizeof (类型说明符/表达式)
```

例如：`int a;`

`sizeof(a)`结果为 4;

`sizeof(100)`结果为 4;

`sizeof('a')`结果为 1;

`sizeof(double)`结果为 8。

（4）指针运算符。取地址（&）和取内容（*）。

```
例如：p=&y;                    //将变量 y 的地址取出来赋给 p
      x=*p;                    //将指针 p 所指向的地址中存储的内容复制给变量 x。
```

（5）成员选择符。（.）运算符和（→）运算符，用于限定成员，一个类、结构体、联合体类型的变量引用其成员时使用。

```
例如：point s_stru,*p;
      p=&s_stru;
      cin>>s_stru.a;           //或者为 cin>>p->a;
```

（6）限定运算符。运算符为（::），其作用有 3 个方面：

1）用于类的成员来限定成员的归属，格式为<类名>::<类成员名>。

2）用于全局变量，当在一个程序中说明了一个与局部变量同名的变量时，则在定义局部变量的程序块内变量名仅代表局部变量，要在此块中引用全局变量可使用::来指明。

3）在程序中引用类中定义的静态成员，可使用格式<类名>::<静态成员>。

（7）强制类型转换运算符。

格式为

((类型）或类型（))

详见 3.7 节。

（8）下标运算符。

格式为

([ ])

详见3.5节。

(9)函数调用运算符。

格式为

(())

详见第6章。

常用操作符如表3.6所示。

表3.6　常用运算符

运算符	符号意义	语言
+、−、*、/、%	加、减、乘、除	C/C++
+=、−=、*=、/=、%=	复合赋值运算	C/C++
.	成员运算符	C/C++
,	逗号运算符；分隔符，用于分隔函数参数表中的各参数	C/C++
~	二进码反（按位非）	C/C++
*	指针定义符号；取指针所指内容	C/C++
!	逻辑反（非）	C/C++
&	取变量地址；按位与	C/C++
&&	逻辑与	C/C++
%	取余	C/C++
;	终止一条语句	C/C++
:	指明标号语句	C/C++
::	当局部变量与全局变量同名时，在局部变量的作用域内，全局变量前面使用该运算符	C++
++	变量自加1	C/C++
−−	变量自减1	C/C++
=	赋值	C/C++
==	等于	C/C++
!=	不等于	C/C++
>=	大于等于	C/C++
<=	小于等于	C/C++
>	大于	C/C++
<	小于	C/C++
−>	结构（或C++语言中的类）成员的指针引用	C/C++
<<	按位左移	C/C++
>>	按位右移	C/C++

续表

运 算 符	符 号 意 义	语 言
^	按位异或	C/C++
|	按位或	C/C++
||	逻辑或	C/C++
( )	用于形成表达式、隔离条件表达式，以及指明函数调用和函数参数	C/C++
[]	指明数组下标	C/C++
(类型名)	类型强制转换	C/C++

3.7 混合运算与数据类型转换

3.7.1 左值与右值

作为一个表达式必然要得到一个运算结果，即具有一个明确的结果数值，而得到的数值一定属于某种数据类型。

表达式的结果往往需要保存在一个内存空间中，这就需要通过赋值运算符“=”来实现。左值是指出现在赋值运算符左边的代表内存单元的表达式（通常为变量），有地址；右值指在赋值运算符右边的表达式，不一定具有地址。例如：

```
a=3+2-d;            //a为左值,可以刷新再赋别的值,表达式3+2-d为右值。
```

需要说明的是左值与右值的类型要匹配，否则在一定条件下系统将做强制类型转换。

3.7.2 混合运算时的数据类型强制转换

当不同数据类型的数据在一起运算的时候，数据的类型需要转换，转换分为两种情况：强制数据类型转换与隐含数据类型转换。

强制类型转换（显式类型转换）就是将表达式的类型转换为类型名指定的数据类型，其转换格式为

(类型名)(表达式)。

例如：

```
(double)a         //将a转换成double类型
(int)(x+y)        //将x+y的值转换成整型
(float)(5%3)      //将5%3的值转换成float型
```

【注意】

如果要进行强制类型转换的对象是一个变量，该变量可以不用括号括起来。如果要进行强制类型转换的对象是一个包含多项的表达式，则表达式应该用括号括起来。如果写成

```
(int)x+y
```

则只将x转换成整型，然后与y相加。

以上强制类型转换的形式是原来C语言使用的形式，C++把它保留了下来，以利于兼容。

C++还增加了以下形式：

类型名（表达式）

如 int(x)　或　int(x+y)

类型名不加括号，而变量或表达式用括号括起来。这种形式类似于函数调用。但许多人仍习惯于用第一种形式，把类型名包在括号内，这样比较清楚。

需要说明的是在强制类型转换时，得到一个所需类型的中间变量，但原来变量的类型未发生变化。例如：

```
(int)x
```

如果 x 原指定为 float 型，值为 3.6，进行强制类型运算后得到一个 int 型的中间变量，它的值等于 3，而 x 原来的类型和值都不变。

【例 3.20】 强制类型转换。

```
//此程序在 Visual C++ 6.0 环境下运行通过
#include <iostream>
using namespace std;
int main()
{ float x;
  int i;
  x=3.6;
  i=(int)x;
  cout<<"x="<<x<<",i="<< i<<endl;
  return 0;
}
```

运行结果：

```
x =3.6, i=3
```

x 的型仍为 float 型，值仍等于 3.6。

由上可知，有两种类型转换，一种是在运算时不必用户指定，系统自动进行的类型转换，如 3+6.5。第二种是强制类型转换。当自动类型转换不能实现目的时，可以用强制类型转换。此外，在函数调用时，有时为了使实参与形参类型一致，可以用强制类型转换运算符得到一个所需类型的参数。

如果赋值运算符两侧的类型不一致，但都是数值型或字符型时，在赋值时会自动进行类型转换。

（1）将浮点型数据（包括单、双精度）赋给整型变量时，舍弃其小数部分。

（2）将整型数据赋给浮点型变量时，数值不变，但以指数形式存储到变量中。

（3）将一个 double 型数据赋给 float 变量时，要注意数值范围不能溢出。

（4）字符型数据赋给整型变量，将字符的 ASCII 码赋给整型变量。

（5）将一个 int、short 或 long 型数据赋给一个 char 型变量，只将其低 8 位原封不动地送到 char 型变量（发生截断）。例如：

```
short int i=289;
char c;
c=i;                    //将一个 int 型数据赋给一个 char 型变量
```

（6）将 signed（有符号）型数据赋给长度相同的 unsigned（无符号）型变量，将存储单元内容原样照搬（连原有的符号位也作为数值一起传送）。

【例 3.21】 将有符号数据传送给无符号变量。

```
//此程序在 Visual C++ 6.0 环境下运行通过
#include <iostream>
using namespace std;
int main( )
{ unsigned short a;
  short int b=-1;
  a=b;
  cout<<"a="<<a<<endl;
  return 0;
}
```

习　　题

一、单项选择题

1．下列不合法的变量名为（　　）。

A．student　B．-student　C．_student　D．student

2．下列不合法的变量名为（　　）。

A．t%udent　B．astudent　C．s_tudent　D．studen

3．下列不合法的变量名为（　　）。

A．lint　B．int1　C．int　D．_lint

4．当 a=6，b=5 时，逻辑表达式 a<=7&&a+b>8 的值为（　　）。

A．true　B．false　C．非 0 整型数　D．0

5．设 X，y，Z 为整型数，下列各式中，运算结果与 X=y=24 的表达式相同的是（　　）。

A．x=(y=z=8，4×6)　B．x= y=（z=8，4×6）

C．X= y= z=8，4×6　D.x=（y= z= 8），4×6

二、多项选择题

1．设 i=6，k=0 下列各式中，运算结果为 k=7 的表达式是（　　）。

A．k=i+++k　B．k=k++i++　C．k=++i+k　D．k=k++（++i）

2．如有以下定义和输入语句，若要求 a1、a2、c1、c2 的值分别为 20、60、A、B，则下列数据输入方式中正确的是（　　）。

```
int a1,a2;   char c1,c2;
cin>>a1>>c1>>a2>>c2;
```

A．20A⊔60B　B．20,A,60,B　C．20⊔A⊔60⊔B　D．20A60B

E．20<CR>A<CR>60<CR>B

注：此处 ⊔ 为空格符，<CR>为回车键符，下文同。

3．设有语句 `float PI=3.14;`，若用科学表示法输出为 3.140 000e+000 则下列正确的表达式为（　　）。

A．`cout<<PI<<endl;`

B．`cout.setf(ios:: scientific, ios::floatfield);cout<<PI<<"\n";`

C. printf("%12.10f\n", PI);

D. printf("%e\n", PI);

三、填空题

1. 表达式'A'+'B'+20的值为____________。

2. 如果定义 int e=8; double f=6.4, g=8.9; 则表达式 f+int(e/3*int(f+g)/2)%4 的值为__________。

3. 若 int i= 65 535, j =0x000x, k:k=i&j;，则k值为_____，i值为_____。

4. 以下程序的输出结果为____________

```
#include<iostream.h>
void main()
{
    short i;
    i=-6;
    cout<<"oct="<<oct<<i<<"dec"<<dec<<i<<",hex="<<hex<<i<<endl;
}
```

5. 以下程序的输出结果为

```
#nclude<iostream.h>
void main()
{
    int i=66;
    char c='A';
    cout<<"i="<<(char)i<<",c="<<dec<<i<<"\n\n";
}
```

第 4 章　C++语言的语句与流程控制

4.1　控　制　语　句

4.1.1　控制语句

控制语句是用来控制程序中各语句的执行次序，C/C++语言中的控制语句分条件控制语句和无条件控制语句，C++语言中的控制语句共分为 9 种，如图 4.1 所示。

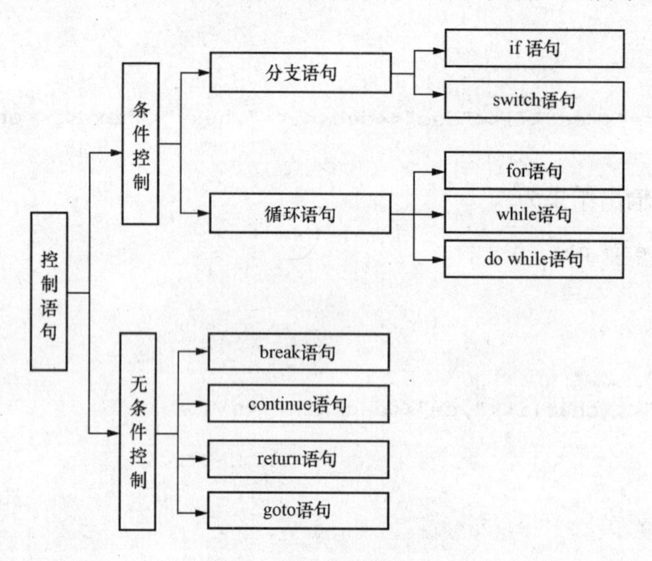

图 4.1　基本控制语句

4.1.2　复合语句和空语句

可以用{}把一些语句括起来成为复合语句，复合语句又称为块语句，它是若干语句的序列集合，其格式为

```
{
    <语句 1>;
    <语句 2>;
    …
    <语句 k>;
 }
```

例如：

```
{ life=life+herb;
if(life>max) life=max;
cout<< life;
}
```

复合语句主要出现在函数体、循环体、选择语句的一个分支等。

空语句就是什么都不做的语句，其格式为 ；

【注意】

复合语句中最后一个语句中最后的分号不能省略。

4.2　if 语句——条件语句

4.2.1　if 语句的简单分支

格式：

```
if(表达式)
   {
      语句;
   }
```

功能：表达式为任意表达式，其计算结果为非 0（true）则执行语句，否则若为 0（false）则不执行语句，若有多条语句，则要构成复合语句。流程图如图 4.2 所示。

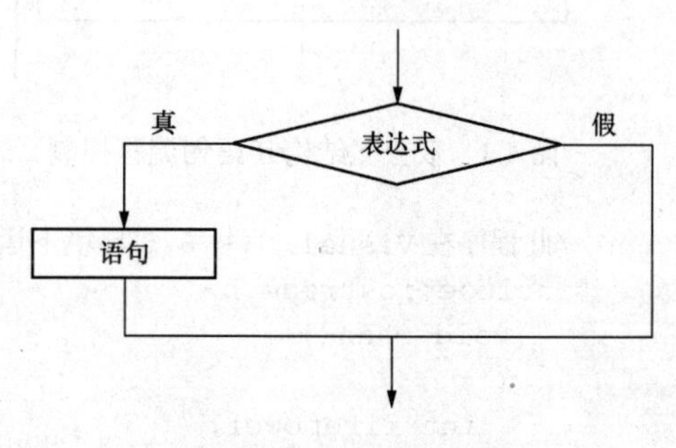

图 4.2　if 语句流程控制

【例 4.1】 求 x 的绝对值。

```
//此程序在 Visual C++ 6.0 环境下运行通过
#include<iostream.h>
void main()
{   int x,  absx;
    cout<<"please input x="<<endl;
    cin>>x;
    absx=x;                          } if(x>=0) absx=x;
    if(x<0) absx=-x;                 } else absx=-x;
    cout<<"x="<<x<<endl;
    cout<<"|x|="<<absx<<endl;
}
```

运行结果：

```
-2↙
x=-2
|x|=2
```

【例 4.2】 从键盘输入一个字符若为大写字母，则把它变为小写字母输出，否则不变。

```
//此程序在 Visual C++ 6.0 环境下运行通过
#include<iostream.h>
void main()
{   char  ch;
    cin>>ch;
     if (ch>='A'&&ch<='Z') ch=ch+32;
                  //或者这样写 ch =(ch>='A'&&ch<='Z')?(ch+32):ch;
    cout<<ch<<endl;
}
```

运行结果：

```
A↙
a
```

4.2.2 if语句的双分支

格式：

```
if(表达式)
    语句 1;
else
    语句 2;
```

功能：若表达式的值为 1（true），执行语句 1；否则执行语句 2。流程图如图 4.3 所示。

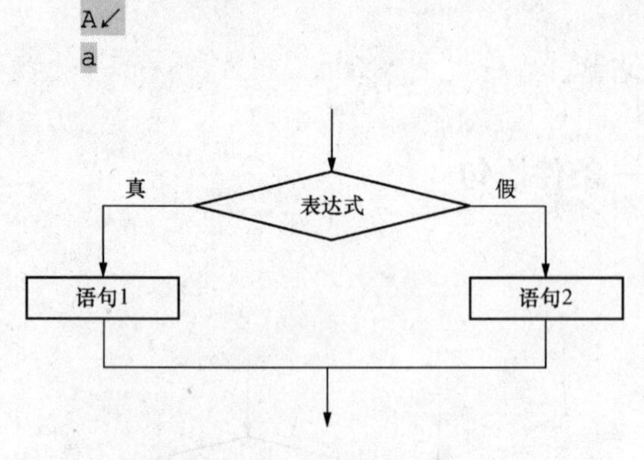

图 4.3 双分支结构 if 语句流程控制

【例 4.3】 双分支结构。

```
//此程序在 Visual C++ 6.0 环境下运行通过
#include<iostream.h>
    void main()
    {
      int firepower;
      cin>> firepower;
      if(firepower>=60)  cout<<"你的火力值很高啊!";
      else          cout<<"年轻人，要努力啊";
    }
```

4.2.3 if语句的嵌套

嵌套的两种形式分别如下。

1. 嵌套 if-else 语句

嵌套 if-else 语句结构如图 4.4 所示。

表达式 1 的值非 0，即 true，则执行中层 if-else 结构；否则，执行语句 4。执行中层时，若表达式 2 的值非 0，即 true，则执行内层 if-else 结构；否则，执行语句 3。执行内层时，若表达式 3 的值非 0，即 true，则执行语句 1；否则，执行语句 2。

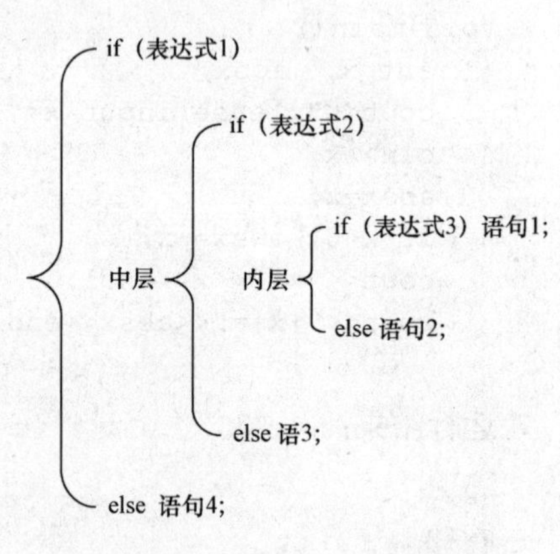

图 4.4 嵌套 if-else 语句

2. 嵌套 else if 语句

格式：

```
if(表达式 1) 语句 1;
else  if  (表达式 2)  语句 2;
    else  if  (表达式 3)  语句 3;
    …
        else  if  (表达式 n)  语句 n;
            else    语句 n+1;
```

前面 n 个条件均不成立，执行语句 n+1。

【例 4.4】 编写程序计算下列分段函数。

$$\begin{cases} y=x^2-4 & (x\leqslant 0) \\ y=x & (0<x\leqslant 3) \\ y=x^2+4 & (x>3) \end{cases}$$

解　根据题目的 3 个区间，两个判断点，形成 3 分支，可采用两种选择结构设计。

方法 1：else-if 嵌套结构

```
//此程序在Visual C++ 6.0环境下运行通过
#include<iostream.h>
void main()
{      int x,y;
       cout<<"please enter the number: ";
       cin>>x;
       if(x>3)
         y=x*x+4;
       else if(x>0)
         y=x;
       else
         y=x*x-4;
       cout<<"y="<<y<<endl;
}
```

运行结果：

```
please enter the number:5↙
y=29
```

方法 2：3 个并列的 if 结构。

```
//此程序在Visual C++ 6.0环境下运行通过
#include<iostream.h>
void main()
{    int x,y;
     cout<<"please enter a number: ";
     cin>>x;
     if (x>3)   y=x*x+4;
     if (x>0 && x<=3)  y=x;
     if (x<=0)  y=x*x-4;
     cout<<"y="<<y<<endl;
}
```

运行结果：

```
please enter the number:5↙
y=29
```

【例 4.5】　输入年份，判断是否为闰年，若是，回答“是闰年”，否则回答“不是闰年”。

该程序首先应该考虑什么样的年份是闰年。

分析如下：能被 4 整除，但不能被 100 整除，是闰年；或者能被 400 整除，是闰年。

```
//此程序在Visual C++ 6.0环境下运行通过
#include<iostream.h>
void main()
{  int year;
   cout<<"please input the year: ";
   cin>>year;
   if (( year % 4==0 && year % 100!=0) || ( year % 400==0 ))
cout<<"是闰年。";
```

```
else
cout<<"不是闰年。";
}
```

运行结果：

```
please input the year:2005↙
不是闰年。
```

4.3 switch 语 句

switch 语句是多分支选择语句。

格式为

```
switch (表达式)
{
    case  常量表达式C1：语句序列1;
    case  常量表达式C2：语句序列2;
    …
    case  常量表达式Cn：语句序列n;
    default：语句序列n+1;
}
```

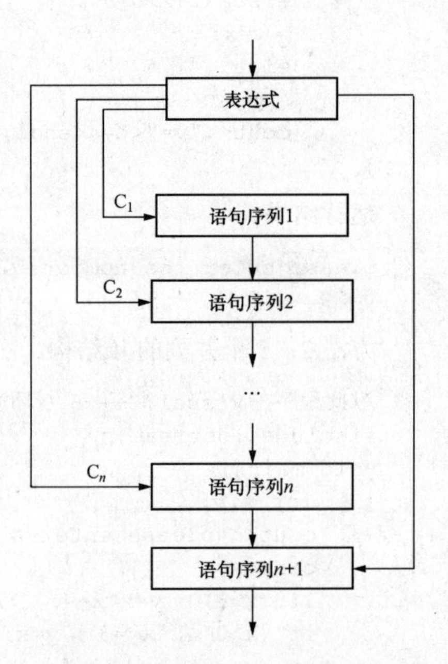

图 4.5 switch 语句流程控制

流程图如图 4.5 所示。

执行的顺序如下。

（1）先计算 switch 后表达式的值 M，若不是整数，只取整数部分；

（2）依次计算每个常量表达式的值 M1，M2，…，若不是整型，自动转为整型，起标号的作用；

（3）M 与 M1，M2，…，比较，若找到一个匹配的值就从该语句开始，依次向下执行。否则，执行 default 后面的语句组；

（4）遇到 break 语句则跳出该分支结构。

【例 4.6】 输入火力值，若火力值为

90～100 ：输出“A”；

70～89 ：输出“B”；

60～69 ：输出“C”；

＜60 ：输出“D”。

```
//此程序在Visual C++ 6.0环境下运行通过
#include<iostream.h>
void main()
{  int firepower;
   cin>> firepower;
   switch (firepower /10 )
    {   case 10:
         case 9: cout<<"\nA";break;
```

```
        //先回车换行(转义字符\n)，然后显示字符，跳出switch语句
        case 8:
        case 7: cout<<"\nB" ; break;
        case 6: cout<<"\nC" ;break;
        default:cout<<"\nD" ;
    }
}
```

运行结果：

```
93↙
A
```

【注意】

（1）switch（整型或字符型变量）中，变量的类型如文中所标，只能是整型和字符类型。它们包含int、char。当然无符类型或不同的长度整型（unsigned int、short、unsigned char）等都可以。另外，枚举类型（enum）内部也是由整型或字符类型实现。所以也可以。实型（浮点型）数就不行，例如：

```
float a = 0.123;
switch(a)                  //错误！a不是整型或字符类型变量。
{
  ...
}
```

（2）case之后可以是直接的常量数值，如例中的1、2、3、4，也可以是一个使用常量计算式，如2+2等，但不能是变量或带有变量的表达式，如a * 2等。当然也不能是实型数，如4.1或2.0 / 2等。

```
switch(formWay)
{
  case 2-1:                //正确
  ...
  case a-2:                //错误
  ...
  case 2.0:                //错误
  ...
}
```

（3）在case与常量值之后，需要一个冒号，不要疏忽。

（4）break的作用。break使得程序在执行完选中的分支后，可以跳出整个switch语句（即跳到switch接的一对{}之后），完成switch。如果没有这个break，则程序将继续前进到下一分支，直到遇到后面的break或者switch完成。

（5）如果没有default，程序在找不到匹配的case分支后，则将在switch语句范围内什么都不做，直接完成switch。读者也可以在实例中将default的代码注释去掉，然后试运行，并且在选择时输入5，看一下结果有什么不同。

（6）必要时，可在各个case中使用{}来明确产生独立的复合语句。

前面我们在讲if语句和其他流程控制语句时，都使用{}来产生复合语句：

```
if (条件)
```

```
{
    语句1;
    语句2;
}
```

除非在分支中的语句正好只有一句，这里可以不需要花括号{}。但在switch的各个case语句里，我们在语法格式上就没有标出要使用{}，请看：

```
switch(整型或字符型变量)
{
    case 变量可能值1:
         语句1;
         break;
  case 变量可能值2:
  …
}
```

一般教科书上只是说case分支可以不使用{}，但是要提醒大家，并不是任何情况下case分支都可以不加{}，比如想在某个case里定义一个变量：

```
switch (formWay)
{
    case 1 :
    int a=2;                //错误。由于case不明确范围，编译器无法在此处定义一个变量。
    …
    case 2 :
    …
}
```

在这种情况下，加上{}可以解决问题。

```
switch (formWay)
{
    case 1 :
    {
    int a=2;                //正确，变量a被明确限定在当前{}范围内。
    …
    }
    case 2 :
    …
}
```

其实就是明确变量的作用范围。

（7）switch并不能代替所有的if-else语句。前面已说过，它在对变量做判断时，只能对整型或字符型的变量做判断。另外，switch也只能做“值是否相等”的判断。不能在case里写条件：

```
switch (i)
{
    case (i >= 32 && i<=48) //错误！case里只能写变量的可能值，不能写条件。
    …
}
```

在这种情况下，只能通过 if-else 来实现。

4.4 for 循环语句

for 循环语句格式为

```
for(表达式 1;表达式 2;表达式 3)
      语句块;
```

说明：

（1）表达式 1 称为循环初始化表达式，通常为赋值表达式，一般为循环变量赋初值；

（2）表达式 2 称为循环条件表达式，通常为关系表达式或逻辑表达式，一般情况下为循环结束条件；

（3）表达式 3 称为循环增量表达式，通常为赋值表达式，一般情况下为循环变量增量；

（4）语句部分为循环体，它可以是单个或复合语句。

执行顺序如下。

（1）先计算表达式 1 的值；

（2）再计算表达式 2，如果值为真，执行语句块，再计算表达式 3，重复（2）；

（3）如果表达式 2 的值为假，结束循环，继续执行下面的语句。

流程图如图 4.6 所示。

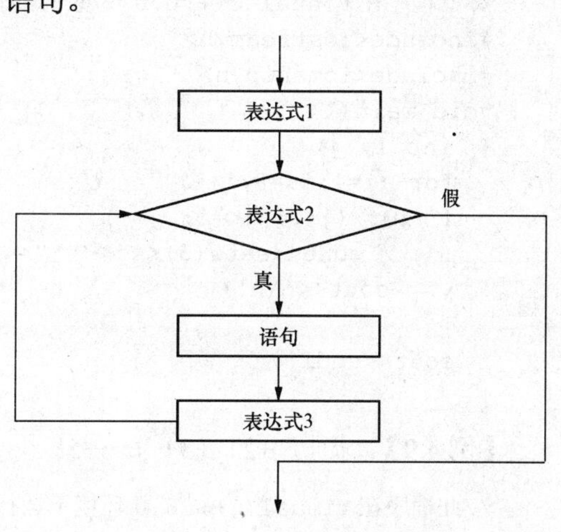

图 4.6　for 语句流程控制

各个表达式的含义如下。

（1）表达式 1：初始化循环变量；

（2）表达式 2：作为循环控制，是循环条件；

（3）表达式 3：每次都要做，改变循环变量。

【注意】

（1）这 3 个表达式都可以省略，但分号不能省，如 for (; ;)。

（2）不能构成死循环，死循环只能用 ctrl+break 强行中止。

（3）嵌套不能有交叉。

（4）在循环嵌套中，break 语句只能退出一层循环。

【例 4.7】 输入一个数，判断是否为素数。（素数指在一个大于 1 的自然数中，除了 1 和此整数自身外，没法被其他自然数整除的数。）

```
//此程序在 Visual C++ 6.0 环境下运行通过
#include<iostream.h>
void main()
{  int n,  i;
   cin>>n;
   for (i=2;i<n;i++)
   if (n%i==0) break;
   if (i==n)
    cout<<"Yes\n";
  else
```

```
    cout<<"No\n";
}
```

运行结果：

```
7↙
Yes
```

【例 4.8】 打印九九乘法表。

1×1=1

1×2=2　2×2=4

1×3=3　2×3=6　3×3=9

1×4=4　2×4=8　3×4=12　4×4=16

…

1×9=9　2×9=18　3×9=27　4×9=36 …

```
//此程序在 Visual C++ 6.0 环境下运行通过
#include<iostream.h>
#include<iomanip.h>
void main()
{  int i, j;
   for (i=1;i<=9;i++)
   {  for (j=1; j<=i; j++)
         cout<<setw(3)<<j<<"*"<<i<<"="<<i*j;
       cout<<'\n';
   }
   cout<<endl;
}
```

【例 4.9】 求 1！+2！+3！+…+5!

```
//此程序在 Visual C++ 6.0 环境下运行通过
#include<iostream.h>
void main()
{  int i, j;
   long int  s=0,m;
    for (i=1;i<=5;i++)
    {   m=1;
        for(j=1;j<=i;j++)
          m*=j;
       s+=m;
    }
    cout<<s<<endl;
}
```

【例 4.10】 歌星大奖赛，10 个评委打分，去掉最高分和最低分，剩余 8 个得分的平均值为选手得分。

```
//此程序在 Visual C++ 6.0 环境下运行通过
#include<iostream>
using namespace std;
void main()
```

```
{
   double aver,sum=0;
   int a[10],n,x,i,j,t;
   for(n=0;n<10;n++)
   {
      cout<<"请输入第"<<n+1<<"位评委打分"<<endl;
      cin>>x;
      a[n]=x;
   }
   for(i=0;i<9;i++)
      for(j=i+1;j<10;j++)
         if(a[j]<a[i])
         {
            t=a[j];
            a[j]=a[i];
            a[i]=t;
         }
   for(i=1;i<9;i++)
      sum+=a[i];
   aver=sum/8;
   cout<<"该参赛选手的得分为："<<aver<<endl;
}
```

4.5 while 语 句

While 语句格式为

```
While(表达式)
   语句;
```

执行顺序为先求表达式的值，若为真，则执行语句；否则退出循环。流程图如图 4.7 所示。

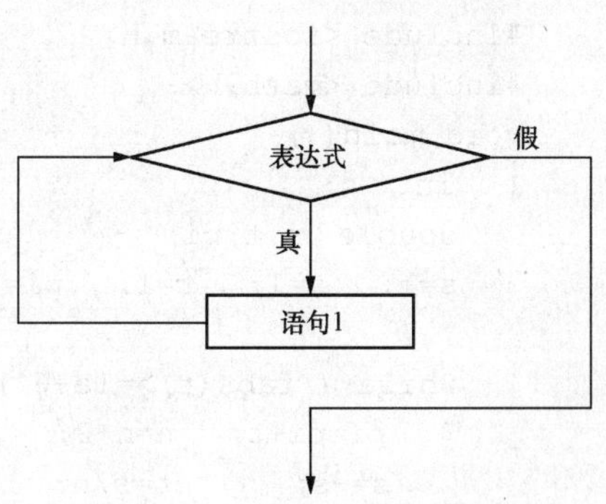

图 4.7　while 语句流程控制

【注意】

(1)循环体中若有多个语句，则需要构成语句序列，即加前后{ };

(2) while（表达式）后面不能有分号。

【例 4.11】 计算 1～100 的和。

```
//此程序在 Visual C++ 6.0 环境下运行通过
#include<iostream.h>
void main()
{ int sum=0;
int i=1;
while(i<=100)
{ sum=sum+i; //sum+=i;
i++;
}
cout<<"The sum of 1 to 100 is:"<<sum;
}
```

其中：

```
while(i<=100)
    {
        sum=sum+i;
        i++;
    }
```

可改写为

```
while(i<=100)
   sum+=i++; //
```

循环体程序执行后提示：

```
Input an integer: 5
sum=15
```

说明：

（1）while 语句是先判断表达式 i<=n 是否成立，若条件成立，则将 sum 加 i 后赋给 sum 及 i 增加 1；若条件不成立，则不执行相应语句，退出循环。

（2）当表达式的值一开始不成立，语句一次也不执行。如当输入 *n* 为 0 时，i<=n 不成立，语句 sum=sum+i；和 i++；一次也不执行。

（3）在循环体中应有能不断修改循环条件的语句，最终能使循环结束，否则会形成“死循环”。如 i++；语句，使 i 不断加 1，直到大于 n 为止。

【例 4.12】 编程求 π 的近似值。

公式　$\pi/4 \approx 1-1/3+1/5-1/7+1/9-\cdots$

分析：题目仍可以看成是累加求和，不同的是，相加的每一项正、负相间，公式是无穷的，所以我们规定当相加项的绝对值小于 0.000 001（即 10^{-6}）时停止计算。

```
//此程序在 Visual C++ 6.0 环境下运行通过
#include <iostream.h>
#include <math.h>
void main( )
{   int  s;
    double  n,t,pi;
    s=1;  n=1;  t=1;  pi=0;
                                      //s 存放符号,n 存放分母,t 存放每一项加数,pi 存放累加和
    while ( fabs(t)>=1e-6 ) //调用数学函数 fabs()求 t 的绝对值
    {  pi=pi+t;   n=n+2;
       s=-s;      t=s/n;
    }
   pi=4*pi;
   cout<<" pi="<< pi <<"\n";
}
```

运行结果：

```
pi= 3.141 592 65
```

4.6　do–while　语　句

do-while 语句格式为

```
do
   语句;
while (表达式);
```

执行顺序为：先执行语句，再计算表达式的值，若非 0，再执行语句，否则退出循环，执行下面的语句。流程图如图 4.8 所示。

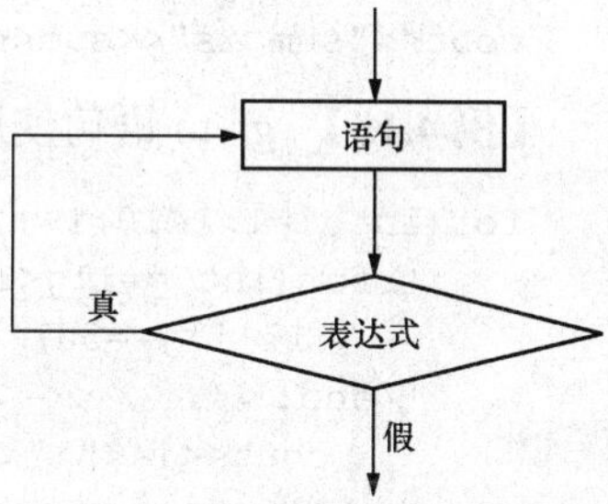

图 4.8　do-while 语句流程控制

【例 4.13】 求自然对数 e=1+1/1！+1/2！+1/3！+…+1/*n*!，r_n=1/*n*!，当 r_n<0.1e^{-10} 的满足精度要求。

```
//此程序在 Visual C++ 6.0 环境下运行通过
#include<iostream.h>
void main()
{  const double eps=0.1e-10
   int n=1;
   double e=1.0,r=1.0;
   do
    {   e+=r ;
        n++;
        r/=n;
      }while(r>eps);
   cout<<"The approximate Value of natural logarithm base is"<<' '<<e;
   cout<<endl;
}
```

运行结果：

```
The approximate Value of natural logarithm base is 2.718 281 83
```

3 种循环语句的比较：

for 和 while 语句是先判断循环条件再执行循环体，而 do 循环是先执行循环体，然后再判断，依次反复进行下去，直到循环条件的值为假时止，所以，for 和 while 的循环体可能一次也不执行；而 do 语句的循环体至少执行一次。

一般情况下，它们之间可以相互转换，编程时可以任选使用，通常已知循环次数时，使用 for 循环较简单。

在任一种循环的循环体内都可以使用 break 语句，使之终止循环的执行，使用 continue 语句结束一次循环体的执行。

4.7　跳　转　语　句

跳转语句用来改变顺序向下执行的正常顺序。包括 goto、break、continue 和 return 语句。

4.7.1　goto 语句

格式：goto 语句标号;

功能：将程序的执行转移到标识符所标识的语句处。

【例 4.14】 go to 语句使用参考 1。

```
i=1;sum=0;
loop:
sum+=i++;
if(i<=100) goto loop;
cout<<"sum is"<<sum<<endl;
```

【例 4.15】 go to 语句使用参考 2。

```
for(int i=1;i<10;i++)
        for(int j=1;j<10;j++)
           if(i*j==50) goto end;
        end:
          cout<<i<<"*"<<j<<"50\n";
```

4.7.2 break 语句

只用于 switch 语句和循环中，用在循环中，用来中止循环，提前跳出循环体。

【例 4.16】 break 语句使用参考。

```
//此程序在 Visual C++ 6.0 环境下运行通过
#include<iostream.h>
void main()
{   int i=1,s=0;
    while (i<=100)
    {   s+=i;
        if ( s>=2000)  break;
        i++;
    }
    cout<<"s="<<s<<"   i="<<i;
}
```

运行结果：

```
s=2016   i=63
```

4.7.3 continue 语句

只能用在循环中，continue 通常与 if 语句结合，一同用于循环结构。

【注意】

continue 语句与 break 语句的区别：continue，结束本次循环，继续下次循环；break，中止循环的进行。

【例 4.17】 把 100～200 的不能被 3 整除的数输出。

```
//此程序在 Visual C++ 6.0 环境下运行通过
for(int n=100;n<=200;n++)
{
    if(n%3==0) continue;
    cout<<n<<endl;
    //…
}
```

以上程序段等价于：

```
for(int n=100;n<=200;n++)
  {
    if(n%3==0)
    {
        cout<<n<<endl;
        //…
    }
  }
```

习　　题

一、选择题

1. 下列 for 循环的次数为（　　）。

```
for(i=0, x=0;!x&&i<=5;i++)
```

A. 5　　B. 6　　C. 1　　D. 无限

2. 以下程序的输出结果是：（　　）。

```
#include <iostream>
using namespace std;
int  fun(char *s)
{   char *p=s;
    while (*p!='\0')  p++;
    return (p-s);
}
void main(){
    cout<<fun("abc")<<endl;
}
```

A. 0　　B. 1　　C. 2　　D. 3

3. 有如下程序段：

```
int i=1;
while(1)
{
    i++;
    if (i==10) break;
    if(i%2==0) cout<<'*';
}
```

执行这个程序段输出字符*的个数是（　　）。

A. 10　　B. 3　　C. 4　　D. 5

二、阅读程序，写出结果

1. 以下程序的输出结果为__________。

```
#include <iostream.h>
void main()
{
    int i=0,x=0,y=0;
    do {
```

```
        i++;
        if(i%3!=0) { x+=i;i++; }
        y+=i++;
    } while(i<5);
    cout<<"x="<<x<<"y="<<y<<endl;
}
```

2．以下程序的输出结果为__________。

```
#include <iostream.h>
void main()
{
    int x, y=10;
    while(x=y-1) {
        y-=2;
        if(y%3==0) {
            x++; continue;
        }
        else if(y<4) break;
        x++;
     }
    cout<<"x="<<x<<"y="<<y<<endl;
}
```

3．以下程序的输出结果为__________。

```
#include<iostream.h>
void main()
{ int i,j,m;
    for(i=1;i<4;i++)
    {   for(j=1;j<7;j++)
        {
        if(j= =4) break;
        m=i*j;
          cout<<i<<"*"<<j<<"=" <<m<<" ";
        }
    cout<<endl;
    }
}
```

4．以下程序的输出结果为__________。

```
#include<iostream.h>
void main()
{   int i,j,m;
    for(i= 1;i<4;i++)
    {   for(j=1;j<7;j++)
        {   if(j == 4) continue;
            m=i *j;
            cout<<i<<" * " <<j<<"=" <<m<<" ";
         }
        cout<<endl;
    }
}
```

三、程序填空

输入一个自然数，输出其各因子的连乘形式。如输入 12，输出 12=12×2×3 的形式，请填空。

```
#include <iostream.h>
void main()
{
    int i=2, n;
    cout<<"输入一个自然数:";
    cin>>n;
    cout<<n<<"= 1";
    do {
        if(n%i= =0) {
            cout<<'*'<<i;
            ______1______;
        }
        else i++;
    } while(______2______);
}
```

四、编程题

1．编程实现如下所示的函数关系式。已知 x，求 y 的值。

$$y=\begin{cases} x & (x<1) \\ x+5 & (1\leqslant x\leqslant 10) \\ x-5 & (x\geqslant 10) \end{cases}$$

2．根据输入的年月，求出该年该月的天数。

3．求下列分数序列的前 15 项之和。

2/1，3/2，5/3，8/5，13/8，21/13，…

4．正整数 n 从键盘输入，计算 5^n 的值。

5．1−1/2＋1/3−1/4＋…＋1/99−1/100 的值。

6．输入一行字符，将其中的两种字符‘C’和‘+’显示出来，而对其他字符不显示，同时统计出其他字符的个数。

7．从键盘输入某班若干名学生一门课程的成绩，编程找出最高分和最低分，并统计全班平均成绩。

8．从键盘不断读入字母，如字母为元音字母，则输出其相应的大写字母，否则结束程序。

9．模拟计算器进行加、减、乘、除数学运算。要求当输入两个操作数和运算符后，输出运算结果。一次运算结束后询问用户是否继续，用户根据需要可继续进行运算。

10．打鱼还是晒网：某人从 2000 年 1 月 1 日开始“三天打鱼两天晒网”，问这个人在今年你过生日的那天，是在“打鱼”，还是在“晒网”。

第 5 章　指针与动态存储分配

5.1　指针与指针变量

5.1.1　指针与指针变量的概念及操作

在 C++中，通常对数据的处理是以变量的形式保存和处理的，变量在内存中开辟了一段空间，变量中保存的数据可以以变量名来进行引用和运算，每个变量有 3 个主要属性，分别是变量所能保存的数据的类型（变量的类型）、变量的内容和变量的地址。

变量的地址称为指针，指针也能进行运算，但是只能进行与整数的加减运算，可以通过变量的指针也就是地址来访问变量。

用于保存地址（指针）的变量称之为指针变量，指针变量与其他类型的变量一样也具有 3 个基本属性。

1. 类型属性

指针变量的类型属性用于确定指针变量可以存放哪种类型变量的地址，访问内存空间的寻址性质，它限定指针的增减以类型步长为单位。不同类型的指针之间不许隐含类型转换。

2. 指针变量的值

指针变量中的值表示所指定类型变量地址的无符号整数（16 位或者 32 位），指针必须初始化后才可以进行操作运算，变量也允许重新赋值；对未初始化的指针进行操作容易导致运行错误。

3. 地址属性

指针变量是保存地址的变量，因此系统同样为其分配内存单元，指针占有的内存相当于一个 int 型变量占有的内存。指针变量的地址也是一个右值（可以用指向指针变量地址的指针变量也就是所谓的二级指针变量来作左值）。

C++提供了两个与内存地址相关的单目运算符，一个是取地址运算符&，另一个是访问指针运算符*。取地址运算符&的操作数一般为具有地址属性的常量或变量，记为&Lvalue。&Lvalue 的意义为取 Lvalue 的存储地址，&Lvalue 的结果为地址常量。

运算符*的操作数 ep 仅为指针变量，*ep 是指针所指向内存空间中的值，因此*ep 是一个右值。

指针也可以进行与整数的加减运算。对于加运算，若 p 为 Type 类型变量的地址，则 p+M 为 p 所指向的地址后的第 M 个内存的地址（根据类型 Type 不同步长也不同）。减运算与加运算是相对的。

指针变量的定义形式为

<数据类型>　*<变量名>

例如：

```
int *p,a,**p1;
p=&a;p1=&p;
```

p 为一个用于保存整型变量空间地址的变量，p=&a 就是把变量 a 的地址赋值给 p，由于 p 本身也是变量内存空间，因此可以定义指向指针空间的指针变量 p1（表示指向指针变量地址的指针变量）。p1=&p 就是将指针变量本身的地址再赋给一个二级指针变量 p。

指针数组的定义形式为

```
<数据类型> *<指针数组名>[数组宽度]
```

例如：

```
int a,b;
int *p[2]={&a, &b};
```

p[2]是指针数组，它由两个指针变量 p[0]，p[1]组成，分别被初始化为&a，&b。

void 类型的指针为不确定类型的指针，它可以指向任何类型的变量，可以将一定类型的指针赋值给它，但需要进行强制类型转换。

例如：

```
char *p1;
void *p2;
…
p1=(char*)p2;
```

请分析下面的程序段。

【例 5.1】 求两数最大值，要求用指针实现。

```
//此程序在 Visual C++ 6.0 环境下运行通过
#include <iostream.h>
void main()
 {
    int a,b,max;                //声明了 3 个整型变量
    int *pa,*pb;                //声明了两个整型指针变量
    cout<<"请输入第一个数：";
    cin>>a;
    cout<<"请输入第二个数：";
    cin>>b;

    pa=&a;                      //将变量 a 的地址赋值给指针变量
    pb=&b;                      //将变量的 b 的地址赋值给指针变量
    if(*pa>*pb)                 //对其指向的变量内容进行比较操作
      max=*pa;
    else
      max=*pb;
    cout<<"最大值="<<max<<endl;
}
```

运行结果：

```
请输入第一个数：2↙
请输入第二个数：3↙
最大值=3
```

上例中声明的变量空间名称为 a，b，max，它们所能保存的数据类型是整型的，每个变量都有一个地址我们可以通过运算符&来获得。

此外又声明了两个用于保存整型变量地址的指针变量 pa 和 pb，然后将变量 a 与 b 的地址取出分别赋值给 pa 与 pb，这样我们可以通过两种方式来引用变量 a 与 b 中的内容：一是通过变量名 a 与 b，对 a 与 b 的操作就相当于直接对其保存的内容进行操作；二是通过变量的地址即指针进行操作，此时*pa 和*pb 分别表示它们所指向的变量的内容。

图 5.1 指针与变量的关系

指针变量与变量的关系如图 5.1 所示。

一个指针变量可以有 3 种状态：

（1）未赋值任何值的悬空状态；

（2）被赋为 NULL，如未指向任何内存地址，在初始化时一般要将其赋为 NULL；

（3）指向某一变量或常量的内存空间。

5.1.2 const 类型指针

普通指针变量是没有 const 约束的指针，这样的指针变量本身可以变动，其指向的内存单元也可更新。为了清晰界定指针的不同运算，引进 const 指针。指针与 const 组合派生出 3 种意义不同的形式：

1. 指向常量的指针

形式为

```
const type *p=常量地址表达式;
```

例如：`const char *p="wang";`

此时不能通过地址变量来改变常量的值，如*(p+1)='a'语句是错误的。

2. 指针常量，指针本身为常量

形式为

```
type *const p=地址表达式;
```

例如：`char *const p="zhang";`

此时 p 中的地址不能再改变，如 p=&a 语句是错误的。

3. 指针本身与其所指向的内存都是常量

形式为

```
const type *const p=常量地址表达式;
```

此时无论是指针和其指向的内存都不可再改变

例如：`const char *const s="Hello!";`或`char const *const s="Hello!";`

定义"`const int *const pc=&b;`"，告诉编译，pc 和*pc 都是常量，它们都不能作为左值进行操作。

5.2 指针与动态存储分配

按照指定的数据类型 C++有两种分配内存空间的方法，一是静态分配，二是动态分配。

静态分配：在程序编译时确定存储空间的大小。例如：语句：int a[10]就是程序在编译的时候就已经确定了数组 a 的大小（10 个 int 型所占用的空间）。这种分配方法的缺点是所定义的存储空间可能很大，这样会浪费内存空间；也可能很小，不满足实际需要。

动态分配：在程序运行时根据具体需要从系统中动态地获得内存空间。

C++提供了两个运算符 new 和 delete，用来动态分配和释放内存空间。new 运算符的结果是动态分配指定类型的一个或者若干连续的内存空间，并返回该空间的指针，若为连续空间则返回其第一个空间的地址；delete 运算符的运算结果是将指定指针指向的一个或者连续内存（此时指针应该作为连续空间的头指针）删除。

1. 动态空间的分配

new 运算格式：

```
new  类型名 [( 初值表达式 )];
new  类型名 [ 数组长度 ];
```

例如：

（1）`new int;`

分配了一个用于保存整数类型数据的内存空间，并将其地址返回。

（2）`new char('a');`

分配了一个用于保存字符类型数据的内存空间，并将其赋值为'a'，返回其地址。

（3）`new char[10];`

分配了在内存中地址连续的 10 个用于保存字符类型数据的内存空间，并返回其第一个空间的地址。

用 new 分配的空间，返回动态分配空间的地址，对该空间的操作只能通过该地址操作，所以该地址必须赋给一个指针变量，才能够间接访问动态分配空间中的数据。

例如：

```
int *p=new int;
*p=20; (*p)++;
```

将动态分配的内存地址赋值给了指针变量 p，然后通过*p 来引用该内存空间中的值。

```
int *a=new int [n];
a[3]=4;
```

将动态分配的连续空间的首地址赋给 a，然后通过首地址 a 通过 a[i]或者*（a+i）的形式引用其中的任何一个变量。

2. 动态空间的释放

将动态分配的内存空间释放。

delete 运算格式：

```
delete  指针变量;
delete [] 指向动态数组的指针;
```

例如：

```
delete p;            //将指针变量 p 中地址作为地址的空间释放
delete[] a;          //将指针变量 a 中的地址作为首地址连续空间释放
```

【注意】

（1）用 new 获取的内存空间，必须用 delete 释放;

（2）对一个指针只能调用一次 delete;

（3）用 delete 运算符的对象必须是使用 new 分配的。

【例 5.2】 new 运算符的作用。

```
//此程序在 Visual C++ 6.0 环境下运行通过
#include<iostream.h>
//此处填写 Soldiers 类型说明，详细见第 3 章
void main()
{
   struct Soldiers *p;
   p=new struct Soldiers;
   cout<<"请输入兵种编号：";
   cin>>(*p).num;
   cout<<"请输入兵种火力值：";
   cin>>(*p).firepower;
   cout<<(*p).num<<"   "<<(*p).firepower<<endl;
   delete p;
}
```

运行结果为：

```
请输入兵种编号：1001↙
请输入兵种火力值：99↙
1001    99
```

上例中通过 new 运算符分别分配了一个 struct Soldiers 类型对应的空间（将返回的地址放到指针变量 p 中），然后通过指针进行了引用。需要说明的是通过 new 运算符可以动态分配基本数据类型、自定义数据类型（包括类）、甚至指针类型的各种内存空间。

5.3　指 针 与 数 组

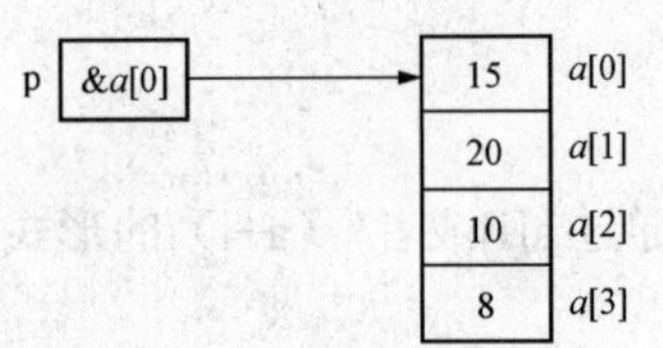

图 5.2　指向连续空间的首地址

一个同类型连续空间显然可以通过其首地址来访问其每一个单元，通常有两种方式，一是直接通过首指针加上一定的步长来获得其中空间的地址进而访问其内容；二是通过下标法，如图 5.2 所示。

上图中 p 是一个指针变量，其中放着整型连续空间的第一个变量空间的地址。如果我们要输出其中的一个空间（如第三个空间）的内容，则可以通过两种方式。例如：

```
      cout<<*(p+2);              //直接通过指针
或者：cout<<p[2];                 //下标
```

数组的数组名其实就是数组连续空间的常量首地址。

【例 5.3】 在一维数组 a 中 $a[i]$ 的地址为 $a+i$，对 $a[i]$ 的访问实际上被转换成 $*(a+i)$。

```
//此程序在 Visual C++ 6.0 环境下运行通过
void main()
{
   int a[10]={1,2,3,4,5,6,7,8,9,10},*p;
   p=a;
   cout<<a<<endl;
```

```
    cout<<&a[0]<<endl;
    cout<<p<<endl;
    cout<<&p[0]<<endl;
    int i;
    for(i=0;i<10;i++)
     { cout<<a[i];
       cout<<*(a+i);
     }
     for(i=0;i<10;i++)
     { cout<<p[i];
       cout<<*(p+i);
     }
}
```

可以看到 a、&a[0]、p 输出的结果都是一致的，它们都是数组的首地址，这里 a 体现的是指针的特性，但是 a 是常量，因此 a++、--a 等运算是不可以的。指针 p 经过 p=a 后，p 里面放的是数组 a 的首地址，所以 p 和&p[0]结果都是数组 a 的首地址，但 p 是指针变量，所以其值是可以变化的。无论对于 a 还是 p 都可以通过下标和指针两种方式来访问数组中的元素。

对于上例来说，下列 4 列对应的元素是相等的，如表 5.1 所示。

表 5.1　数组的引用方式

下　标	指针形式	下　标	指针形式
a[0]	*a	p[0]	*p
a[1]	*(a+1)	p[1]	*(p+1)
a[2]	*(a+2)	p[2]	*(p+2)
…		…	
a[9]	*(a+9)	p[9]	*(p+9)

对于多维数组来说情形是一样的，下面分析如下的二维数组：

```
int b[3][4]={23,38,16,12,56,89,66,34,58,12,90,100};
```

可以将它看成是 3 个连续的具有 4 个数组元素的一维数组：

b[0]、b[1]、b[2]

b[0]、b[1]、b[2]又分别包含 4 个元素：

b[0]：b[0][0]　b[0][1]　b[0][2]　b[0][3]

b[1]：b[1][0]　b[1][1]　b[1][2]　b[1][3]

b[2]：b[2][0]　b[2][1]　b[2][2]　b[2][3]

b[0]、b[1]和 b[2]既然表示一维数组，那么 b[0]、b[1]和 b[2]就表示对应一维数组的首地址，所以有：

b 与 b[0]等价，表示数组 b 的首地址，即第 1 行第 1 个元素的地址；

b+1 与 b[1]等价，表示第 2 行的第 1 个元素的地址；

……

b+i 与 b[i]等价，表示第 i+1 行的第 1 个元素的地址（$0\leqslant i\leqslant 2$）。

根据一维数组地址的等价关系可知：

b+*i*、*(b+*i*)、&b[*i*]是等价的，因此，b+*i*、b[*i*]、*(b+*i*)和&b[*i*] 4 者都是等价的。可以将b+*i* 视为行地址，b[*i*]、*(b+*i*)视为列地址。

将 b[*i*]看成是一维数组（$0 \leqslant i \leqslant 2$，$0 \leqslant j \leqslant 3$），则下列表示地址的形式是等价的，并且可以将这些地址视为列地址。

b[*i*]+0 *(b+*i*)+0 &b[*i*][0]

b[*i*]+1 *(b+*i*)+1 &b[*i*][0]

……

b[*i*]+*j* *(b+*i*)+*j* &b[*i*][*j*]

同样可以用两种形式访问二维数组的各元素。

下标形式	指针形式
b[*i*][0]	*(*(b+*i*))
b[*i*][1]	*(*(b+*i*)+1)
……	
b[*i*][*j*]	*(*(b+*i*)+*j*)

下列访问二维数组元素的形式是等价的：

b[*i*][*j*]　　*(b[*i*]+*j*)　　*(*(b+*i*)+*j*)

【例 5.4】 已知士兵训练成绩表用二维数组存储，请输出某个士兵某项训练的成绩。

问题化作输出二维数组第 i 行第 j 列元素，可用下标法或指针法实现，可用 4 种形式输出。程序如下。

方法一：

```
//此程序在 Visual C++ 6.0 环境下运行通过
#include <iostream.h>
void main()
{   int s[][4]={{88,68,58,86},{68,69,78,66},{87,68,88,87}};
    int i,j;
    cout<<"请输入士兵序号：";
    cin>>i;
    cout<<"请输入训练项目序号：";
    cin>>j;
    cout<<s[i][j]<<endl;
}
```

方法二：

```
//此程序在 Visual C++ 6.0 环境下运行通过
#include <iostream.h>
void main()
{   int s[][4]={{88,68,58,86},{68,69,78,66},{87,68,88,87}};
    int i,j;
    cout<<"请输入士兵序号：";
    cin>>i;
    cout<<"请输入训练项目序号：";
    cin>>j;
    cout<<*(*(s+i)+j)<<endl;
}
```

方法三：

```
//此程序在Visual C++ 6.0环境下运行通过
#include <iostream.h>
void main()
{   int s[][4]={{88,68,58,86},{68,69,78,66},{87,68,88,87}};
    int i,j,(*p)[4];
    cout<<"请输入士兵序号：";
    cin>>i;
    cout<<"请输入训练项目序号：";
    cin>>j;
    p=s;
    cout<<*(*(p+i)+j)<<endl;
}
```

方法四：

```
//此程序在Visual C++ 6.0环境下运行通过
#include <iostream.h>
void main()
{   int s[][4]={{88,68,58,86},{68,69,78,66},{87,68,88,87}};
    int i,j,(*p)[4];
    cout<<"请输入士兵序号：";
    cin>>i;
    cout<<"请输入训练项目序号：";
    cin>>j;
    p=s;
    cout<<p[i][j]<<endl;
}
```

运行结果为

```
请输入士兵序号：1↙
请输入训练项目序号：1↙
69
```

5.4 字符指针与字符串

字符串是一种特殊的字符数组（末尾字符为'\0'的数组），因此对字符数组的处理方法同样适合于对字符串的处理。另外，在 C++中对字符串的处理可以通过指向字符串的首指针（指针类型为普通字符指针）进行整体的输入输出、连接、比较、复制等处理。

1. 字符串的初始化

字符串的初始化可以通过如下方式实现：

```
char *p_str="chinese";
char str[10]= "chinese";
```

指针变量 p_str 被说明为指向字符的指针变量，但被赋值为字符串常量"chinese"，系统将在内存中开辟连续 8 个字符类型的空间用于存放 7 个字母和一个串尾符'\0'，p_str 存放的是第一个空间（存放字符'c'）的地址。

数组 str[]是一个长度为 10 的字符数组，为其所赋的值为字符串常量"chinese"，其结果是数组前7个空间存放组成字符串的7个字符，第8个空间存放字符串的串尾符'\0'，str为指向字符空间的第一个空间（存放'c'）的常量地址。其作用相当于语句：

```
char str[10]={ 'c','h','i','n','e','s','e','\0'};
```

2. 字符串的输入/输出

把字符串作为字符数组，然后单个输入/输出字符显然是可行的。如下例所示：

```
int i=0;
while(p_str[i]!='\0')
  {cout<<p_str[i];}
```

类似地：

```
int i=0;
while(str[i]!='\0')
  {cout<<str[i];}
```

由于字符串是加了串尾符'\0'的字符数组，所以可以通过首指针整体地进行输出。如下例所示：

```
cout<<p_str;
```

类似地：

```
cout<<str;
```

对于输入也是一样的，可以逐个字符输入。如下例所示：

```
int i=0;
while(p_str[i]!='\0')
{cin>>p_str[i];}
```

类似地：

```
int i=0;
while(str[i]!='\0')
{cin>>str[i];}
```

同样也可以通过首地址整体输入。如下例所示：

```
cin>>p_str;
```

类似地：

```
cin>>str;
```

3. 字符串的比较

字符串的比较使用函数strcmp()，其原型为

```
int strcmp(const char *str1,const char *str2);
```

其返回值如下：

当str1串等于str2串时，返回值为0；

当str1串大于str2串时，返回一个正值；

当str1串小于str2串时，返回一个负值；

说明：两个字符串常量的比较是地址的比较。不能这样：if ("hello"= ="hello")。

4. 处理字符串的函数

在头文件 string.h 中，C++提供了专门用于处理字符串的函数，它们大都使用字符串的首指针作为参数以便将其作为整体处理。

详见第 6 章的函数。

习　　题

一、选择题

1. 变量的指针，其含义是指该变量的（　　）。

A. 值　　B. 地址　　C. 名　　D. 一个标志

2. 若有语句 `int *point,a=4;`和 `point=&a;`，下面均代表地址的一组选项是（　　）。

A. a,point,*&a　　B. &*a,&a,*point

C. *&point,*point,&a　　D. &a,&*point ,point

3. 若有 `int  a[10],*p=a;`定义，则 p+5 表示（　　）。

A. 元素 a[5]的地址　　B. 元素 a[5]的值

C. 元素 a[6]的地址　　D. 元素 a[6]的值

4. 若有以下说明和语句，`int c[4][5],(*p)[5];p=c;`能正确引用 c 数组元素的是（　　）。

A. p+1　　B. *(p+3)　　C. *(p+1)+3　　D. *(p[0]+2))

5. 设已有定义：`char *st="How are you";`下列程序段中正确的是（　　）。

A. `char  a[11], *p;   strcpy(p=a+1,&st[4]);`

B. `char  a[11];   strcpy(++a, st);`

C. `char  a[11];   strcpy(a, st);`

D. `char  a[], *p;   strcpy(p=&a[1],st+2);`

二、读程序写结果

1. 请写出以下程序的结果________。

```
#include <iostream.h>
void main()
{
    int x[] = {10, 20, 30};
    int *px = x;
    cout<<++*px<<","<<*px<<",";
    px = x;
    cout<<(*px)++<<","<<*px<<",";
    px = x;
    cout<<*px++<<","<<*px<<",";
    px = x;
    cout<<*++px<<","<<*px<<endl;
}
```

2. 请写出以下程序的结果________。

```
#include <iostream.h>
void main()
{
```

```
    char a[]="programming",b[]="language";
    char *p1,*p2;
    int i;
    p1=a;p2=b;
    for(i=0;i<7;i++)
      if(*(p1+i)==*(p2+i))
          cout<<*(p1+i)<<endl;
}
```

3．请写出以下程序的结果________。

```
#include <iostream.h>
void main()
{
    char *p,*q;
    char str[]="Hello,World\n";
    q = p = str;
    p++;
    cout<<q<<endl;
    cout<<p<<endl;
}
```

4．请写出以下程序的结果________。

```
#include  <iostream.h>
#include  <string.h>
void main()
{
    char *s1="AbDeG";
    char *s2="AbdEg";
    s1+=2;s2+=2;
    cout<<strcmp(s1,s2)<<endl;
}
```

5．请写出以下程序的结果________。

```
#include <iostream.h>
void main()
{
    char *a[3] = {"I","love","China"};
    char **ptr = a;
    cout<<*(*(a+1)+1)<<endl;
    cout<<*(ptr+1)<<endl;
}
```

三、编程题

1．求一个字符串的长度（不使用库函数）并输出其长度。

2．输入一行文字，找出其中大写字母，小写字母，空格，数字以其他的字符各有多少？

3．编写一个程序，将一个3×3的矩阵转置。

4．有*n*个人围城一圈。从第一个人开始报数（从1到3报数），凡报到3的人退出圈子，问最后留下的是原来的第几号的那个人。

第 6 章　函　　数

6.1　函数的概念、构成、类型及应用

一个较大的程序不可能完全由一个人从头至尾地完成，更不可能把所有的内容都放在一个主函数中。为了便于规划、组织、编程和调试，一般的做法是把一个大的程序划分为若干个程序模块（即程序文件），每一个模块实现一部分功能。不同的程序模块可以由不同的人来完成。在程序进行编译时，以程序模块为编译单位，即分别对每一个编译单位进行编译。如果发现错误，可以在本程序模块范围内查错并改正。在分别通过编译后，才进行连接，把各模块的目标文件及系统文件连接在一起形成可执行文件。

在一个程序文件中可以包含若干个函数。无论把一个程序划分为多少个程序模块，只能有一个 main 函数。程序总是从 main 函数开始执行的。在程序运行过程中，由主函数调用其他函数，其他函数也可以互相调用。在 C 语言中没有类和对象，在程序模块中直接定义函数。可以认为，一个 C 语言程序是由若干个函数组成的，C 语言被认为是面向函数的语言。C++面向过程的程序设计沿用了 C 语言使用函数的方法。在 C++面向对象的程序设计中，主函数以外的函数大多是被封装在类中的。主函数或其他函数可以通过类对象调用类中的函数。无论是 C 语言还是 C++，程序中的各项操作基本上都是由函数来实现的，程序编写者要根据需要编写一个个函数，每个函数用来实现某一功能。因此，读者必须掌握函数的概念并学会设计和使用函数。

"函数"这个名词是从英文 function 翻译过来的，其实 function 的原意是"功能"。顾名思义，一个函数就是一个功能。

在实际应用的程序中，主函数写得很简单，它的作用就是调用各个函数，程序各部分的功能全部都是由各函数实现的。主函数相当于总调度，调动各函数依次实现各项功能。

开发商和软件开发人员将一些常用的功能模块编写成函数，放在函数库中供公共选用。程序开发人员要善于利用库函数，以减少重复编写程序段的工作量。

6.1.1　函数及应用

解决大型复杂问题的一个有力方法就是"分而知之"，因此，模块化就成了程序设计技术中的一项主要方法。在 C++的结构化程序设计部分，函数是模块化的主要手段。在 C++语言中，一个程序往往是由一个或多个函数组成的。程序不仅可以调用系统提供的标准库函数，而且还可以自定义函数，并像标准函数一样调用。这和冲洗照片的形式类似，顾客（相当于调用函数）拿着拍过的胶卷给照相馆（被调用函数），照相馆（被调用函数）的工作人员就会对胶卷进行冲洗和成像，最后照相馆（被调用函数）将把处理过的胶卷和照片交给顾客（调用函数）。整个过程中，照相馆（被调用函数）的工作对于顾客（调用函数）是不可见的，C++语言中函数间的调用关系正是这样的。

一个 C++程序可以由一个或多个函数组成。一个函数可以被多次调用完成功能，就如同照相馆可以为多个顾客服务一样。

函数是一块独立的代码序列，根据其来源，C++函数包括自定义函数（程序员编写的函数）和库函数（系统预定义的函数）。一个函数通常由函数说明部分（又称为函数原型）与函数体组成。函数说明部分一般包括函数类型（用于指明一些特殊类型的函数，主要有Inline、static、extern、virtual、friend）、返回类型（默认为返回一个整型）、函数名和函数参数；函数体是实现函数功能的程序代码，具体包括变量声明、控制语句、运算表达式等。函数只能由全局变量或者类成员来定义（据此函数可以分为全局函数与成员函数），也就是说一个函数的定义不能在另一个函数体中。其定义形式如下。

```
<函数类型><返回类型><函数名>(<形参表>)
{
    函数体;
}
```

函数的使用者通过函数名调用函数，即

```
<函数名>(<实参表>)
```

在调用过程中将实参通过赋值或者引用的方式传递给形参，然后执行函数体，执行完后，返回到调用点接着执行调用点下面的语句。如果函数有返回类型，则同时将执行的结果返回，此外有返回值的函数可以作为一个表达式的一部分。需要注意的是实参与形参，返回类型与实际返回值的类型要一致。函数调用的方式有如下几种。

按函数在语句中的作用来分，可以有以下三种函数调用方式。

（1）在语句中调用函数。把函数调用单独作为一个语句，并不要求函数带回一个值，只是要求函数完成一定的操作。

（2）在表达式中调用函数。函数出现在一个表达式中，这时要求函数带回一个确定的值以参加表达式的运算。例如：

```
c=2*max(a,b);
```

（3）函数调用作为函数的参数。函数调用作为一个函数的实参。例如：

```
m=max(a,max(b,c)); //max(b,c)是函数调用，其值作为外层max函数调用的一个实参
```

在一个函数中调用另一个函数（函数嵌套调用）需要具备以下条件。

（1）被调用的函数必须是已经存在的函数。

（2）如果使用库函数，一般还应该在本文件开头用#include命令将有关头文件“包含”到本文件中来。

（3）如果使用用户自己定义的函数，而该函数与调用它的函数（即主调函数）在同一个程序单位中，且位置在主调函数之后，则必须在调用此函数之前对被调用的函数作声明。

所谓declare（函数声明），就是在函数尚未定义的情况下，事先将该函数的有关信息通知编译系统，以便使编译能正常进行。

【例6.1】 哥德巴赫猜想：不小于6的偶数都可以表示成两个奇质数之和。在有限整数范围内验证其正确性。

```
//此程序在Visual C++ 6.0环境下运行通过
#include <iostream.h>
#include <math.h>
```

```
int prim(int n);              //函数声明
void main()
{
int n,n1,n2;
cout<<"请输入一个大于 6 的偶数：";
cin>>n;
for(n1=2;n1<=n/2;n1++)
   if(prim(n1))               //函数调用
   {
      n2=n-n1;
      if(prim(n2))            //函数调用
         cout<<n<<"="<<n1<<"+"<<n2<<endl;
   }
}
int prim(int n)               //函数定义
{
   int i;
   if(n==1) return 0;
if(n==2) return 1;
for(i=2;i<=sqrt(n);i++)       //sqrt 为开平方根函数
   if(n%i==0) return 0;
return 1;
}
```

运行结果：

```
请输入一个大于 6 的偶数：8↙
8=3+5
```

6.1.2　函数参数和函数的返回值

在调用函数时，大多数情况下，函数是带参数的，主调函数和被调用函数之间有数据传递关系。前面已提到：在定义函数时函数名后面括号中的变量名称为形式参数（Formal Parameter，简称形参），在主调函数中调用一个函数时，函数名后面括号中的参数（可以是一个表达式）称为实际参数（Actual Parameter，简称实参）。

【例 6.2】 输出给定范围内的“水仙花数”。所谓“水仙花数”是指一个三位数，其各位数字立方和等于该数本身。例如，153 是一个“水仙花数”，因为 $153=1^3+5^3+3^3$。

```
//此程序在 Visual C++ 6.0 环境下运行通过
#include <iostream.h>
void sxh(int m,int n);
void main()
{
   int m,n;
   cout<<"请输入较小的三位数：";
   cin>>m;
   cout<<"请输入较大的三位数：";
   cin>>n;
   sxh(m,n);
}
void sxh(int m,int n)
```

```
{
    int i,a,b,c;
for(i=m;i<=n;i++)
{
    a=i/100;
    b=(i%100)/10;
    c=i%10;
     if(a*a*a+b*b*b+c*c*c==i)
        out<<i<<endl;
}
}
```

运行结果：

```
请输入较小的三位数：100↙
请输入较大的三位数：200↙
153
```

有关形参与实参的说明如下。

（1）在定义函数时指定的形参，在未出现函数调用时，它们并不占内存中的存储单元，因此称它们是形式参数或虚拟参数，表示它们并不是实际存在的数据，只有在发生函数调用时，函数 max 中的形参才被分配内存单元，以便接收从实参传来的数据。在调用结束后，形参所占的内存单元也被释放。

（2）实参可以是常量、变量或表达式，例如：

```
max(3, a+b);
```

但要求 a 和 b 有确定的值，以便在调用函数时将实参的值赋给形参。

（3）在定义函数时，必须在函数首部指定形参的类型。

（4）实参与形参的类型应相同或赋值兼容。[例 6.1] 中实参和形参都是整型，这是合法的、正确的。如果实参为整型而形参为实型，或者相反，则按不同类型数值的赋值规则进行转换。例如实参 a 的值为 3.5，而形参 x 为整型，则将 3.5 转换成整数 3，然后送到形参 b。字符型与整型可以互相通用。

（5）实参变量对形参变量的数据传递是“值传递”，即单向传递，只能由实参传给形参，而不能由形参传回来给实参。在调用函数时，编译系统临时给形参分配存储单元。

【注意】 实参单元与形参单元是不同的单元。

图 6.1 表示将实参 a 和 b 的值 2 和 3 传递给对应的形参 x 和 y。调用结束后，形参单元被释放，实参单元仍保留并维持原值。因此，在执行一个被调用函数时，形参的值如果发生改变，并不会改变主调函数中实参的值。例如，若在执行 max 函数过程中形参 x 和 y 的值变为 10 和 15，调用结束后，实参 a 和 b 仍为 2 和 3，如图 6.2 所示。

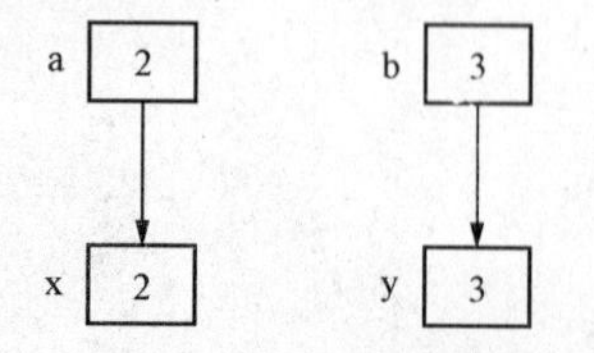

图 6.1 实参的值传递给对应的形参

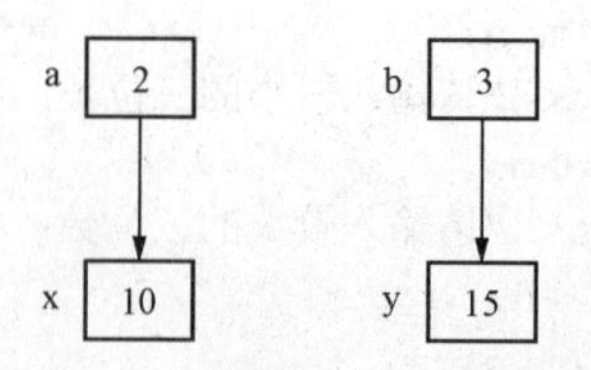

图 6.2 形参值调用结束后的实参值的变化

当一个函数带有多个参数时，C++语言没有规定函数调用时的实参的求值顺序。而编译器根据对代码进行优化的需要自行规定对实参的求值顺序。有的编译器规定自左至右，有的编译器规定自右至左，这种对求值顺序的不同规定，对一般参数来讲没有影响。但是，如果实参表达式中带有副作用的运算符时，就有可能产生由于求值顺序不同而造成了二义性。例如：

```
intz = add_int(++x,x+y);
```

这样，不同的编译器就有可能产生不同的结果。

在C++语言中，允许在函数的说明或定义时给一个或多个参数指定默认值。但是，要求在一个指定了默认值的参数的右边，不能出现没有指定默认值的参数。例如：

```
intadd_int(int x, int10);
```

在上述对函数 add_int( )的说明中，对该函数的最右边的一个参数指定了默认值。

将调用点处的信息传递给函数可以通过两种方式，分别为赋值传递（传值或者地址）和引用传递。

【例 6.3】 实参和形参在函数中的调用过程。

```
//此程序在Visual C++ 6.0环境下运行通过
#include"iostream.h"
void swap1(int x,int y)
{  int t;
    t=x; x=y; y=t;
}
void swap2(int *x, int *y)
{ int t;
   t=*x; *x=*y; *y=t;
  }
void main()
{   int a=2,b=3;
     int *p1,*p2;
     p1=&a;
 p2=&b;
     swap1(a,b);
     cout<<"a="<<a<<";"<<"b="<<b<<endl;
     swap2(p1,p2);
     cout<<"a="<<a<<";"<<"b="<<b<<endl;
     cout<<a<<","<<b<<endl;
}
```

运行结果：

```
a=2; b=3
a=3; b=2
2, 3
```

第一个输出语句的输出结果为2，3，这是因为在调用过程中首先产生形参变量（相当于Local Variable）x与y，然后主函数将变量a与b中的值作为右值分别赋给形参变量x与y，接着执行swap1函数体，执行完后函数体中的语句或遇到return语句后，形参变量将不存在，显然这种调用实际上并没改变实参 a 与 b 的值。

第二个输出语句的值为 3，2，这是因为在调用过程中将实参的地址作为右值赋值给调用时才产生的形参指针变量 x 与 y，显然*x 即为指针 x 指向的变量 a，同理*y 为 b，所以 a 与 b 的值实际被改变了。

第三个输出语句的值为 3，2，这是因为在调用过程中形参 x 与 y 相当于实参的别名，所以对 x 与 y 的操作相当于直接对实参 a 与 b 的操作。

上述过程中第一与第二两种情况属于传值调用，此时形参在函数调用过程中相当于被调用函数的局部变量，也就是只在产生调用的时候才产生形参变量空间，调用结束后将形参空间释放。第三种情况为引用调用，此时并没有产生实际的形参空间。二者的主要区别就是是否具有真正意义上的形参变量，如果要避免引用调用改变实参的值可以将函数定义为

```
type funct(const  type 1 &a, const  type2 &2)
   { … }
```

此时参数只能在函数体中作为右值。

当需要向一个函数传递一个数组的时候只需要将其首地址和它的宽度作为参数传递过来，此时函数的定义可为如下形式：

```
<返回类型><函数名>(<数组首地址形参变量，数组的宽度>)
```

需要说明的是由于传递过来的是数组首地址，因此在被调用函数中对地址形参变量指向内容改变的操作是主调函数中实际数组元素值的改变。

6.1.3　函数的返回

函数执行结束后，往往需要得到一个确定的值，这就是函数的返回值。函数的返回值通过函数中的 return 语句获得，其格式为

```
return <表达式>
```

函数的返回类型，说明指定了函数调用结束后所带回的值的类型，表达式的结果应该与函数指定的返回类型一致，函数的返回类型可以是基本数据类型、自定义类型和指针。

当函数调用结束后，函数的返回语句 return 具有两方面的功能：一是把运行控制从被调用执行的函数体返回到函数的调用点；二是根据函数原型中说明的返回类型返回所需要的数据值。但当函数说明为返回 void 类型的时候函数不返回任何值；对于有返回值的函数可以作为一个右值表达式中的一项。

【例 6.4】 判断一个数是否为“完全数”。如果一个数恰好等于它的因子之和，则称该数为“完全数”。

问题分析与算法设计：根据完全数的定义，先计算所选取的整数 *n* 的因子，将各因子累加于 *s*，若 s 等于 *n*，则可确认 *a* 为完全数。

```
//此程序在 Visual C++ 6.0 环境下运行通过
#include<iostream.h>
int wqs(int n)
{
   int i,s=0;
   for(i=1;i<=n/2;i++)
     if(n%i==0) s=s+i;
```

```
    if(s==n) return 1;
    else  return 0;
}
void main()
{
    int n;
    cout<<"请输入一个整数：";
    cin>>n;
    if(wqs(n))
        cout<<n<<"是完全数！\n";
    else
        cout<<n<<"不是完全数！\n";
}
```

运行结果：

```
请输入一个整数：6↙
6 是完全数！
```

一般函数只能返回一个值，但是可以通过返回一个连续地址内存的首指针来传递或者返回一个数组。若无需函数返回任何值则在定义函数时必须指明函数的返回类型为 void。

下面对函数值作一些说明：

（1）函数的返回值是通过函数中的 return 语句获得的。return 语句将被调用函数中的一个确定值带回主调函数中去。return 语句后面的括号可以要，也可以不要。return 后面的值可以是一个表达式。

（2）函数值的类型。既然函数有返回值，这个值当然应属于某一个确定的类型，应当在定义函数时指定函数值的类型。

（3）如果函数值的类型和 return 语句中表达式的值不一致，则以函数类型为准，即函数类型决定返回值的类型。对数值型数据，可以自动进行类型转换。

6.1.4 内联函数

内联函数也称为内嵌函数。引用内联函数的目的是为了提高程序中函数调用的效率。

在 C++程序中用关键字 Inline 说明的函数称为内联函数。内联函数具有以下一般函数的特性。

（1）它与一般函数所不同之处在于函数调用的处理。一般函数进行调用时，要将程序执行权转到被调用函数中，然后再返回到调用它的函数中；而内联函数在调用时，是将调用表达式用内联函数体来替换。

（2）内联函数必须先声明后调用。因为程序编译时要对内联函数替换，所以在内联函数调用之前必须声明是内联的，否则将会像一般函数那样产生调用而不是进行替换操作。

【例 6.5】 内联函数的用法。

```
//此程序在 Visual C++ 6.0 环境下运行通过
#include<iostream.h>
inline double CalArea(double r)
{
    return 3.14*r*r;
}
void main()
```

```
{
    double r,area;
    cout<<"请输入半径：";
    cin>>r;
    area=CalArea(r);
    cout<<"圆面积="<<area<<endl;
}
```

运行结果：

```
请输入半径：3↙
圆面积=28.26
```

在使用内联函数时，应注意如下几点：

（1）在内联函数内不允许用循环语句和开关语句。

（2）内联函数的定义必须出现在内联函数第一次被调用之前。

（3）类结构中所有在类说明内部定义的函数都是内联函数。

6.1.5　内部与外部函数

在一个全局函数说明时前面加关键字 static，则该函数就成为了内部函数，其特点为该函数只能被其所在的同一个文件中（一个应用程序可以由多个文件构成）的其他函数所调用，好处是与其他文件中的同名函数不会产生二义性，内部函数的定义格式如下。

```
static type func(参数表)
  {…}
```

在一个全局函数前加关键字 extern 则此函数为外部函数，该函数不仅能被与其所在同一个文件中的其他函数所调用，也可以为属于同一程序的其他文件中的函数所调用（此种情况调用前要用关键字 extern 声明）。

关于内部函数与外部函数，在 6.3.5 中将详细介绍。

【注意】 若在定义函数的时候不做内外部说明，则默认为外部函数。

6.1.6　函数重载及运算符重载

在编程时，有时我们要实现的是同一类的功能，只是有些细节不同。例如希望从三个数中找出其中的最大者，而每次求最大数时数据的类型不同，可能是三个整数、三个双精度数或三个长整数。程序设计者往往会分别设计出三个不同名的函数，其函数原型如下。

```
int max1(int a,int b,int c);                  //求 3 个整数中的最大者
double max2(double a,double b,double c);      //求 3 个双精度数中最大者
long  max3(long a,long b,long c);             //求 3 个长整数中的最大者
```

C++语言允许用同一函数名定义多个函数，这些函数的参数个数和参数类型不同，即对一个函数名重新赋予它新的含义，使一个函数名可以多用。

1. 函数重载的定义

重载是指同一个函数名对应多个函数的现象，也就是说，多个函数具有同一个函数名。函数的重载就类似于多义字（词），同一个字（词）在不同的条件下，可能有不同的意思。例如“火”字：

他火了。　　//愤怒

房子着火了。//燃烧

日子过得红火。//兴旺

“火”字在上面的句子中有不同的意思，用C++概念说，这就是重载。

C++语言允许一个相同的标识符或运算符代表多个不同实现的函数，这些函数的函数名可以相同，但参数类型或者参数个数或者参数的次序不能相同，系统在进行函数调用时根据参数来确定所调用的实际函数，这就称为标识符函数或运算符函数的重载。用户可以根据需要定义标识符函数重载或运算符函数重载。

【例6.6】 标识符函数的重载。

```
//此程序在Visual C++ 6.0 环境下运行通过
#include<iostream.h>
void main()
{
    //函数原型,注意3个函数名称均为max
    int max(int num1,int num2);
    float max(float num1,float num2);
    int max(int num1,int num2,int num3);
    int x=4,y=8,z=2;
    float a=7.4,b=3.8;
    //调用函数找出最大值
    cout<<max(x,y)<<endl;
    cout<<max(b,a)<<endl;
    cout<<max(x,y,z)<<endl;
}
int max(int num1,int num2)            //解决两个int型数据的函数
{
    return (num1>num2)?num1:num2;
}
float max(float num1,float num2)     //解决两个float型数据的函数
{
    return (num1>num2)? num1:num2;
}
int max(int num1,int num2,int num3)//解决3个int型数据的函数
{
    int Temp;
    Temp=(num1>num2)?num1:num2;
    return (Temp>num3)?Temp:num3;
}
```

运行结果：

```
8
7.8
8
```

该程序中，main()函数中调用相同名字的三个函数，第一个max函数功能是两个整数求最大值，其操作数与“max(int num1,int num2)”匹配，所以实际调用的是该函数，因此第一个输出语句的结果为8。第二个max函数功能是两个实数求最值，其操作数与“max(float num1,float num2)”匹配，输出结果为7.8。第三个max函数功能是三个整数求最大值，其操作数与“max(int num1,int num2,int num3)”匹配，所以实际调用的是该函数，因此输出语句

的结果为 8。这便是标识符函数的重载。

运算符重载是 C++语言的重要特性之一，实质上是函数重载。我们可以通过重载运算符函数 opcrator 扩展 C++语言提供的运算符的适用范围，使其具有其他的功能。例如，“+”号在数值运算中是两个数的相加，但是在字符串中则可以定义为两个字符串的连接。我们还可以通过运算符重载改变原有的操作意义。

2. 运算符重载意义

从功能上讲，通过运算符能实现的功能通过函数一样能够实现，运算符重载没有在程序的功能上带来好处。

编写程序时，对于系统内部类型，能用运算符的时候尽量用，因为运算符的使用能使程序变得非常清晰、简单。虽然 C++语言不允许定义新的运算符，但运算符重载允许将现有的运算符和自定义类型一起使用，从而可以使用简洁的表示方法，这无疑是 C++语言最具吸引力的特点之一。

运算符的重载也不是在任何时候都是好的。在完成同样功能的情况下，如果使用运算符比使用明确的函数调用能使程序更清晰，那么就使用运算符重载。但过度地使用运算符反而会使程序变得不清晰和难以理解。运算符的重载必须通过编写函数来完成，运算符作用于对象上的功能由程序员自己确定。重载运算符的函数名是关键字 operator 加运算符。

运算符重载函数的定义形式为

```
<返回类型>operator<运算符>(参数列表)
```

参数列表中的参数个数取决于运算符操作所需要的操作数个数。例如，“+”需要的参数不能多于两个。

下面我们来分析运算符函数的重载，分析下面的例子。

【例 6.7】 加号运算符函数的重载。

```
//此程序在 Visual C++ 6.0 环境下运行通过
#include <iostream.h>
class CThree_d
{
    int x,y,z;
public:
    CThree_d(int vx,int vy,int vz)              //构造函数
    {x=vx;y=vy;z=vz;}
    CThree_d()
    {x=0;y=0;z=0;}                              //无参数的构造函数
    CThree_d operator +(CThree_d t);            //重载加号"+"
    void Print(){cout<<x<<"  "<<y<<"\n";}
};

CThree_d CThree_d::operator+(CThree_d t)        //定义两个对象的"+"运算
{   CThree_d te;
    te.x=x+t.x;
    te.y=y+t.y;
    te.z=z+t.z;
    return te;                                  //返回当前对象与 t 对象之和
}
```

```
void main(void)
{
    CThree_d t1(10,10,10),t2(20,20,20),t3;
    t3=t1+t2;                        //t1与t2相加给t3
    t3.Print();                      //显示t3对象的数据成员
}
```

运行结果：

```
30  30
```

【注意】 重载运算符坚持四个“不能改变”。

（1）不能改变运算符操作数的个数。

（2）不能改变运算符原有的优先级。

（3）不能改变运算符原有的结合性。

（4）不能改变运算符原有的语法结构。

值得注意的是C++语言中的大部分运算符都能被重载，但有一些运算符如“::”、“? :”不能被重载。有些运算符的重载（如“()”、“[ ]”、“++”、“--”、“=”等）通过类成员运算符实现比较方便，“=”只能通过类成员运算符函数来重载，关于这一点在随后的章节会介绍。

6.1.7 函数模板

C++语言提供了函数模板（function template）。所谓函数模板，实际上是建立一个通用函数，其函数类型和形参类型不具体指定，用一个虚拟的类型来代表。这个通用函数就称为函数模板。凡是函数体相同的函数都可以用这个模板来代替，不必定义多个函数，只需在模板中定义一次即可。在调用函数时系统会根据实参的类型来取代模板中的虚拟类型，从而实现了不同函数的功能。

C++语言是强类型语言，因此，即使参数的个数和所进行的操作都相同，但如果参数数据类型或返回值类型不同，也要定义不同的函数，如下例所示。

```
int max(int x, int y) {return (x>y)? x : y;}
float max(float x, float y){return (x>y)?x : y;}
```

C++语言为我们提供了一种数据类型的模板机制，在这种机制下数据类型可以将参数化成一种模板，即提供一种参数化的数据类型，根据需要再确定该参数的数据类型，就像根据需要给变量赋值一样。

模板函数将所处理的数据类型说明为参数，即类型参数化，是对一类具有相同操作的函数进行描述。模板函数本身不是一个实实在在的函数，当编译系统在程序中发现有与函数模板中相匹配的函数调用时，便生成一个重载函数，该重载函数的函数体与函数模板的函数体相同。

函数模板的定义方式如下。

```
template <class 类型参数名1, class 类型参数名 2,…>
函数返回值类型 函数名(形参表)
  { 函数体 }
```

【例 6.8】 实现两数比较求最值的函数模板程序。

```
//此程序在Visual C++ 6.0环境下运行通过
#include <iostream.h>
```

```
template <class Type>       //定义两数比较求最值的函数模板 max()
Type max(Type a,Type b)
{
   Type temp=a>b?a:b;
   return temp;
}
void main()
{
   cout<<"整数最大值: "<<max(2,5)<<endl;
   cout<<"实数最大值: "<<max(3.4,1.3)<<endl;
}
```

运行结果：

```
整数最大值: 5
实数最大值: 3.4
```

6.1.8 函数与指针

函数是由执行语句组成的指令序列或代码，这些代码的有序集合根据其大小被分配到一定的内存空间中，这一片内存空间的起始地址就称为该函数的地址，不同的函数有不同的函数地址。函数名本身是一个指针常量，它指向该函数的执行代码对应存储空间的开始位置，即它的值为函数执行代码的首地址。C++函数除了可以用指针作为参数及返回类型外，还可以定义指向函数的指针。

指针是数据对象的地址，是不可变的。其定义形式为

```
type(*pf)(T1,T2);
```

它能代表返回类型为 type，参数类型为 T1 与 T2 的一类函数，如下所示。

```
type  f (T1  a,   T2  b)  {语句序列;}
type  f1(T1  a1,  T2  a2) ;
              …
type  fn(T1  n1,  T2  n2) {语句序列;}
```

这些函数返回类型、参数类型、参数个数都相同但是操作不一样，这样就可以定义函数指针指向这一类函数的入口地址并通过函数指针来调用这些函数。

如果定义有函数：

```
int fa(int x, int y);
```

则函数名 fa 是一个指向函数执行代码开始的指针常量，其类型为 int（*）(int, int)，因此可以定义指向函数的指针。

例如：

```
int (*fp)(int, int);
fp=fa;
```

这样对 fa 的调用 fa(a, b)等价于 fp(a, b)。

6.2 函数的嵌套与递归

递归是算法设计中一种重要的方法。许多复杂算法需要通过递归来设计。对于支持递归

的语言，递归程序充分利用了计算机系统的内部功能，自动实现调用过程中对相关信息的保存与恢复，从而省略了求解过程的很多细节。不是任何语言都支持递归，但是对于较复杂的问题，如果用递归的思想来考虑，问题会变得简单、易懂，更容易设计其算法，然后再按照一定的规则将其非递归化。

6.2.1　嵌套的概念及内部实现原理

函数嵌套调用指的是在调用一个函数的过程中，在被调用函数的函数体内又调用另一个函数，在函数的嵌套调用过程中需要使用堆栈（一种后进先出的数据结构）来保存返回信息。需要保存的信息包括两部分：返回地址和当前函数的局部变量信息。对于C++语言来说，堆栈的建立与使用由系统自动进行。下面通过例子来说明函数嵌套调用的系统实现过程。

考虑下述三个函数的调用关系。

```
A1(…)                  A2(…)              A3(…)
{                         {               {
    ⋮                     ⋮                   ⋮
A2(…);                 A3(…)
    ⋮                     ⋮                   ⋮
return;               return;          return;
}                        }             }
```

上述调用关系为：函数A1在其函数体的某一处调用函数A2，A2又在其函数体的某一处调用函数A3，A3不调用其他过程。因此，当函数A2被调用时，A1暂时被“挂起来”，程序转到A2函数开始运行；执行到A3被调用的时候，A2暂时被“挂起来”，程序转到A3函数开始执行；执行到A3的return语句，返回到函数A2的调用点处继续执行A2剩下部分，执行到A2的return语句，返回到A1的调用点处执行A1的剩下部分。

假设A1中调用A2时的返回地址为a1，调用开始时A1当前局部变量为v1；A2中调用A3时的返回地址为a2，调用开始时A2当前局部变量为v2；top为堆栈的栈顶指针；这里假定A1是主程序，否则调用A1时相应的返回位置也要进栈。这三个函数的调用—返回的系统实现过程如图6.3所示。

当一个用户用C++语言写出具有上述调用过程的程序时，他无需考虑这三个函数之间的调用——返回关系是如何控制实现的，有关的控制工作由系统自动完成。显然，实现这种控制所要解决的主要问题是在每调用一个函数（如A2）时如何保存返回位置，但在嵌套调用过程中存在的返回位置不止一个。图6.3说明：先保存的位置后返回，后保存的位置先返回。因此，应该用栈作为数据结构。事实上，系统也正是这么做的。它的工作方式为每遇到一个过程调用便立刻将相应的返回位置（及其他有用的信息）进栈；每当一被调用过程执行结束时，工作栈栈顶元素正好是此过程的返回位置。

6.2.2　函数的递归调用

在调用一个函数的过程中又出现直接或间接地调用该函数本身，称为函数的递归（Recursive）调用。C++语言允许函数的递归调用。

递归是一个自己调用自己的函数嵌套调用。因此递归调用的实现原理与嵌套调用是一样的，区别仅在于其嵌套调用的是其本身。递归的实现包括两种方式：直接递归（P的函数体中调用了P本身）和间接递归（P的函数体中调用了Q，而Q的函数体中又调用了P）。本小节主要讨论直接递归问题。

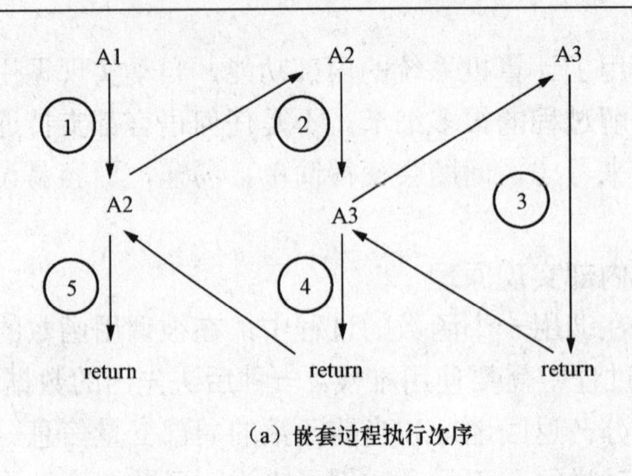

(a) 嵌套过程执行次序

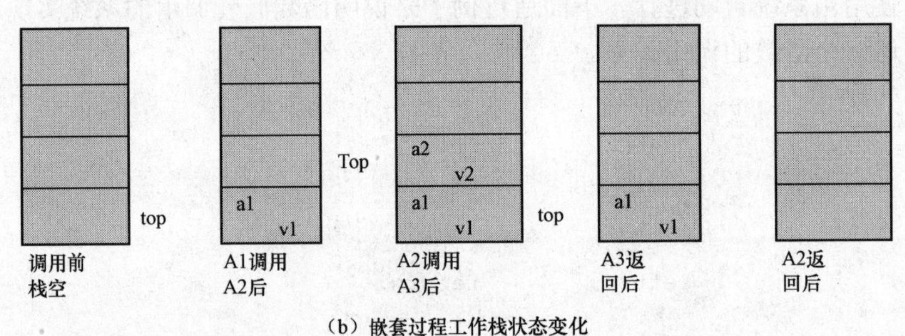

(b) 嵌套过程工作栈状态变化

图 6.3　三个函数的调用——返回的系统实现过程

下边以求一个正整数的阶乘为例来说明递归的过程。

【例 6.9】 求阶乘的递归的过程。

$$\begin{cases} f(n)=1 & n=0 \text{ 或 } 1 \\ f(n)=n\times f(n-1) & n>1 \end{cases}$$

代码如下所示：

```
long f(long n)
 { long temp;
   if (n==0||n==1)
      temp=1;
  else
      temp=n*f(n-1);
    return  temp;
  }
//在主函数中调用该函数来计算 3 的阶乘
void main()
{   long n,result=0;
    cin>>n;
    result=f(n);
    cout<<result;
}
```

从键盘输入整数 3，函数开始执行，经过一系列的调用结束后最终返回到主调函数。

假设 f 在调用点处的返回地址为 X，则当 n=3 时函数 f 的递归调用过程如图 6.4 所示。

首先执行 f(3)，在调用点处，将当前的 n（n=3）值及返回地址 X 压栈，转去执行 f(2)；在调用点处将当前 n（n=2）及返回地址 X 压栈，转去执行 f(1)；执行结果求出 f(1)=1，递归结束，出栈恢复 n 值；再按照保存的地址返回到上一次的调用点处接着执行 f(2)下边的语句；f(2)利用 f(1)的返回结果再求出 f(2)=2×f(1)=2，并按照同样的方式返回到 f(3)；f(3)利用 f(2)的返回值求出 f(3) = 3×f(2)=6 并将结果返回到主函数得到计算结果 result=6。

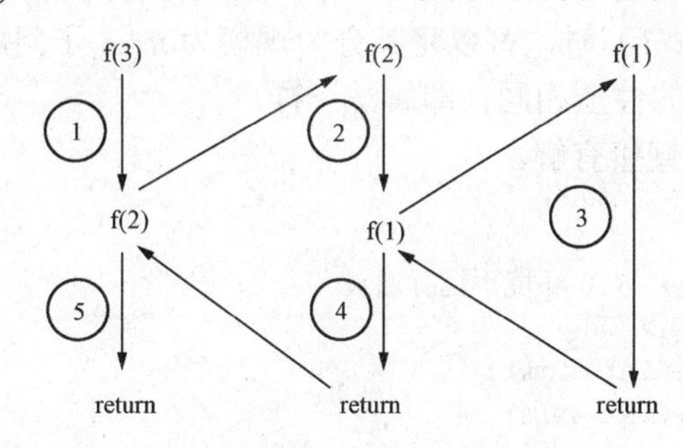

（a）计算3的阶乘的调用—返回过程

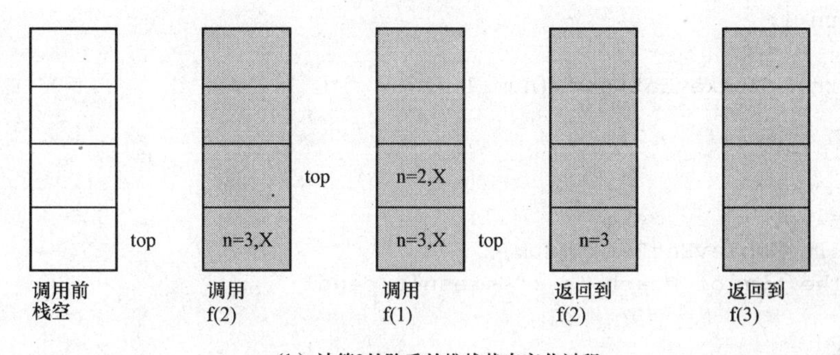

（b）计算3的阶乘的堆栈状态变化过程

图 6.4　递归调用过程

由此得递归调用的过程如下。

（1）在调用点处将当前的局部变量和返回地址压栈。

（2）修改函数的参数。

（3）转到执行函数开始处执行。

返回的过程如下。

（1）如果栈不为空，从栈顶取出返回地址及保存的各局部变量、形参，并退栈。

（2）返回到调用点处继续执行下面的语句，直到返回到主调函数。

6.2.3　递归算法的设计

在现实问题中，对于求解一个复杂的或者问题规模较大的问题时，可以将其划分为一些简单的或者规模较小的问题进行解决。如果这种划分满足以下条件：

（1）所划分成的子问题性质与原来的大问题相同。

（2）当问题规模小到一定程度的时候直接有解。

对于满足以上条件的问题就可以考虑使用递归的方法求解。

【例 6.10】 猴子吃桃问题。猴子第一天摘下若干个桃子，当即吃了一半，还不过瘾，又多吃了一个。第二天又将剩下的桃子吃掉一半，又多吃了一个。以后每天都吃了前一天剩下的一半零一个。到第 10 天，只剩下一个桃子了。试求第一天共摘多少桃子?

分析：在利用递归求值时，首先应分析清楚递归公式、递归结束条件及递归约束条件。

猴子吃桃问题的递归公式如下。

$$\begin{cases} MonkeyEatPeach(1)=1; & n=1 \\ MonkeyEatPeach(n)=2*(MonkeyEatPeach(n-1)+1); & n>1 \end{cases}$$

显然问题规模为 n（$n>1$）时，可以将其分为规模为 $n-1$ 子问题来解决。满足：

（1）子问题与原问题的性质相同，即解法一样。

（2）当 $n=1$ 时，问题直接有解。

据此可编写程序如下。

```
//此程序在 Visual C++ 6.0 环境下运行通过
#include<iostream.h>
int MonkeyEatPeach(int num);
int MonkeyEatPeach(int num)
{
if(num==1)
   return 1;
else
   return 2*MonkeyEatPeach(num-1)+2;
}
void main()
{
int num=10;
int result=MonkeyEatPeach(num);
cout<<"The num of Peach is :"<<result<<endl;
}
```

运行结果：

```
The num of Peach is : 1534
```

【例 6.11】 汉诺塔问题。有三根柱子 A、B、C，分别称为源柱、辅助柱、目标柱。源柱上有 n 个盘子，盘子的大小不等，大的盘子在下，小的盘子在上。要求将源柱 A 上的 n 个盘子借助于辅助柱 B 移到目标柱 C 上，每一次只能移一个盘子。在移动过程中，必须保证三根柱子上的盘子都是大的盘子在下，小的盘子在上。

要求编一个程序打印出移动盘子的步骤。

分析：

把问题表示为函数 Hanoi（n，A，B，C）

当 $n=1$ 时，直接将 A 上的圆盘移到 C;

当 $n>1$ 时，将 n 个盘子从 A 柱移到 C 柱可以分解为下面三个子问题：

（1）将 A 柱上的 $n-1$ 个盘子借助于 C 柱移到 B 柱上（Hanoi（$n-1$，A，C，B））。

（2）将 A 柱上的最后一个盘子移到 C 柱上（Move（A，C））。

（3）再将 B 柱上的 $n-1$ 盘子借助于 A 柱移到 C 柱上（Hanoi（$n-1$，B，A，C））。

因此问题规模为 n（$n>1$）的问题可以分解为两个规模为 n-1 并且性质相同的子问题，因此我们可以用 Recursive 来实现。

分别编写两个函数来实现以上两个操作：函数 Hanoi（int n, char X, char Y, char Z）实现把 X 柱上的 n 个盘子借助于 Y 柱移到 Z 柱上；函数 Move（char X, char Y）表示将 1 个盘子从 X 柱移到 Y 柱。

```
//此程序在Visual C++ 6.0环境下运行通过
#include <iostream.h>
void Move(char X,char Y)
{ cout<<X<<"-→"<<Y<<endl;
}
void Hanoi(int n,char X,char Y,char Z)
{ if (n==1)
     Move(X,Z);
  else
  { Hanoi(n-1,X,Z,Y);
    Move(X,Z);
    Hanoi(n-1,Y,X,Z);
  }
}
void main()
{ int n;
  cout<<"Input n:";
  cin>>n;
  Hanoi(n,'A','B','C');
}
```

程序运行结果：

```
Input n: 3↙
A-→C
A-→B
C-→B
A-→C
B-→A
B-→C
A-→C
```

6.3 常 用 函 数

6.3.1 基本输出函数

1. 基本输出函数printf

它是常用的格式化输出函数，其原型也是在stdio.h文件中说明的，prinf函数按照一定的格式向标准输出设备（如显示器）输出数据，实现下面格式输出功能。

该函数的格式为

```
Printf("字符串%输出格式控制符",输出项1,输出项2,…);
```

（1）整型输出格式，如表6.1所示。

表6.1 整型输出格式

格 式	含 义
%d	十进制方式根据实际数据长度输出
%wd	按照十进制输出，w指定字符个数，如果实际字符个数少于w左边补空格，若要右边补空格格式为%-wd，若要补0格式为%0wd方式

续表

格　式	含　义
%ld	十进制长整数的形式输出
%o	以无符号的八进制形式输出
%x	整型和伪变量以无符号的十六进制形式输出
%u	以无符号的十进制形式输出

（2）浮点数的输出格式，如表 6.2 所示。

表 6.2　浮点数输出格式

格　式	含　义
%f	小数形式输出浮点数
%e	浮点数或双精度浮点数以指数形式输出
%g	选用 e 或 f 格式中输出位数较短的形式
%w.rf(%-w.rf)，%w.re(%-w.re)	按照宽度 w、右对齐左补空格（左对齐右补空格）

（3）字符和字符串的输出，如表 6.3 所示。

表 6.3　字符和字符串输出格式

格　式	含　义
%wc	按照一字节整数方式输出，宽度为 w（不够宽度左补空格）
%s	以输出字符串，字符串的最后一个'\0'字符不输出
%w.rs,%-w.rs	按照宽度 w 输出字符串的 r 个字符，右对齐左补空格（左对齐右补空格）

2. putchar 函数。在标准设备上输出字符

原型：`int putchar(int c)`　　　　//将变量 c 所表示的字符输出到标准设备上

返回值：成功返回字符 c，失败返回 EOF。

3. puts 函数

原型：`int put(char*)`　　　　//将指针指向的字符串输出到屏幕上

返回值：成功返回输出字符的个数，失败返回 0。

6.3.2 基本输入函数

1. scanf 函数

scanf 函数是常用的格式化输入函数，其原型在 stdio.h 文件中说明。scanf 函数按照一定的格式从键盘输入数据，其功能主要如下。

（1）输入各种类型的数据，并存入相应的参数中。

（2）读取输入流中的指定字符。

（3）跳过输入流中的指定字符。

函数格式为

```
scanf（"%输入格式控制",变量地址 1,变量地址 2,…）；
```

函数在数据流中提取数据的时候将忽略流中的空白字符（空格' '、制表符'\t'、换行符'\n'），

在格式控制部分的普通字符在输入的数据流中将剔除与之位置匹配且相同的字符。例如：

```
scanf("%d,%d",&a,&b);
```

在执行的时候如果输入"12，34"并按“回车”键，则将12与34保存到a与b中，而将‘，’忽略。

（1）整型的输入，如表6.4所示。

表6.4 整型输入格式

格 式	含 义
%d	提取一个有符号或者无符号的十进制整型数，匹配一个整型变量地址
%o	提取八进制数，匹配整型变量的地址
%u	提取无符号的十进制数，匹配无符号整型变量的地址
%x	提取无符号的十六进制整型变量的地址，匹配无符号整型变量的地址

（2）浮点数的输入，如表6.5所示。

表6.5 浮点数输入格式

格 式	含 义
%f	读取有符号的浮点数，匹配浮点型变量
%e	提取有符号的浮点数
%g	提取有符号的浮点数，用科学计数法表示，匹配浮点型变量
%lf	提取浮点型变量，匹配double型变量

（3）字符与字符串的输入，如表6.6所示。

表6.6 浮点数输入格式

格 式	含 义
%c	接收一个字符，匹配字符型变量
%s	接收一个字符串，匹配char型指针变量（保存有事先开辟空间的首地址）

2. getchar函数

功能：将键盘上输入的单个字符的值（ASCII码）按“回车”键后赋给字符型变量。

调用方式：字符型变量=getchar()

【注意】 需先定义char字符型变量。

3. gets函数

原型：int gets(char*);

功能：接收一串字符放到由参数字符指针变量所指向的内存空间里。

6.3.3 字符串操作函数

1. strcat函数

原型：char *strcat(str1,str2);

功能：把str2所指的字符串连接到str1所指的字符串后。

返回值：指向 str1 的指针。

2. strcmp 函数

原型：`int strcmp(const char*s1, const char*s2);`

功能：比较两个字符串的大小。

返回值：若 s1==s2，结果为 0；若 s1>s2，结果为正整数；若 s1<s2 结果为负整数。

3. strcpy 函数

原型：`char* strcpy(char*dst, const char *src);`

功能：将 src 指向的源串中的字符复制到 dst 指向的目标串中去。

返回值：返回源串的地址。

4. strlen 函数

原型：`unsigned int strlen(const char*s);`

功能：计算 s 指向的字符串的长度（不包括字符'\0'）

返回值：字符串的有效长度。

6.3.4 内存操作函数

1. memcpy 函数

原型：`void* memcpy (void *dst , const void *src, int n);`

功能：将源地址 src 起始的 *n* 字节复制到 dst 定位的内存空间中。

返回值：目标地址。

2. malloc 与 free 函数

原型：`void* malloc(size_t size);`

功能：开辟大小为 size 字节的内存空间。

返回值：返回内存空间的 void*的首地址（必须强制转换为确定类型的指针），若无足够的内存空间则返回 NULL 或者 0。

free 函数功能为释放由 malloc 函数开辟的空间，其原型为

```
void free(void* ptr);
```

该组函数不仅能够动态开辟单个的变量空间，而且还能够动态开辟数组空间。

6.3.5 内部函数和外部函数

函数本质上是全局的，因为一个函数要被另外的函数调用，但是，也可以指定函数只能被本文件调用，而不能被其他文件调用。根据函数能否被其他源文件调用，将函数区分为内部函数和外部函数。

1. 内部函数

如果一个函数只能被本文件中其他函数所调用，它称为内部函数。在定义内部函数时，在函数名和函数类型的前面加 static。函数首部的一般格式为

```
static 类型标识符 函数名(形参表)
```

例如：`static int fun(int a,int b);`

内部函数又称静态（static）函数。使用内部函数，可以使函数只局限于所在文件。如果在不同的文件中有同名的内部函数，则它们互不干扰。通常把只能由同一文件使用的函数和外部变量放在一个文件中，在它们前面都冠以 static，使之局部化，其他文件不能引用。

2. 外部函数

(1) 在定义函数时，如果在函数首部的最左端冠以关键字 extern，则表示此函数是外部函数，可供其他文件调用。

如函数首部可以写为

```
extern int fun (inta,intb);
```

这样，函数 fun 就可以被其他文件调用。如果在定义函数时省略 extern，则默认为外部函数。本书前面所用的函数都是外部函数。

(2) 在需要调用此函数的文件中，用 extern 声明所用的函数是外部函数。

【例 6.12】 输入两个整数，要求输出其中的大者，用外部函数实现。

```
//此程序在 Visual C++ 6.0 环境下运行通过
#include <iostream>
using namespace std;
int main( )
    {extern int max(int,int);
    //声明在本函数中将要调用在其他文件中定义的 max 函数
    int a,b;
    cin>>a>>b;
    cout<<max(a,b)<<endl;
    return 0;
 }

file2.cpp(文件 2)
int max(int x,int y)
{   int z;
    z=x>y?x: y;
    return z;
}
```

运行情况：

```
7 -34↙
7
```

在计算机上运行一个含多文件的程序时，需要建立一个项目文件（project file），在该项目文件中包含程序的各个文件。

通过此例可知：使用 extern 声明就能够在一个文件中调用其他文件中定义的函数，或者说把该函数的作用域扩展到本文件。extern 声明的形式就是在函数原型基础上加关键字 extern。由于函数在本质上是外部的，在程序中经常要调用其他文件中的外部函数，为方便编程，C++语言允许在声明函数时省写 extern。

程序 main 函数中的 declare 可写成

```
int max(int,int);
```

这就是多次用过的函数原型，由此可以进一步理解函数原型的作用。用函数原型能够把函数的作用域扩展到定义该函数的文件之外（不必使用 extern）。只要在使用该函数的每一个文件中包含该函数的函数原型即可。函数原型通知编译系统：该函数在本文件中稍后定义，或在另一文件中定义。

利用函数原型扩展函数作用域最常见的例子是#include 命令的应用。在#include 命令所指定的头文件中包含有调用库函数时所需的信息。例如，在程序中需要调用 sin 函数，但三角函数并不是由用户在本文件中定义的，而是存放在数学函数库中的。按以上的介绍，必须在本文件中写出 sin 函数的原型，否则无法调用 sin 函数。sin 函数的原型为

```
double sin(double x);
```

本来应该由程序设计者在调用库函数时先从手册中查出所用的库函数的原型，并在程序中一一写出来，但这显然是麻烦而困难的。为减少程序设计者的困难，在头文件 cmath 中包括了所有数学函数的原型和其他有关信息，用户只需用以下#include 命令

```
#include <cmath>
```

即可。这时，在该文件中就能合法地调用各数学库函数了。

6.4 局部变量和全局变量

6.4.1 局部变量

在一个函数内部定义的变量是内部变量，它只在本函数范围内有效，也就是说只有在本函数内才能使用它们，在此函数以外是不能使用这些变量的。同样，在复合语句中定义的变量只在本复合语句范围内有效，这称为局部变量（Local Variable）。例如：

```
float f1(int a)                 //函数 f1
{
  int b,c;                      //b、c 有效   a 有效
  ⋮
}
char f2(int  x, int y)          //函数 f2
{ int i,j;                      //i、j 有效   x、y 有效
  ⋮
}
int main( )                     //主函数
{ int m,n;
⋮
{ int p,q;                      //p、q 在复合语句中有效m、n 有效
⋮
}
}
```

说明：

（1）主函数 main 中定义的变量（m，n）也只在主函数中有效，不会因为在主函数中定义而在整个文件或程序中有效。主函数也不能使用其他函数中定义的变量。

（2）不同函数中可以使用同名的变量，它们代表不同的对象，互不干扰。例如，在 f1 函数中定义了变量 b 和 c，倘若在 f2 函数中也定义变量 b 和 c，它们在内存中占不同的单元，不会混淆。

（3）可以在一个函数内的复合语句中定义变量，这些变量只在本复合语句中有效，这种复合语句也称为分程序或程序块。

（4）形参也是局部变量。例如 f1 函数中的形参 a 也只在 f1 函数中有效。其他函数不能调用。

（5）在 declare 中出现的参数名，其作用范围只在本行的括号内。实际上，编译系统对 declare 中的变量名是忽略的，即使在调用函数时也没有为它们分配存储单元。例如：

```
int max(int a,int b);          //declare中出现a、b
 …
int max(int x,int y)           //函数定义，Formal Parameter是x、y
{ cout<<x<<y<<endl;            //合法，x、y在函数体中有效
cout<<a<<b<<endl;              //非法，a、b在函数体中无效
}
```

编译时认为 max 函数体中的 a 和 b 未经定义。

6.4.2 全局变量

前面已介绍，程序的编译单位是源程序文件，一个源文件可以包含一个或若干个函数。在函数内定义的变量是局部变量，而在函数之外定义的变量是外部变量，称为全局变量，也称全程变量（Global Variable）。全局变量的有效范围为从定义变量的位置开始到本源文件结束。例如：

```
int p=1,q=5;
                               //全局变量c1、c2的作用范围
float f1(a)                    //定义函数f1
int a;
{int b,c;
…
}
char c1,c2;
                               //全局变量p、q的作用范围
char f2 (int x, int y)         //定义函数f2
{int i,j;
…
}
main()                         //主函数
{int m,n;
…
}
```

p、q、c1、c2 都是全局变量，但它们的作用范围不同，在 main 函数和 f2 函数中可以使用全局变量 p、q、c1、c2，但在函数 f1 中只能使用全局变量 p、q，而不能使用 c1 和 c2。

在一个函数中既可以使用本函数中的局部变量，又可以使用有效的全局变量。

说明：

（1）设全局变量的作用是增加函数间数据联系的渠道。

（2）建议非必要时不要使用全局变量，因为以下原因。

1）全局变量在程序的全部执行过程中都占用存储单元，而不是仅在需要时才开辟单元。

2）它使函数的通用性降低了，因为在执行函数时要受到外部变量的影响。如果将一个函数移到另一个文件中，还要将有关的外部变量及其值一起移过去。但若该外部变量与其他文件的变量同名，就会出现问题，降低了程序的可靠性和通用性。在程序设计中，划分模块时

要求模块的内聚性强、与其他模块的耦合性弱。即模块的功能要单一（不要把许多互不相干的功能放到一个模块中），与其他模块的相互影响要尽量少，而用全局变量是不符合这个原则的。

一般要求把程序中的函数做成一个封闭体，除了可以通过“实参—— 形参”的渠道与外界发生联系外，没有其他渠道。这样的程序移植性好，可读性强。

3）使用全局变量过多，会降低程序的清晰性。在各个函数执行时都可能改变全局变量的值，程序容易出错。因此，要限制使用全局变量。

（3）如果在同一个源文件中，全局变量与局部变量同名，则在局部变量的作用范围内，全局变量被屏蔽，即它不起作用。

变量的有效范围称为变量的作用域（scope）。归纳起来，变量有四种不同的作用域：文件作用域（file scope）、函数作用域（function scope）、块作用域（block scope）和函数原型作用域（function prototype scope）。文件作用域是全局的，其他三者是局部的。

除了变量之外，任何以标识符代表的实体都有作用域，概念与变量的作用域相似。

6.5　变量的存储类别

6.5.1　动态存储方式与静态存储方式

上一节已介绍了变量的一种属性——作用域，作用域是从空间的角度来分析的，分为全局变量和局部变量。

变量还有另一种属性——存储期，也称生命期（Storage Duration）。存储期是指变量在内存中的存在期间。这是从变量值存在的时间角度来分析的。存储期可以分为静态存储期（Static Storage Duration）和动态存储期（Dynamic Storage Duration）。这是由变量的静态存储方式和动态存储方式决定的。

所谓静态存储方式是指在程序运行期间，系统对变量分配固定的存储空间；而动态存储方式则是在程序运行期间，系统对变量动态地分配存储空间。

先看一下内存中的供用户使用的存储空间的情况。这个存储空间可以分为三部分，即

（1）程序区。

（2）静态存储区。

（3）动态存储区。

数据分别存放在静态存储区和动态存储区中。全局变量全部存放在静态存储区中，在程序开始执行时给全局变量分配存储单元，程序执行完毕就释放这些空间。在程序执行过程中它们占据固定的存储单元，而不是动态地进行分配和释放。

在动态存储区中存放以下数据。

1）函数中的形参。在调用函数时给形参分配存储空间。

2）函数中的 Auto Variable（未加 static 声明的局部变量，详见后面的介绍）。

3）函数调用时的现场保护和返回地址等。

对以上这些数据，在函数调用开始时分配动态存储空间，函数结束时释放这些空间。在程序执行过程中，这种分配和释放是动态的，如果在一个程序中两次调用同一函数，则要进行两次分配和释放，而两次分配给此函数中局部变量的存储空间地址可能是不相同的。

如果在一个程序中包含若干个函数，每个函数中的局部变量的存储期并不等于整个程序的执行周期，它只是整个程序执行周期的一部分。根据函数调用的情况，系统对局部变量动态地分配和释放存储空间。

在C++语言中，变量除了有数据类型的属性之外，还有存储类别（storage class）的属性。存储类别指的是数据在内存中存储的方法。存储方法分为静态存储和动态存储两大类。

存储方法具体包含四种：自动的（Auto）、静态的（static）、寄存器的（register）和外部的（extern）。根据变量的存储类别，可以知道变量的作用域和存储期。

6.5.2　自动变量

函数中的局部变量，如果不用关键字 static 加以声明，编译系统对它们是动态地分配存储空间的。函数的形参和在函数中定义的变量（包括在复合语句中定义的变量）都属此类。在调用该函数时，系统给形参和函数中定义的变量分配存储空间，数据存储在动态存储区中。在函数调用结束时就自动释放这些空间。如果是在复合语句中定义的变量，则在变量定义时分配存储空间，在复合语句结束时自动释放空间。因此这类局部变量称为自动变量（Auto Variable）。自动变量用关键字 Auto 作存储类别的声明。

例如：

```
int f(int a)                    //定义 f 函数，a 为形参
{auto int b,c=3;                //定义 b 和 c 为整型的自动变量
…
}
```

Storage Class Auto 和数据类型 int 的顺序任意。关键字 Auto 可以省略，如果不写 Auto，则系统把它默认为自动存储类别，它属于动态存储方式。程序中大多数变量属于自动变量。本书前面各章所介绍的例子中，在函数中定义的变量都没有声明为 Auto，其实都默认指定为自动变量。在函数体中以下两种写法作用相同。

1）auto int b,c=3;

2）int b,c=3;

6.5.3　用 static 声明静态局部变量

有时希望函数中的局部变量的值在函数调用结束后不消失而保留原值，即其占用的存储单元不释放，在下一次该函数调用时，该变量保留上一次函数调用结束时的值。这时就应该指定该局部变量为静态局部变量（static Local Variable）。

【例 6.13】 求静态局部变量的值。

```
//此程序在 Visual C++ 6.0 环境下运行通过
#include<iostream.h>
void func();
int n=1;                        //全局变量
void main()
{
static int a;                   //静态局部变量
int b= -10;                     //局部变量
cout<<"a:"<<a<<"b:"<<b<<"n:"<<n<<endl;
        b+=4;
        func();
```

```
cout <<"a:"<<a<<"b:"<<b<<"n:"<<n<<endl;
      n+=10;
      func();}
void func()
{
static int a=2;               //静态局部变量
int b=5;                      //局部变量
a+=2;
n+=12;
b+=5;
cout<<"a:"<<a<<"b:"<<b<<"n:"<<n<<endl;
}
```

运行结果：

```
a: 0 b: -10 n: 1
a: 4 b: 10 n: 13
a: 0 b: -6 n: 13
a: 6 b: 10 n: 35
```

对静态局部变量的说明：

（1）静态局部变量在静态存储区内分配存储单元，在程序整个运行期间都不释放。而动态局部变量（Auto Variable）属于动态存储类别，存储在动态存储区空间（而不是静态存储区空间），函数调用结束后即释放。

（2）为静态局部变量赋初值是在编译时进行的，即只赋初值一次，在程序运行时它已有初值。以后每次调用函数时不再重新赋初值而只是保留上次函数调用结束时的值。而为自动变量赋初值，不是在编译时进行的，而是在函数调用时进行，每调用一次函数重新给一次初值，相当于执行一次赋值语句。

（3）如果在定义局部变量时不赋初值的话，对静态局部变量来说，编译时自动赋初值 0（对数值型变量）或空字符（对字符型变量）。而对自动变量来说，如果不赋初值，则它的值是一个不确定的值。这是由于每次函数调用结束后存储单元已释放，下次调用时又重新另外分配存储单元，而所分配的单元中的值是不确定的。

（4）虽然静态局部变量在函数调用结束后仍然存在，但其他函数是不能引用它的，也就是说，在其他函数中它是“不可见”的。

在什么情况下需要用静态局部变量呢？在需要保留函数上一次调用结束时的值的时候。例如可以用下例中的方法求 *n*!。

【例 6.14】 输出 1～5 的阶乘值（即 1!，2!，3!，4!，5!）。

```
//此程序在 Visual C++ 6.0 环境下运行通过
#include <iostream.h>
int fac(int);                   //声明函数
int main( )
 {int i;
  for(i=1;i<=5;i++)
   cout<<i<<"!="<<fac(i)<<endl;
return 0;
 }
int fac(int n)
```

```
{static int f=1;                  //f 为 Static 局部变量，函数结束时 f 的值不释放
 f=f*n;                           //在 f 原值基础上乘以 n
 return f;
}
```

运行结果：

```
1!=1
2!=2
3!=6
4!=24
5!=120
```

每次调用 fac（i），就输出一个 i，同时保留这个 i！的值，以便下次再乘（i+1）。

如果初始化后，变量只被引用而不改变其值，则这时用静态局部变量比较方便，以免每次调用时重新赋值。

但是应该看到，用静态存储要多占内存，而且降低了程序的可读性。当调用次数多时往往弄不清静态局部变量的当前值是什么。因此，如不必要，不要多用静态局部变量。

6.5.4　用 register 声明寄存器变量

一般情况下，变量的值是存放在内存中的。当程序中用到哪一个变量的值时，由控制器发出指令将内存中该变量的值送到 CPU 中的运算器。经过运算器运算，如果需要存数，再从运算器将数据送到内存中存放。如图 6.5 所示。

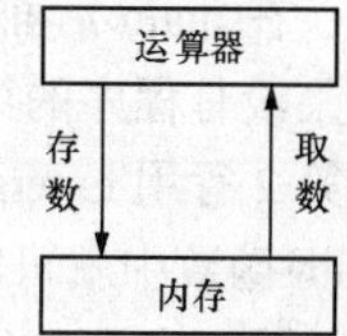

图 6.5　寄存器变量

为提高执行效率，C++语言允许将局部变量的值放在 CPU 中的寄存器中，需要用时直接从寄存器取出参加运算，不必再到内存中去存取。这种变量叫寄存器变量，用关键字 register 作声明。例如，可以将［例 6.14］中的 fac 函数改写如下。

```
int fac(int n)
{  register int i,f=1;          //定义 i 和 f 是寄存器变量
   for(i=1;i<=n;i++) f=f*i;
   return f;
}
```

定义 f 和 i 是存放在寄存器的局部变量，如果 n 的值大，则能节约许多执行时间。在程序中定义寄存器变量对编译系统只是建议性（而不是强制性）的。当今的优化编译系统能够识别使用频繁的变量，自动地将这些变量放在寄存器中。

6.5.5　用 extern 声明外部变量

全局变量是在函数的外部定义的，它的作用域为从变量的定义处开始，到本程序文件的末尾。在此作用域内，全局变量可以为本文件中各个函数所引用。编译时将全局变量分配在静态存储区。有时需要用 extern 来声明全局变量，以扩展全局变量的作用域。

1. 在一个文件内声明外部变量

如果外部变量不在文件的开头定义，其有效的作用范围只限于定义处到文件结束。如果在定义点之前的函数想引用该全局变量，则应该在引用之前用关键字 extern 对该变量作外部变量声明，表示该变量是一个将在下面定义的全局变量。有了此声明，就可以从声明处起，合法地引用该全局变量，这种声明称为提前引用声明。

用 extern 对外部变量作提前引用声明，以扩展程序文件中的作用域。

【例 6.15】 extern 对外部变量的引用声明。

```
//此程序在Visual C++ 6.0环境下运行通过
#include <iostream>
using namespace std;
int max(int,int);           //declare
void main( )
 {extern int a,b;
                            //对全局变量a,b作提前引用声明
 cout<<max(a,b)<<endl;
 }
int a=15,b=-7;              //定义全局变量 a,b
int max(int x,int y)
 {int z;
z=x>y?x:y;
  return z;
 }
```

运行结果：

```
15
```

在 main 后面定义了全局变量 a，b，但由于全局变量定义的位置在函数 main 之后，因此如果没有程序的第 5 行，在 main 函数中是不能引用全局变量 a 和 b 的。现在我们在 main 函数第 2 行用 extern 对 a 和 b 作了提前引用声明，表示 a 和 b 是将在后面定义的变量。这样在 main 函数中就可以合法地使用全局变量 a 和 b 了。如果不作 extern 声明，编译时会出错，系统认为 a 和 b 未经定义。一般都把全局变量的定义放在引用它的所有函数之前，这样可以避免在函数中多加一个 extern 声明。

2. 在多文件的程序中声明外部变量

如果一个程序包含两个文件，在两个文件中都要用到同一个外部变量 num，不能分别在两个文件中各自定义一个外部变量 num。正确的做法是：在任一个文件中定义外部变量 num，而在另一文件中用 extern 对 num 作外部变量声明。即

```
extern int num;
```

编译系统由此知道 num 是一个已在别处定义的外部变量，它先在本文件中找有无外部变量 num，如果有，则将其作用域扩展到本行开始（如上节所述）；如果本文件中无此外部变量，则在程序连接时从其他文件中找有无外部变量 num，如果有，则把在另一文件中定义的外部变量 num 的作用域扩展到本文件，在本文件中可以合法地引用该外部变量 num。

分析以下程序段。

```
file1.cpp                                    file2.cpp
extern int a,b;                             int a=3,b=4;
int main()                                    …
{cout<<a<<","<<b<<endl;
 return 0;
}
```

用 extern 扩展全局变量的作用域，虽然能为程序设计带来方便，但应十分慎重。因为在

执行一个文件中的函数时，可能会改变了该全局变量的值，从而会影响到另一文件中的函数执行结果。

6.5.6 用 static 声明静态外部变量

有时在程序设计中希望某些外部变量只限于被本文件引用，而不能被其他文件引用。这时可以在定义外部变量时加一个 static 声明。对比以下两段程序的不同。

```
file1.cpp                     file2.cpp
static int a=3;               extern int a;
int main ( )                  int fun (int n)
{                             {
  ⋮                             ⋮
}                             a=a*n;
                                ⋮
                              }
```

这种加上 static 声明，只能用于本文件的全局变量称为静态外部变量。这就为程序的模块化、通用性提供了方便。如果已知道其他文件不需要引用本文件的全局变量，可以对本文件中的全局变量都加上 static，成为静态外部变量，以免被其他文件误用。

【注意】

不要误认为用 static 声明的外部变量才采用静态存储方式（存放在静态存储区中），而不加 static 的是动态存储（存放在动态存储区）。实际上，两种形式的外部变量都用静态存储方式，只是作用范围不同而已，都是在编译时分配内存的。

6.6 变量属性小结

一个变量除了数据类型以外，还有三种属性。

（1）存储类别：C++语言允许使用自动的、静态的、寄存器的和外部的四种存储类别。

（2）作用域：指程序中可以引用该变量的区域。

（3）存储期：指变量在内存的存储期限。

以上三种属性是有联系的，程序设计者只能声明变量的存储类别，通过存储类别可以确定变量的作用域和存储期。

要注意存储类别的用法。自动的、静态的和寄存器的三种存储类别只能用于变量的定义语句中，例如：

```
auto char c;                //字符型自动变量，在函数内定义
static int a;               //静态局部整型变量或静态外部整型变量
register int d;             //整型寄存器变量，在函数内定义
extern int b;               //声明一个已定义的外部整型变量
```

【注意】

extern 只能用来声明已定义的外部变量，而不能用于变量的定义。只要看到 extern，就可以判定这是变量声明，而不是定义变量的语句。

下面从不同角度分析它们之间的联系，如表 6.7 所示。

表 6.7　　C++语言中变量声明与变量语句的联系

作用域角度		
局部变量	自动变量	动态局部变量，离开函数，值就消失
	静态局部变量	离开函数，值仍保留
全局变量	静态外部变量	只限本文件引用
	外部变量	非静态的外部变量，允许其他文件引用
变量存储期		
动态存储	自动变量	本函数内有效
	寄存器变量	本函数内有效
静态存储	静态局部变量	函数内有效
	静态外部变量	本文件内有效
变量值存放的位置		
内存中静态存储区	静态局部变量	
	外部变量	可为其他文件引用
	静态外部变量	函数外部静态变量
内存中动态存储区	自动变量和形式参数	

6.7　关于变量的声明和定义

一个函数一般由两部分组成：①声明部分；②执行语句。声明部分的作用是对有关的标识符（如变量、函数、结构体、共用体等）的属性进行说明。对于函数，声明和定义的区别是明显的，函数的声明是函数的原型，而函数的定义是函数功能的确立。对函数的声明是可以放在声明部分中的，而函数的定义显然不在函数的声明部分范围内，它是一个文件中的独立模块。

对变量而言，声明与定义的关系稍微复杂一些。在声明部分出现的变量有两种情况：一种是需要建立存储空间的（如 int a;）；另一种是不需要建立存储空间的（如 extern int a;）。前者称为定义性声明（defining declaration），或简称为定义（definition），后者称为引用性声明（referenceing declaration）。广义地说，声明包括定义，但并非所有的声明都是定义。对“int a;”而言，它是定义性声明，既可说是声明，又可说是定义。而对“extern int a;”而言，它是声明而不是定义。一般为了叙述方便，把建立存储空间的声明称为定义，而把不需要建立存储空间的声明称为声明。显然这里指的声明是狭义的，即非定义性声明。

例如：

```
int main( )
 {extern int a;                //这是声明不是定义。声明 a 是一个已定义的外部变量
 …
 }
int a;                         //是定义，定义 a 为整型外部变量
```

外部变量定义和外部变量声明的含义是不同的。外部变量的定义只能有一次，它的位置

在所有函数之外；而同一文件中的外部变量的声明可以有多次，它的位置可以在函数之内，也可以在函数之外。系统根据外部变量的定义分配存储单元。对外部变量的初始化只能在定义时进行，而不能在声明中进行。所谓声明，其作用是向编译系统发出一个信息，声明该变量是一个在后面定义的外部变量，仅仅是为了提前引用该变量而作的声明。extern 只用作声明，而不用于定义。

用 static 来声明一个变量的作用有以下两个。

（1）对局部变量用 static 声明，使该变量在本函数调用结束后不释放，整个程序执行期间始终存在，使其存储期为程序的全过程。

（2）全局变量用 static 声明，则该变量的作用域只限于本文件模块（即被声明的文件中）。

【注意】 用 Auto、register、static 声明变量时，是在定义变量的基础上加上这些关键字，而不能单独使用。如“static a;”是不合法的，应写成“static int a;”。

6.8 预处理命令

C++源程序中加入一些“编译预处理命令”（preprocessor directives），以改进程序设计环境，提高编程效率。预处理命令是 C++语言统一规定的，但是它不是 C++语言本身的组成部分，编译程序不能识别它们，不能直接对它们进行编译。

C++语言编译系统包括预处理、编译和连接等部分，因此不少用户误认为预处理命令是 C++语言的一部分，甚至以为它们是 C++语句，这是不对的。必须正确区别预处理命令和 C++语句，区别预处理和编译，才能正确使用预处理命令。C++语言与其他高级语言的一个重要区别是可以使用预处理命令和具有预处理的功能。

C++语言提供的预处理功能主要有以下三种。

（1）宏定义。

（2）文件包含。

（3）条件编译。

分别用宏定义命令、文件包含命令、条件编译命令来实现。

【注意】 为了与一般 C++语句相区别，这些命令以符号“#”开头，而且末尾不包含分号。

1. 宏定义

可以用#define 命令将一个指定的标识符（即宏名）来代表一个字符串。定义宏的作用一般是用一个短的名字代表一个长的字符串。它的一般形式为

```
#define 标识符 字符串
```

也就是已经介绍过的定义符号常量。例如：

```
#define PI 3.141 592 6
```

还可以用#define 命令定义带参数的宏定义。其定义的一般形式为

```
#define 宏名(参数表) 字符串
```

例如：

```
#define S(r)  PI*r*r          //定义宏 S(圆面积)，r 为宏的参数
```

使用的形式如下。

```
area=S(3.6)
```

用 3.6 代替宏定义中的形式参数。

由于 C++语言增加了内置函数，比用带参数的宏定义更方便，因此在 C++语言中基本上已不再用#define 命令定义宏了，主要用于条件编译中。具体使用方法如［例 6.16］。

【例 6.16】 #define 命令的具体使用方法。

```
//此程序在 Visual C++ 6.0 环境下运行通过
 #include<iostream.h>
 #define PI 3.141 592 6
 #define S(r) PI*r*r
 main()
{
   double a, area;
   a = 3.6;
   area = S(a);
cout<<"半径为: "<<a<<"    面积为: "<<area<<endl;
}
```

运行结果：

```
半径为: 3.6    面积为: 40.715
```

2. “文件包含”处理

所谓“文件包含”处理是指一个源文件可以将另外一个源文件的全部内容包含进来，即将另外的文件包含到本文件之中。C++语言提供了#include 命令用来实现“文件包含”的操作。

例如：源程序文件 file1.cpp 中有文件包含命令

```
#include "file2.h"
```

则编译预处理程序将 file2.h 文件的全部内容复制并插入到 file1.cpp 文件中的`#include "file2.h"`命令处，即 file2.h 被包含到 file1.cpp 中，并将包含 file2.h 后的 file1.cpp 文件作为一个源程序文件来处理。如图 6.6 所示。

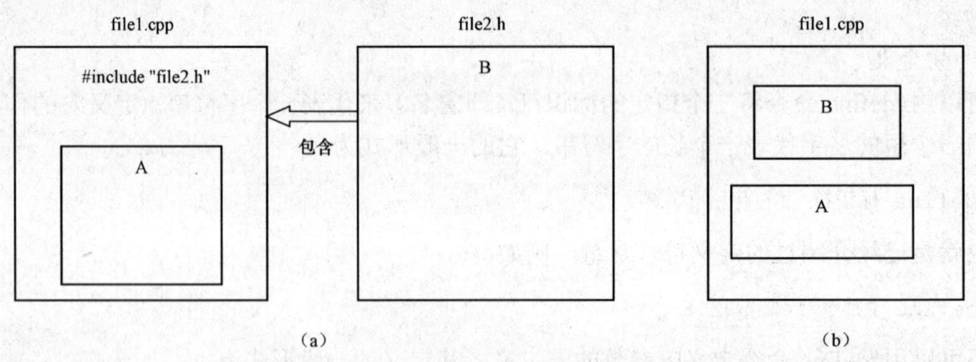

图 6.6 文件包含

(a) 文件包含前；(b) 文件包含后

【例 6.17】 输入两个整数 a 和 b，输出其中较大的一个数。

文件 filemax.h 的内容如下。

```
int max(int x,int y)
{ int z;
  if (x>=y)
    z=x;
  else
    z=y;
  return(z);
  }
```

文件 filemain.cpp 的内容如下。

```
#include <iostream.h>          //包含输入/输出头文件 iostream.h
  void main(void)
{ int a,b,m;
  cout<<"Input a,b:";
  cin>>a>>b;
  m=max(a,b);
  cout<<"max="<<m<<endl;
}
```

预编译预处理后，文件 filemain.cpp 变为如下形式。

```
  #include <iostream.h>          //由于 iostream.h 头文件是由 C++系统提供的，所以此处不再
将该文件展开
int max(int x,int y)
{ int z;
  if (x>=y)
    z=x;
  else
    z=y;
  return(z);
}
void main(void)
{ int a,b,m;
  cout<<"Input a,b:";
  cin>>a>>b;
  m=max(a,b);
  cout<<"max="<<c<<endl;
}
```

经过预编译预处理后，文件 filemax.h 被插入到文件 filemain.cpp 中的#include "filemax.h"处。常用在文件头部的被包含文件称为“标题文件”或“头文件”，常以.h 作为文件的扩展名，当然也可以使用其他的扩展名。

“文件包含”命令是很有用的，它可以节省程序设计人员的重复劳动。

#include 命令的应用很广泛，绝大多数 C++语言程序中都包括#include 命令。现在，库函数的开发者把这些信息写在一个文件中，用户只需将该文件“包含”进来即可（如调用数学函数的，应包含 cmath 文件），这就大大简化了程序。写一行#include 命令的作用相当于写几十行、几百行甚至更多行的内容。这种常用在文件头部的被包含的文件称为“标题文件”或“头文件”。

头文件一般包含以下几类内容。

（1）对类型的声明。

（2）函数声明。

（3）内置函数的定义。

（4）宏定义，用#define 定义的符号常量和用 const 声明的常变量。

（5）全局变量定义。

（6）外部变量声明。如 `entern int a;`。

（7）还可以根据需要包含其他头文件。

不同的头文件包括以上不同的信息，提供给程序设计者使用。这样，程序设计者不需自己重复书写这些信息，只需用一行#include 命令就把这些信息包含到本文件了，大大地提高了编程效率。由于有了#include 命令，就把不同的文件组合在一起，形成一个文件。因此说，头文件是源文件之间的接口。

其实，在#include 命令中，文件名除了可以用尖括号括起来以外，还可以用双引号括起来。#include 命令的一般形式为

```
#include <文件名> 或 #include "文件名"
```

二者的区别是：用尖括号时，系统到系统目录中寻找要包含的文件，如果找不到，编译系统就给出出错信息。有时被包含的文件不一定在系统目录中，这时应该用双引号形式，在双引号中指出文件路径和文件名。

如果在双引号中没有给出绝对路径，如`#include "file2.c"`，则默认为用户当前目录中的文件。系统先在用户当前目录中寻找要包含的文件，若找不到，再按标准方式查找。如果程序中要包含的是用户自己编写的文件，宜用双引号形式。

对于系统提供的头文件，既可以用尖括号形式，也可以用双引号形式，都能找到被包含的文件，但显然用尖括号形式更直截了当，效率更高。

在 C++编译系统中，提供了许多系统函数和宏定义，而对函数的声明则分别存放在不同的头文件中。如果要调用某一个函数，就必须用#include 命令将有关的头文件包含进来。C++的库除了保留 C 语言的大部分系统函数和宏定义外，还增加了预定义的模板和类。但是不同C++库的内容不完全相同，由各 C++编译系统自行决定。不久前推出的 C++标准将库的建设也纳入标准，规范化了 C++标准库，以便使 C++程序能够在不同的 C++语言平台上工作，便于互相移植。新的 C++标准库中的头文件一般不再包括后缀.h，例如`#include <string>`。

但为了使大批已有的C语言程序能继续使用，许多C++编译系统保留了C语言的头文件，即提供两种不同的头文件，由程序设计者选用。例如：

```
#include <iostream.h>        //C 形式的头文件
#include <iostream>          //C++形式的头文件
```

效果基本上是一样的，建议尽量用符合 C++标准的形式，即在包含 C++头文件时一般不用后缀。如果用户自己编写头文件，可以用.h 为后缀。

3. 条件编译

一般情况下，在进行编译时对源程序中的每一行都要编译。但是有时希望程序中某一部分内容只在满足一定条件时才进行编译，也就是指定对程序中的一部分内容进行编译的条件。

如果不满足这个条件，就不编译这部分内容。或者希望当满足某条件时对一组语句进行编译，而当条件不满足时则编译另一组语句。这就是“条件编译”。

常用的条件编译命令有以下形式。

形式一：

```
#ifdef 标识符
   程序段 1
#else
   程序段 2
#endif
```

它的作用是：当所指定的标识符已经被#define命令定义过，则在程序编译阶段只编译程序段1，否则编译程序段2。#endif用来限定#ifdef命令的范围，其中#else部分也可以没有。

形式二：

```
#if 表达式
   程序段 1
#else
   程序段 2
#endif
```

它的作用是：当指定的表达式值为真（非零）时就编译程序段1，否则编译程序段2。可以事先给定一定条件，使程序在不同的条件下执行不同的功能。

在调试程序时，常常希望输出一些所需的信息，而在调试完成后不再输出这些信息。可以在源程序中插入条件编译段。下面是一个简单的示例。

【例 6.18】 调试程序的方法。

```
//此程序在 Visual C++ 6.0 环境下运行通过
#include <iostream.h>
#define RUN                                         //在调试程序时使之成为注释行
void main( )
{
   int x=1,y=2,z=3;
   #ifndef RUN                                      //本行为条件编译命令
      cout<<"x="<< x <<",y="<< y <<",z="<< z ;//在调试程序时需要输出这些信息
      cout<<endl;
   #endif                                           //本行为条件编译命令
      cout<<"x*y*z="<<x*y*z<<endl;
}
```

第3行用#define命令的目的不在于用RUN代表一个字符串，而只是表示已定义过RUN，因此RUN后面写什么字符串都无所谓，甚至可以不写字符串。在调试程序时去掉第3行（或在行首加//，使之成为注释行），由于无此行，故未对RUN定义，第6行据此决定编译第7行，运行时输出x，y，z的值，以便用户分析有关变量当前的值。

运行结果：

```
x=1, y=2, z=3
x*y*z=6
```

在调试完成后，运行之前，加上第3行，重新编译。由于此时RUN已被定义过，则该

cout 语句不被编译，因此在运行时不再输出 x，y，z 的值。

运行结果：

```
x*y*z=6
```

习 题

一、选择题

1．以下关于函数的叙述中正确的是（　　）。

A．C 语言程序将从源程序中第一个函数开始执行

B．可以在程序中由用户指定任意一个函数作为主函数，程序将从此开始执行

C．C 语言规定必须用 main 作为主函数名，程序将从此开始执行，在此结束

D．main 可作为用户标识符，用以定义任意一个函数

2．以下关于函数叙述中，错误的是（　　）。

A．函数未被调用时，系统将不为形参分配内存单元

B．实参与形参的个数应相等，且实参与形参的类型必须对应一致

C．当形参是变量时，实参可以是常量、变量或表达式

D．形参可以是常量、变量或表达式

3．函数调用时,当实参和形参都是简单变量时，他们之间数据传递的过程是（　　）。

A．实参将其地址传递给形参，并释放原先占用的存储单元

B．实参将其地址传递给形参，调用结束时形参再将其地址回传给实参

C．实参将其值传递给形参，调用结束时形参再将其值回传给实参

D．实参将其值传递给形参，调用结束时形参并不将其值回传给实参

4．若函数调用时,用数组名作为函数的参数，以下叙述中正确的是（　　）。

A．实参与其对应的形参共用同一段存储空间

B．实参与其对应的形参占用相同的存储空间

C．实参将其地址传递给形参，同时形参也会将该地址传递给实参

D．实参将其地址传递给形参，等同实现了参数之间的双向值的传递

5．C++语言规定，程序中各函数之间（　　）。

A．既允许直接递归调用也允许间接递归调用

B．不允许直接递归调用也不允许间接递归调用

C．允许直接递归调用不允许间接递归调用

D．不允许直接递归调用允许间接递归调用

二、读程序写结果

1．请写出以下程序的结果________。

```
#include <iostream.h>
int fun(int x,int y,int z)
{
  z =x*x+y*y;
  return z;
```

```
}
void main ( )
{
  int a=31;
  fun (6,3,a);
  cout<<a<<endl;
}
```

2. 请写出以下程序的结果________。

```
#include <iostream.h>
int f()
{
  static int i=0;
  int s=1;
  s+=i;
  i++;
  return s;
}
void main()
{
  int i,a=0;
  for(i=0;i<5;i++)
    a+=f();
  cout<<a<<endl;
}
```

3. 请写出以下程序的结果________。

```
#include <iostream.h>
void fun(int *s, int m, int n)
{
   int t;
   while(m<n)
   {
       t=s[m];
       s[m]=s[n];
       s[n]=t;
       m++;
       n--;
   }
}
void main()
{
  int a[5]={1,2,3,4,5},k;
  fun(a,0,4);
  for(k=0;k<5;k++)
    cout<<a[k]<<" ";
  cout<<endl;
}
```

4. 请写出以下程序的结果________。

```
#include <iostream.h>
```

```
int fun(char s[])
{
  int n=0;
  while(*s<='9'&&*s>='0')
  {
      n=10*n+*s-'0';
      s++;
  }
  return(n);
}
void main()
{
  char s[10]={'6','1','*','4','*','9','*','0','*'};
  cout<<fun(s)<<endl;
}
```

5．请写出以下程序的结果________。

```
#include <iostream.h>
int fun(int x)
{
  int y;
  if(x==0||x==1) return(3);
  y=x*x-fun(x-2);
  return y;
}
void main()
{
  int x,y;
  x=fun(3);
  y=fun(4);
  cout<<"x="<<x<<",y="<<y<<endl;
}
```

三、编程题

1．请用自定义函数的形式编程实现，求 $s=m!+n!+k!$，m、n、k 从键盘输入（值均小于 7）。

2．请用自定义函数的形式编程实现求 10 名学生 1 门课程成绩的平均分。

3．请编写两个自定义函数，分别实现求两个整数的最大公约数和最小公倍数，并用主函数调用这两个函数，输出结果（两个整数由键盘输入得到）。

4．已知二阶 Fibonacci 数列：

$$Fib(n)=\begin{cases}0 & \text{若 } n=0\\ 1 & \text{若 } n=1\\ Fib(n-1)+Fib(n-2) & \text{其他情况}\end{cases}$$

请编写一个递归函数，实现求 $Fib(n)$。

第7章 类 与 对 象

随着各行各业信息化应用领域对软件产品需求的日益增加，程序开发者们通常需要多人合作方能完成大型软件系统的开发。然而，传统的结构化程序设计（Structure Programming，SP）方法是一种面向数据、面向过程的程序设计方法，它将数据及对数据的处理过程分开，这给软件的调试、维护带来很多困难。为了解决这些问题，人们提出面向对象程序设计（Object Oriented Programming，OOP）的思想。

面向对象程序设计技术的五个基本概念是类（Class）、对象（Object）、方法（Method）、消息（Message）和继承（Inheritance）。

前面6章是一些基础知识，各种语言的描述方法基本一样。从本章开始，将更多地使用面向对象的思想来解决问题。在面向对象程序设计中，最基本的概念是类，类的基本特征包括抽象、封装、继承和多态。在C++语言中类是建立在抽象数据类型基础之上的，而类的实例化会形成一个个具体的对象。

本章将介绍类与对象的概念及构成、类成员函数的重载及类之间的关系。

7.1 面向对象程序设计方法概述

7.1.1 什么是面向对象程序设计

面向对象程序设计的思路和人们日常生活中处理问题的思路是相似的。在自然世界和社会生活中，一个复杂的事物总是由许多部分组成的。

例如，人们为了生产汽车，分别设计和制造发动机、底盘、车身和轮子，最后把它们组装在一起。在装配汽车时，各组成部分之间有一定的联系，互相协调运转。这就是面向对象程序设计的基本思路。为了进一步说明问题，下面先讨论与面向对象设计相关的基本概念。

1. 对象

客观世界中任何一个事物都可以看成是一个对象。对象可大可小，是构成系统的基本单位。任何一个对象都应当具有两个要素，即属性（Attribute）和行为（Behavior），一个对象往往是由一组属性和一组行为构成的。对象根据外界提供的信息执行相应的操作。

同一个系统中的多个对象之间相互关联，如图7.1所示。对象之间通过发送和接收消息而互相联系，要使某一个对象实现某一种行为（即操作），应当向它传送相应的消息。

使用面向对象程序设计方法设计一个复杂的软件系统时，首要的问题是确定该系统由哪些对象组成，并分别设计它们。在C++语言中，每个对象都是由属性和行为（即数据和函数）这两部分组成的，如图7.2所示。数据体现了对象的"属性"，如一个三角形，它的三个边长就是它独有的属性。函数是用来对数据执行操作，以便实现某些功能，例如可以通过边长计算出三角形的周长、面积，并输出相关信息。计算三角形周长、面积、输出有关数据就是该三角形对象的行为，在程序设计中也称为方法。调用对象中的函数就是向该对象传送一个消息，要求该对象实现某一行为。

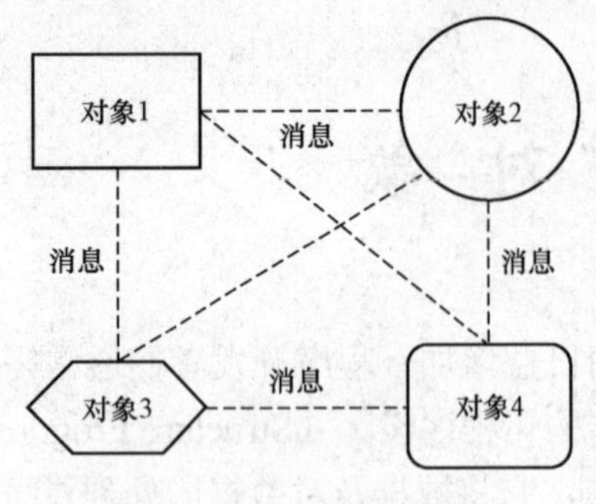

图 7.1 对象之间的联系

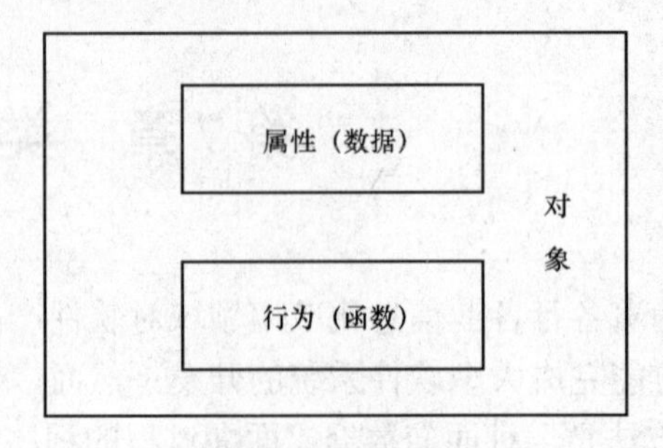

图 7.2 对象的组成

2. 封装与信息隐蔽

可以对一个对象进行封装处理，把它的一部分属性和功能对外界屏蔽，也就是说从外界是看不到的，甚至是不可知的。这样做的好处是可以大大降低操作对象的复杂程度。

面向对象程序设计方法的一个重要特点就是“封装性”(Encapsulation)，所谓“封装性”，指两方面的含义：一是将有关的数据和函数封装在一个对象中，形成一个基本单位，各个对象之间相对独立，互不干扰；二是将对象中某些部分对外隐蔽，即隐蔽其内部细节，只留下少量接口，以便与外界联系，接收外界的消息。这种对外界隐蔽的做法称为信息隐蔽(Information Hiding)。信息隐蔽还有利于数据安全，防止无关的人了解和修改数据。

C++语言的对象中的方法名就是对象的对外接口，外界可以通过方法名来调用它们，实现某些行为（功能）。这些将在以后详细介绍。

3. 抽象

在面向对象程序设计中，常用到抽象（Abstraction）这一名词。对象是客观世界中具体存在的。抽象是指将一组对象的共性归纳、集中的过程。抽象的目的是为了获取同一类事物的本质。例如，可以将一个三条边分别为 3cm、4cm、5cm 的形状视为一个对象，则 10 个相似的具有三条边的形状就是 10 个对象。考虑到这些形状具有相同的属性和行为，可以将它们抽象为一种类型，即三角形类型。在 C++语言中，从对象中抽象得到的类型称为“类”。又如，C 语言和 C++语言中的数据类型也是对某些具体的数据对象的抽象。

类是由对象抽象得到的，与之相对，对象是类的特例，或者说是类的具体表现。

4. 继承与重用

如果在软件开发中已经建立了一个名为 A 的类，又想另外建立一个名为 B 的类，而后者与前者有较多相同部分，此外又在前者的基础上增加了一些属性和行为。为了描述类B，只需在保留类 A 某些部分的基础上，再增加一些新内容即可。这就是面向对象程序设计中的继承机制。利用继承可以简化程序设计的复杂性和重复性。

例如：“白马”继承了“马”的基本特征，又增加了新的特征（“白”颜色）。“马”是父类，或称为基类（Base Class）；“白马”继承“马”的某些特性，称为子类或派生类（Derived Class）。

C++语言提供了继承机制，采用继承的方法可以很方便地利用一个已有的类建立一个新类。这就是常说的“软件重用”（Software Reusability）的思想。

5. 多态性

假设有几个相似而不完全相同的对象，人们要求在向它们发出同一个消息时，它们的反应各不相同，分别执行不同的操作。例如，在 Windows 环境下，用鼠标双击某个文件对象（这就相当于向对象传送一个消息），如果对象是一个可执行文件，则会直接运行此程序；如果对象是一个文本文件，则启动文本编辑器并打开该文件。

在 C++语言中，所谓多态性（Polymorphism）是指：由继承而产生的相关的不同的类，其对象对同一消息会作出不同的响应。多态性是面向对象程序设计的一个重要特征，能增加程序的灵活性。

7.1.2　面向对象程序设计的特点

传统的面向过程程序设计是围绕数据和功能进行的，用一个函数实现一个功能。所有的数据都是相对独立的，一个函数可以使用任何一组数据，而一组数据又能被多个函数所使用，如图 7.3 所示。

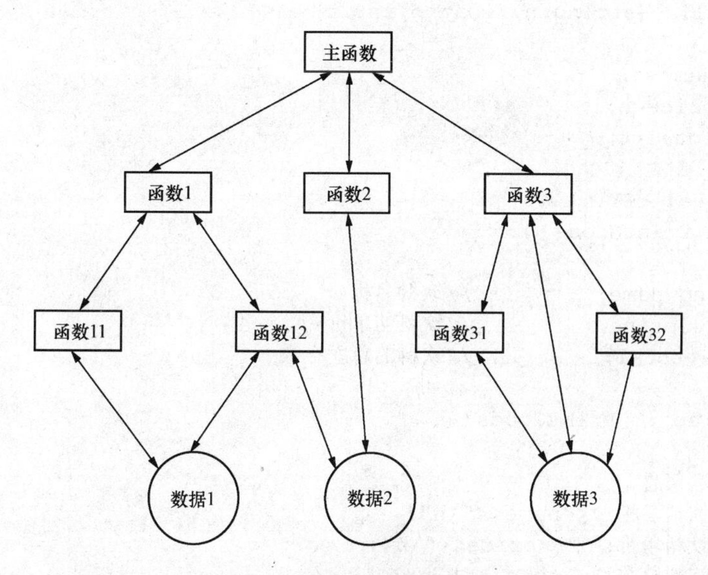

图 7.3　函数与数据的关系

面向对象程序设计的核心是类和对象。数据从属于某个对象，将对象相互区别开。一组操作调用一组数据，通过某种操作处理数据实现程序的功能。

采用面向对象的程序设计方法，程序开发者的任务包括以下两个方面。

（1）设计所需的各种类和对象，即决定把哪些数据和操作封装在一起。

（2）考虑如何在有关对象间传递消息，以完成所需的任务。这时他如同一个总调度，不断地向各个对象发出命令，让这些对象活动起来（或者说激活这些对象）。各个对象的操作完成了，整体任务也就完成了。

显然，对于一个大型软件系统开发来说，面向对象程序设计方法是十分有效的，它能大大降低程序设计人员的工作难度，减少出错机会。

7.1.3　类的含义

类实际是一种新的数据类型，它由数据成员和函数成员所组成。

类是用户自定义的一种数据类型（User Defined Data Type）。类由表示事物属性的数据成员与表示事物行为的成员函数组成。通过将不同类型的数据和与这些数据相关的操作封装在一起形成集合体（称之为类的封装性），类实现了对现实世界的事物对象的抽象。类可以看成是对同一类对象的抽象，对象是由类生成的实例，可以将对象理解成是类的变量。也就是说，类与对象的关系，类似于数据类型与具体变量的关系。

【例 7.1】 假设你是一间饮料店的老板，售卖各种饮料。为了给顾客展示本店售卖的不同饮料的名称、单价及数量，需要设计一个类 CYinliao。

```
//本章所有程序在 Visual C++ 6.0 环境下运行通过
#include <iostream>
#include <string>
using namespace std;
class CYinliao
{
    public:
        CYinliao(string n,float p,int t)
        {
            name=n;
            price=p;
            total=t;
        };
        virtual ~CYinliao();
        void PrintGoods();
    private:
        string name;          //饮料名称
        float price;          //饮料的单价
        int   total;          //饮料的总库存数
};
void CYinliao :: PrintGoods()
{
    //输出饮料信息
    cout<<"饮料名称:"<<name<<"\n";
    cout<<"饮料单价:￥"<<price<<"\n";
    cout<<"饮料总数:"<<total<<"\n";
};
void main()
{
   CYinliao CocaCoca("可口可乐", 3.5, 30);
   cout<<"******这是 CYinliao 的第 1 个对象******"<<"\n";
   CocaCoca.PrintGoods();
   CYinliao PepsiCola("百事可乐", 3.2, 20);
   cout<<"******这是 CYinliao 的第 2 个对象******"<<"\n";
   PepsiCola.PrintGoods();
}
```

运行结果：

```
******这是 CYinliao 的第 1 个对象******
饮料名称:可口可乐
饮料单价:￥3.5
饮料总数:30
******这是 CYinliao 的第 2 个对象******
饮料名称:百事可乐
饮料单价:￥3.2
饮料总数:20
```

［例 7.1］实现了 CYinliao 类的定义，并生成了两个对象，分别是 CocaCoca 和 PepsiCola。该例中，表示属性的数据成员和表示方法的函数都被封装在一个称作 CYinliao 的类里，这个类具有抽象数据类型的特点，既包含用于描述饮料基本特征及其取值约束的数据成员（通过 string name，float price 和 int total 三个属性来描述），同时又包含了对饮料信息输出打印的函数 PrintGoods( )。

相对类与对象的外部而言，我们可以将类或对象看作是一个整体。描述类的属性和方法时，可以加上访问修饰符，如 public、private、protected 等。按照访问权限可以划分为：只允许类对象自己的成员函数和友元函数访问的私有成员（private）；允许类对象自己的成员函数及其子类对象访问的保护成员（protected）；允许外部函数访问的公有成员（public）。属性和针对属性的操作都由对象自身的成员函数来负责。对私有类成员的访问只能通过类提供的公有函数（对外接口）来实现，而在类对象的外部不能被访问。

在［例 7.1］中，类 CYinliao 的属性 name、price 和 total 都是私有成员，外部 main 函数不能直接访问。类对象 CocaCoca 和 PepsiColap 可以访问自身的公有成员 PrintGoods( )，外部 main 函数通过类的公有成员函数（接口）可以间接访问类的私有成员。这种访问限制体现了类的封装性，如图 7.4 所示。

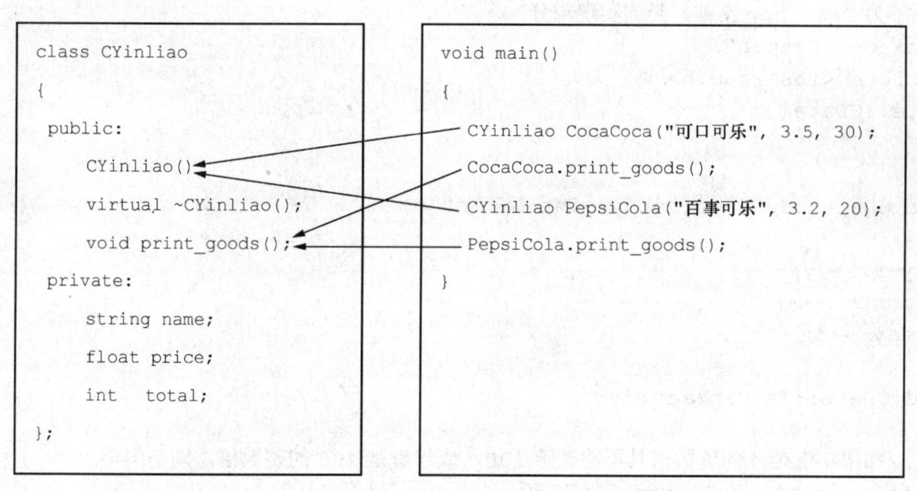

图 7.4 对象的封装性

在［例 7.1］中，出现了作用域运算符::，用来标识某个成员函数是属于哪个类的。也可以将成员函数的实现直接放在类体内，这样在实现成员函数时不需要再加作用域运算符。

关于类的定义需要说明的问题如下。

（1）在类的定义体中不允许对所定义的数据成员直接进行初始化，对数据成员的赋值操作一般通过构造函数或者成员函数来实现。

（2）类中的数据成员的类型可以是任意的，包含整型、浮点型、字符型、数组、指针和引用等，也可以是对象。另一个类的对象，可以作该类的成员，但是自身类的对象是不可以的，而自身类的指针或引用又是可以的。当另一个类的对象作为这个类的成员时，如果另一个类的定义在后，需要提前说明。

（3）一般地，在类体内应先说明公有成员，它们是用户所关心的，后说明私有成员，它们是用户不感兴趣的。在说明数据成员时，最好按照数据成员的类型大小，由小至大说明，这样可提高空间利用率。

（4）习惯上，将类定义的说明部分放到一个扩展名为.h 的头文件中，而将实现部分放到同名的扩展名为.cpp 的文件中；或者将整个类的定义（包含实现部分）都放到一个头文件中。

【例 7.2】 饮料店开业了，为了招揽顾客，需要设计促销方案。老板设定每月的 9 日、19 日、29 日为 9 折促销日。闰年或非闰年，每年 9 折促销日活动的次数不同。我们定义一个时间类，可以输出当前时间，进而判断本年度 9 折促销活动的次数。设计类 CDate。

```
//以下为 Date.h 文件，类的声明部分
class CDate
{
public:
   CDate();
   void SetDate(int y, int m, int d);
   void IsLeapYear();
   void PrintDate();
private:
   int year, month, day;    //数据成员
};
//以下为 Date.cpp 文件，类的实现部分
#include "Date.h"
#include <iostream.h>
CDate::CDate()
{
}
void CDate::SetDate(int y, int m, int d)
{
   year = y;
   month = m;
   day = d;
}
void CDate::IsLeapYear()
{
   //如果年份是 4 的整数倍且不能整除 100，或年份是 400 的整数倍，则是闰年
   if((year%4==0 && year%100!=0) || (year%400==0))
   {
      cout<<year<<"年是闰年，全年共有 9 折促销活动 36 次。"<<"\n";
   }
   else
   {
      cout<<year<<"年不是闰年，全年共有 9 折促销活动 35 次。"<<"\n";
   }
}
void CDate::PrintDate()
{
   cout<<year<<"/"<<month<<"/"<<day<<"\n";
}
//以下为 main.cpp 文件
#include "Date.h"
void main()
{
```

```
    CDate t;
    t.SetDate(2012,2,28);
    t.PrintDate();
    t.IsLeapYear();
}
```

运行结果：

```
2012/2/28
2012 年是闰年，全年共有 9 折促销活动 36 次。
```

常见的对象中成员的引用方法主要有以下几种。

（1）访问对象中成员的一般形式为“对象名.成员名”。

（2）通过对象的引用变量来访问对象中的成员。如果为一个对象定义了一个引用变量，它们因为共占同一段存储单元，所以它们是同一个对象，只是用不同的名字表示而已。因此完全可以通过引用变量来访问对象中的成员。

如果已声明了 CTime 类：

```
class CTime
{
  public:                    //数据成员是公用的
      int hour;
      int minute;
};
```

则有以下定义语句：

```
CTime t1;                    //定义对象
CTime &t2=t1;                //定义 CTime 类引用变量 t2，并使之初始化为 t1
cout<<t2.hour;               //输出对象 t1 中的成员 hour
```

（3）用指针访问对象中的成员。方法如下。

```
CTime t,*p;                  //定义对象 t 和指针变量 p
p=&t;                        //使 p 指向对象 t
cout<<p->hour;               //输出 p 指向的对象中的成员 hour
//在 p 指向 t 的前提下，p->hour，(*p).hour 和 t.hour 三者等价
```

7.1.4 类与对象的特殊成员

1. 构造函数与析构函数

构造函数（Constructor）是一种特殊的成员函数。其特殊性表现在：名字与类名相同；在对象产生时自动调用；在类中可以被重载；若用户没有显式定义构造函数，则系统自动生成一个无参数的构造函数（这对于数组对象的产生是非常有必要的）。

由于构造函数是特殊的公有成员函数，特别说明如下。

（1）函数名必须与类名相同。

（2）构造函数无函数返回类型说明。这里需要注意的是“没有”而不是 void，即什么也不写，实际上构造函数有返回值，返回的就是构造函数所创建的对象。

（3）在程序运行时，当新的对象被建立时，该对象所属的类的构造函数自动被调用，在该对象生存周期中也只调用一次。

（4）构造函数可以重载。严格地讲，类的说明中可有多个构造函数，它们由不同的参数

表区分，系统在自动调用时按一般函数的重载选一个执行。

（5）构造函数可以在类体中定义。

（6）如果类说明中没有给出构造函数，则C++编译器自动给出一个默认的构造函数，而且默认的构造函数只能有一个。

析构函数（Destructor）也是一种特殊的构造函数。其特殊性表现在：名字为类名加“~”符号；在对象销毁的时候自动调用；无参数，因此也就不能被重载；若用户没有显式定义析构函数，则系统自动生成一个默认析构函数。

对析构函数的说明如下。

（1）析构函数名也与类名相同，并在前面加上符号“～”。

（2）析构函数无函数返回类型，且不带任何参数。

（3）一个类有且只有一个析构函数，这与构造函数不同。析构函数可以省略。

（4）析构函数可以被调用，也可以由系统调用。在下面两种情况下，析构函数会被自动调用：如果一个对象被定义在一个函数体内，则当这个函数结束时，该对象的析构函数自动调用；当一个对象是使用new运算符动态创建的，在使用delete运算符释放它时，delete将自动调用析构函数。

【例7.3】 饮料店是24h营业的，为了统计饮料店每天不同时间段的营业情况，老板准备统计每小时售出的饮料情况。需要设计一个类CMyTime。

```
//以下为MyTime.h文件，类的声明部分
class CMyTime
{
public:
    int hour,*time;
    CMyTime();
    CMyTime(int h);
    virtual ~CMyTime();
};
//以下为MyTime.cpp文件，类的实现部分//
#include "MyTime.h"
#include <iostream>
using namespace std;
CMyTime::CMyTime()
{
hour=0;
}
CMyTime::CMyTime(int h)
{
hour=h;
time=new int[h];
}
CMyTime::~CMyTime()
{
if(time!=NULL)
    delete []time;
}
//以下为main.cpp文件
```

```
#include "MyTime.h"
void main()
{
CMyTime t1,t2(3);
}
```

【例 7.4】中，在生成对象 t1 的同时，执行构造函数 t1.CMyTime()；在生成对象 t2 的同时，执行带参数的构造函数，并将实参 3 赋值给形参变量，即隐含的调用形式为 t2.CMyTime(3)。在函数结束时 t1 自动调用 t1 的析构函数 t1.~CMyTime()，同理 t2 自动调用 t2 的析构函数 t2.~CMyTime()。该对象的意思是，现在是 3 点，通过调用带参数的构造函数 CMyTime(int h)，产生数组，分别用于存储 1 点、2 点、3 点的营业情况。

2. 静态成员

静态成员就是在类成员定义中用关键字 static 修饰的成员。静态成员的提出是为了解决数据共享问题，在类中，静态成员分为静态数据成员和静态成员函数。所谓静态，有两层含义：一是静态成员的生命周期与全局变量一样，即使没有生成对象也在内存中；二是静态成员可以实现由同一类所生成的不同对象之间的数据共享，也就是说静态成员是类的所有对象中共享的成员，而不是某个对象的成员。

使用全局变量或对象也可以实现数据共享，但使用全局变量或对象有局限性。表现为：在程序内任何地方都可以改变全局变量的值，这就降低了程序的安全性。

为了实现多个对象之间的数据共享，可以不使用全局变量，而使用静态的数据成员。使用静态数据成员可以节省内存，这是因为对多个对象来说，静态数据成员只存储一处，供所有由同一个类生成的对象共用。静态数据成员的值对每个对象都是一样，但它的值是可以更新的。只要对静态数据成员的值更新一次，就能保证所有对象存取的是更新后的相同的值，这样可以提高时间效率。

【例 7.5】将［例 7.3］进行修改，演示静态数据成员在类中的使用。修改部分字体被加粗。

```
//以下为 MyTime.h 文件，类的声明部分
class CMyTime
{
public:
    int hour,*time;
    CMyTime();
    CMyTime(int h);
    void PrintMyTime();
    static void SetMinute();
    virtual ~CMyTime();
private:
    static int minute;
};
//以下为 MyTime.cpp 文件的修改，类的实现部分
//增加静态函数成员的实现，静态数据成员的初始化
void CMyTime::PrintMyTime()
{
    cout<<hour<<":"<<minute<<"--"<<"\n";
}
```

```
void CMyTime::SetMinute()
{
    cout<<"请输入分钟:"<<"\n";
    cin>>minute;
}
int CMyTime::minute =0;
//以下为main.cpp文件
#include "MyTime.h"
void main()
{
    CMyTime t1,t2(3);
    t1.PrintMyTime();
    t2.PrintMyTime();
    cout<<"******通过对象t1修改minute******"<<"\n";
    t1.SetMinute();
    t1.PrintMyTime();
    t2.PrintMyTime();
}
```

运行结果:

```
0:0--
3:0--
******通过对象t1修改minute ******
请输入分钟:
20
0:20--
3:20--
```

从输出结果可以看到 minute 的值对于对象 t1 和对象 t2 都是相等的。这是因为数据成员 minute 和函数成员 SetMinute()都是静态的。

【注意】

(1)静态数据成员和静态函数成员在定义或说明时,必需加关键字 static。

(2)如果静态数据成员被定义为私有的,则不能在类外直接引用,而必须通过公用的成员函数引用。

(3)静态成员初始化与一般数据成员初始化不同。

(4)静态数据成员是类的所有对象共享的成员,而不是某个对象的成员,所以必须初始化。

静态数据成员是静态存储的,它是静态生存期,必须对它进行初始化。格式如下。

<数据类型> <类名>::<静态数据成员名>=<值>

对其格式的特别说明如下。

(1)初始化是在类体外进行,而前面不加 static,以免与一般静态变量或对象相混淆。

(2)初始化时不加该成员的访问权限控制符 private、public 等。

(3)初始化时使用作用域运算符来标明它所属的类,因此,静态数据成员是类的成员,而不是对象的成员。

引用静态数据成员时,采用如下格式。

<类名>::<静态成员名>

如果静态数据成员的访问权限允许的话（如 public），可在程序中，按上述格式来引用静态数据成员。

3. 类的友元

类的友元是指能够访问类的私有成员或保护成员，但其本身又不属于该类的函数。我们已知道类具有封装和信息隐蔽的特性。但是在有些情况下需要非类成员函数来访问其私有或者保护成员，主要有两种：一是运算符重载的要求；二是在对某些成员函数多次调用时，由于参数传递、类型检查和安全性检查等都需要时间开销，会影响程序的运行效率。

友元可以是一个不属于任何类的全局函数，该函数被称为友元函数；友元也可以是另一个类的成员函数，称为友元成员函数；也可以是另一个类，该类被称为友元类。

友元函数是全局函数，其操作类对象的私有或保护成员是通过声明为类的友元实现的，如 [例 7.6]。

【例 7.6】 定义类 CPoint，演示友元函数的使用。

```
//以下为 Point.h 文件，类的声明部分
class CPoint
{
public:
    friend double Distance(CPoint &a, CPoint &b);
    CPoint();
    CPoint(double p_x, double p_y);
    virtual ~CPoint();
private:
    double x, y;
};
//以下为 Point.cpp 文件，类的实现部分
#include "Point.h"
CPoint::CPoint()
{
    x=0;
    y=0;
}
CPoint::CPoint(double p_x, double p_y)
{
    x=p_x;
    y=p_y;
}
CPoint::~CPoint()
{
}
//以下为 main.cpp 文件
#include "Point.h"
#include <iostream>
#include <math.h>
using namespace std;
double Distance(CPoint &a, CPoint &b)
{
```

```
    double d_x = a.x - b.x;
    double d_y = a.y - b.y;
    return sqrt(d_x*d_x+d_y*d_y);
}
void main()
{
    CPoint p1(1,1),p2(4,5);
    //double d=Distance(p1,p2);
    cout<<"******p1 与 p2 的距离为******"<<"\n";
    cout<<Distance(p1,p2)<<"\n";
}
```

运行结果：

```
******p1 与 p2 的距离为******
5
```

函数 double Distance（CPoint &a, CPoint &b）是不属于任何类的全局函数，但是在类 CPoint 中，用 friend 关键字声明其为类 Point 的友元函数。这样，该函数可以访问作为参数传递过来的类 CPoint 的对象 a 与 b 的私有成员 x 与 y。

类的友元函数也被用于函数运算符重载中，如［例 7.7］。

【例 7.7】 修改［例 7.6］，演示友元函数在函数运算符重载中的使用。修改部分字体被加粗。

```
//以下为 Point.h 文件，类的声明部分
class CPoint
{
public:
    friend double Distance(CPoint &a, CPoint &b);
    friend CPoint operator +(CPoint oa,CPoint ob);
    CPoint();
    CPoint(double p_x, double p_y);
    virtual ~CPoint();
private:
    double x, y;
};
//以下为 main.cpp 文件
#include "Point.h"
#include <iostream>
using namespace std;
CPoint operator +(CPoint oa,CPoint ob)
{
    CPoint vector;
    vector.x=oa.x+ob.x;
    vector.y=oa.y+ob.y;
    return vector;
}
void main()
{
    CPoint o(0,0),p1(1,1),p2(4,5);
    cout<<"******向量 op1 与向量 op2 加和的模为******"<<"\n";
```

```
    cout<<Distance(o,p1+p2)<<"\n";
}
```

运行结果：

```
******向量 op1 与向量 op2 加和的模为******
7.810 25
```

一个类的成员函数作为另一个类的友元，通过友元成员函数可以使得两个不同的类进行合作。[例 7.8] 为友元成员函数的例子。

【例 7.8】 友元成员函数的使用。

```
#include <iostream>
using namespace std;
class Real;
class Integer
{
public:
 long i;
 Integer (){ i=0; }
 Integer (long l){ i=l; };
 void RealtoInt(Real ob);
};
class Real
{
public:
 float r;
 Real(){r=0.0;}
 Real(float f){r=f;}
 friend void RealtoInt(Real ob);
};
void Integer::RealtoInt(Real ob)
{
 (int)ob.r;
}
void main()
{
 Real r;
 Integer i(16.8);
 i.RealtoInt(r);
 cout<<i.i<<"\n";
}
```

运行结果：

```
16
```

[例 7.8] 中类 Integer 的成员函数 RealtoInt 被声明为类 Real 的友元成员函数，从而可以给传递过来的对象 Real 赋值。

当一个类作为另一个类的友元时，这就意味着这个类的所有成员函数都是另一个类的友元函数。使用友元类时需要注意以下几点。

（1）友元关系不能被继承。

（2）友元关系是单向的，不具有交换性。若类 B 是类 A 的友元，类 A 不一定是类 B 的友元，要看在类中是否有相应的声明。

（3）友元关系不具有传递性。若类 B 是类 A 的友元，类 C 是 B 的友元，类 C 不一定是类 A 的友元，同样要看类中是否有相应的声明。

4. 类模板

使用类模板可以让用户为类定义一种模式，使得类中的某些数据成员、某些成员函数的参数、某些成员函数的返回值能取任意类型。为了定义类模板，应在类的说明之前加上一个模板参数表，参数表里的类型名用来说明成员数据和成员函数的类型。

模板的定义格式如下。

```
Template<模板参数表>
```

对其格式的特别说明如下。

（1）模板参数表中可以包含下列内容。

1）<类标识符>

2）<类说明符><标识符>

使用一个模板类来建立对象时，使用下面的格式。

```
模板<模板参数表>对象名 1，对象名 2，…，对象名 n;
```

（2）与函数模板一样，C++语言支持参数化类型的类，是对类的抽象。我们可以将一个具有相似特征和操作的类抽象成类模板，如［例 7.9］所示。

【例 7.9】 类模板的使用。

```
#include <iostream>
using namespace std;
template <typename MyTemplate> class Stack;
template <typename MyTemplate> class StackItem
{
public:
MyTemplate info;
StackItem *next;
StackItem(MyTemplate x)
{
    info = x;
    next = NULL;
}
friend class Stack<MyTemplate>;
};
template <typename MyTemplate> class Stack
{
StackItem<MyTemplate> * top;
public:
Stack()
{
    top = NULL;
}
void push(MyTemplate x)
{
```

```
        StackItem<MyTemplate> *p = new StackItem<MyTemplate>(x);
        p->next = top;
        top = p;
    }
    MyTemplate pop()
    {
        if(top == NULL)
        {
            throw 1;
        }
        StackItem<MyTemplate> * p = top;
        top = top->next;
        MyTemplate x = p->info;
        delete p;
        return x;
    }
    };
    void main()
    {
    Stack<double> a;
    a.push(1.6);
    a.push(8);
    cout << a.pop() << endl;
    cout << a.pop() << endl;
    }
```

运行结果：

```
8
1.6
```

在［例 7.9］中，定义了两个模板，一个是栈，一个是栈中元素。在实际应用时我们可以通过该模板实现基本数据类型、自定义数据类型操作，如［例 7.10］所示。

【例 7.10】 在类模板实现基本数据类型、自定义数据类型操作。

```
struct MyData
{
int a;
float b;
…
};
 void main()
 {
    Stack<int> obj1;
    Stack<float> obj2;
    Stack<MyData> obj3;
    …
}
```

在［例 7.10］中，我们通过类模板 Stack 生成了三个类，类型参数分别成为了 int 型、float 型及自定义结构体类型 MyData。由此生成了三个对象：obj1、obj2、obj3，可以实现对整型数、浮点数、自定义类型的堆栈操作。

5. 类成员内联函数

类成员内联函数与全局内联函数一样，都通过直接嵌入代码来提高程序运行的效率。定义类成员内联函数有两种方法：一种方法是在类定义的同时，在类内直接定义函数体，这时系统默认其为内联函数；另一方法是在类外实现的内联函数，用关键字 inline 来修饰，如［例 7.11］所示。

【例 7.11】 类成员内联函数的使用。

```
#include <iostream>
#include <string>
using namespace std;
class Num_Odd_Even
{
public:
inline string OddEven(int x, int y);
};
inline string OddEven(int n); //用 inline 声明内联函数
void main()
{
for (int i=3;i<=8;i++)
{
    cout << i << ":" << OddEven(i) << endl;
}
}
string OddEven(int n)
{
return (n%2>0)?"奇":"偶";
}
```

运行结果：

```
3:奇
4:偶
5:奇
6:偶
7:奇
8:偶
```

［例 7.11］中内联函数 OddEven 将每次 for 循环的内部所有调用函数的地方都换成了语句 `return (i%2>0)?"奇":"偶"`，这样就避免了频繁调用函数对栈内存重复开辟而带来的运行时间和存储空间的消耗。

使用内联函数需要注意：inline 只适合函数体内代码简单的函数使用，不能包含复杂的结构控制语句，如 switch，并且内联函数本身不能是直接递归函数，即其内部不能调用自己。

6. this 指针

在类的定义中，类的成员函数往往需要对类的数据成员进行处理，但是类这一种类型的定义是“虚”的，由此产生的问题是在定义函数体的实现时需要对其还不存在的数据成员进行处理，由此 C++语言为类的定义设置了一个 this 指针。相当于在类中的每一个成员函数中隐含了语句

```
const C *this=&对象名;
```

在该类对象被创建后，其成员函数被调用时，this指针也就同时被说明和创建。

7.1.5 类和对象的作用

类是C++语言中十分重要的概念，也是所有面向对象的语言的共同特征，它是实现面向对象程序设计的基础。所有面向对象的语言都提供了类这种特殊的类型。

C++语言支持面向过程的程序设计，也支持基于对象的程序设计，又支持OOP。在本章到第10章将介绍基于对象的程序设计。包括类和对象的概念、类的机制和声明、类对象的定义与使用等，这是OOP的基础。

与面向过程的程序不同，基于对象的程序是以类和对象为基础的，程序的操作是围绕对象进行的。在此基础上利用了继承机制和多态性，就成为OOP（有时不细分基于对象程序设计和面向对象程序设计，而把二者合称为OOP）。

前面讲过，在面向过程的结构化程序设计中，人们常使用这样的公式来表述程序：

程序 = 算法 + 数据结构

算法和数据结构两者是互相独立、分开设计的，面向过程的程序设计是以算法为主体的。在实践中人们逐渐认识到算法和数据结构是不可分的，应当一个算法对应一组数据结构，而不宜提倡一个算法对应多组数据结构，以及一组数据结构对应多个算法。

面向对象的程序设计面对的是一个个对象，所有的数据分别属于不同的对象。基于对象和OOP就是把一个算法和一组数据结构封装在一个对象中。因此，就形成了新的观念：

对象 = 算法（Algorithm）+ 数据结构（Data structure）

程序 = 对象+消息

其中，“消息”的作用是实现对对象的控制。在OOP中，程序设计的关键是设计好每一个对象，以及确定向这些对象发出的命令，使各对象协作完成相应的操作。

7.1.6 面向对象的软件开发

随着软件规模的迅速增大，软件人员面临的问题十分复杂。需要规范整个软件开发过程，明确软件开发过程中每个阶段的任务，在保证前一个阶段工作的正确性的情况下，再进行下一阶段的工作。这就是软件工程学需要研究和解决的问题。

面向对象的软件工程包括以下几个部分。

1. 面向对象分析

在系统分析阶段，系统分析员要和用户结合在一起，对用户的需求作出正确的分析和明确的描述，从宏观的角度概括出系统应该做什么（而不是怎么做）。面向对象的分析（Object Oriented Analysis），要按照面向对象的概念和方法，在对任务的分析中，根据客观存在的事物和事物之间的关系，归纳出有关对象（包括对象的属性和行为）及对象之间的联系，并将具有相同属性和行为的对象用一个类来表示。建立一个能反映真实工作情况的需求模型。

2. 面向对象设计

根据面向对象分析阶段形成的需求模型，对每一部分分别进行具体的设计，叫面向对象设计（Object Oriented Design）。首先是进行类的设计，类的设计可能包含多个层次（利用继承与派生）。然后以这些类为基础提出程序设计的思路和方法，包括对算法的设计。在设计阶段，并不牵涉某一种具体的计算机语言，而是用一种更通用的描述工具（如伪代码或流程图）来描述。

3. 面向对象编程

根据面向对象设计的结果，用一种计算机语言把它写成程序，叫面向对象编程（Object Oriented Programming）。显然应当选用面向对象的计算机语言（例如 C++），否则无法实现面向对象设计的要求。

4. 面向对象测试

在写好程序后交给用户使用前，必须对程序进行严格的测试，叫面向对象测试（Object Oriented Test）。测试的目的是发现程序中的错误并改正它。面向对象测试是用面向对象的方法进行测试，以类作为测试的基本单元。

5. 面向对象维护

因为对象的封装性，修改一个对象对其他对象影响很小。利用面向对象的方法维护程序，叫面向对象维护（Object Oriented Soft Maintenance），可以大大提高软件维护的效率。

设计一个大的软件，是严格按照面向对象软件工程的五个阶段进行的。这五个阶段的工作不是由一个人从头到尾完成的，而是由不同的人分别完成。这样，OOP 阶段的任务就比较简单了，程序编写者只需要根据面向对象设计提出的思路用面向对象语言编写出程序即可。在一个大型软件的开发中，OOP 只是面向对象开发过程中的一个很小的部分。

如果所处理的是一个较简单的问题，可以不必严格按照以上五个阶段进行，而是由程序设计者按照面向对象的方法进行程序设计，包括类的设计（或选用已有的类）和程序的设计。

7.2 类的声明和对象的定义

7.2.1 类和对象的关系

在 C++语言中对象的类型称为类。类代表了某一批对象的共性和特征。客观上存在的每一个实体都与程序中的对象相对应。每个对象都属于一个特定的类型。

前面已说明：类是对象的抽象，而对象是类的具体实例（Instance）。如同结构体类型和结构体变量的关系一样，人们先声明一个结构体类型，然后用它去定义结构体变量。同一个结构体类型可以定义出多个不同的结构体变量。

在 C++语言中也是先声明一个类类型，然后用它去定义若干个同类型的对象。对象就是类的一个变量。可以说类是对象的模板，是用来定义对象的一种抽象类型。类是抽象的，不占用内存，而对象是具体的，占用存储空间。

7.2.2 声明类类型

类是由用户自己设计并定义的类型。如果程序中要用到类类型，必须根据需要自己进行声明，或者使用别人已设计好的类。C++标准本身并不提供现成的类的名称、结构和内容。在 C++语言中声明一个类的类型和声明一个结构体类型是相似的。

为了说明类类型的说明，先复习一下声明结构体类型的方法。

```
struct EMPLOYEE              //声明一个名为 EMPLOYEE 的结构体类型
{
   int num;
   char name[20];
   char sex;
};
```

```
EMPLOYEE e1, e2;          //定义了两个结构体变量 e1 和 e2
```

结构体类型的特点是，只包括数据不包括操作。

现在声明一个类 CEmployee。

```
class CEmployee           //以 class 开头声明一个类
{
int num;
char name[20];
char sex;                 //以上是数据成员
void display()            //这是成员函数
{
    cout<<"num:"<<num<<endl;
    cout<<"name:"<<name<<endl;
    cout<<"sex:"<<sex<<endl;
}
};
CEmployee e1, e2;         //定义了两个对象 e1 和 e2
```

可以看到声明类是由声明结构体类型发展而来的。

类就是对象的类型。可以将类理解为是一种广义的数据类型。类这种特殊的数据类型既包含数据，也包含操作数据的函数。不能把类中的全部成员与外界隔离，一般是把数据隐蔽起来，而把成员函数作为对外界的接口。

可以将上面类的声明改为

```
class CEmployee           //声明一个名为 CEmployee 的类类型
{
private:                  //以下为私有数据成员
    int num;
    char name[20];
    char sex;             //以上是数据成员
public:
    void display()        //以下为公有函数成员
    {
        cout<<"num:"<<num<<endl;
        cout<<"name:"<<name<<endl;
        cout<<"sex:"<<sex<<endl;
    }
};
CEmployee e1, e2;         //定义了两个对象 e1 和 e2
```

private 和 public 称为成员访问限定符（Member Access Specifier）。如果在类的定义中既不指定是私有还是公有，则系统就默认为是私有的。

归纳以上对类类型的声明，可得到其一般形式如下。

```
class 类名
{
private:
    <私有的数据和成员函数>;
public:
    <公用的数据和成员函数>;
};
```

除了 private 和 public 之外，还有一种成员访问限定符 protected（受保护的）。用 protected 声明的成员称为受保护的成员，它不能被类外访问（这点与私有成员类似），但可以被派生类的成员函数访问。

在声明类的类型时，声明为 private 的成员和声明为 public 的成员的次序任意，既可以先出现 private 部分，也可以先出现 public 部分。如果在类体中既不写关键字 private，又不写 public，就默认为 private。在一个类中，关键字 private 和 public 可以分别出现多次。每个部分的有效范围到出现另一个访问限定符或类体结束时（最后一个右花括号）为止。但是为了使程序清晰，应该养成这样的习惯：使每一种成员访问限定符在类定义体中只出现一次。

在以前的 C++程序中，常先出现 private 部分，后出现 public 部分，如上面所示。现在的 C++程序多数先写 public 部分，把 private 部分放在类体的后部。这样可以使用户将注意力集中在能被外界调用的成员上，使阅读者的思路更清晰一些。

在 C++程序中，经常可以看到类。为了用户方便，常用的 C++编译系统往往向用户提供类库（但不属于 C++语言的组成部分），内装常用的基本的类，供用户使用。不少用户也把自己或本单位经常用到的类放在一个专门的类库中，需要用时直接调用，这样就减少了程序设计的工作量。

7.2.3 定义对象的方法

7.2.2 节的程序段中，最后一行用已声明的 CEmployee 类来定义对象，这种方法是很容易理解的。经过定义后，e1 和 e2 就成为具有 CEmployee 类特征的对象。e1 和 e2 这两个对象都分别包括 CEmployee 类中定义的数据和函数。

定义对象也可以有几种方法。

1. 先声明类类型，然后再定义对象

上文中用的就是这种方法，例如：

```
CEmployee e1, e2;          //注意 CEmployee 是已经声明的类类型
```

在 C++语言中，声明了类的类型后，定义对象有两种形式。

（1）class 类名 对象名

如 class Student stud1, stud2;

（2）类名 对象名

如 Student stud1, stud2;

这两种形式是等效的。第一种形式是从 C 语言继承下来的，第二种形式直接用类名定义对象，是 C++语言的特色。显然第二种形式更为简捷方便。

2. 在声明类类型的同时定义对象

```
class CEmployee            //声明一个名为 CEmployee 的类类型
{
public:
    void display()         //以下为公有函数成员
    {
        cout<<"num:"<<num<<endl;
        cout<<"name:"<<name<<endl;
        cout<<"sex:"<<sex<<endl;
    }
```

```
private:                    //以下为私有数据成员
    int num;
    char name[20];
    char sex;               //以上是数据成员
}e1,e2;                     //定义了两个对象 e1 和 e2
```

在声明 CEmployee 类的同时，定义了两个 CEmployee 类的对象。

3. 不出现类名，直接定义对象

```
class                       //无类名
{
private:                    //声明以下部分为私有的
    …
public:                     //声明以下部分为公用的
    …
}obj1, obj2;                //定义了两个无类名的类对象
```

直接定义对象，在 C++语言中是合法的、允许的，但却很少用，也不提倡用。在实际的程序开发中，一般都采用上面三种方法中的第一种方法。在小型程序中或所声明的类只用于本程序时，也可以用第二种方法。

在定义一个对象时，编译系统会为这个对象分配存储空间，以存放对象中的成员。

7.2.4 类和结构体类型的异同

C++语言增加了类类型后，仍保留了结构体（Struct）类型，而且把它的功能也扩展了。C++语言允许用 struct 来定义一个类型。如可以将前面用关键字 class 声明的类类型改为用关键字 struct。

```
struct CEmployee            //声明一个名为 CEmployee 的类类型
{
public:
    void display( )         //以下为公有函数成员
    {
        cout<<"num:"<<num<<endl;
        cout<<"name:"<<name<<endl;
        cout<<"sex:"<<sex<<endl;
    }
private:                    //以下为私有数据成员
    int num;
    char name[20];
    char sex;               //以上是数据成员
};
CEmployee e1, e2;           //定义了两个对象 e1 和 e2
```

为了使结构体类型也具有封装的特征，C++语言在继承 C 语言的数据类型结构体之上，使它也具有类的特点，以便用于面向对象的程序设计。

用 struct 声明的结构体类型实际上也就是类。需要注意，用 struct 声明的类，如果对其成员不作 private 或 public 的声明，系统将其默认为 public。如果想分别指定私有成员或公用成员，则应用 private 或 public 作显式声明。而用 class 定义的类，如果不作 private 或 public 声明，系统将其成员默认为 private，在需要时也可以自己用显式声明改变。

如果希望成员是公用的，使用 struct 比较方便，如果希望部分成员是私有的，宜用 class。

建议尽量使用 class 来建立类，写出完全体现 C++语言风格的程序。

7.3 类的成员函数

7.3.1 成员函数的性质

类的成员函数（简称类函数）是函数的一种，它的用法和作用和前面介绍过的函数基本上是一样的，它也有返回值和函数类型。类函数与一般函数的区别在于：它是属于一个类的成员，出现在类定义体中。它可以被指定为私有的、公用的或受保护的。在使用类函数时，要注意调用它的权限（它能否被调用）及它的作用域（函数能使用什么范围中的数据和函数）。例如，私有的成员函数只能被本类中的其他成员函数所调用，而不能被类的外部调用。

成员函数可以访问本类中任何成员（包括私有的和公用的），可以引用在本作用域中有效的数据。一般的做法是将需要被外界调用的成员函数指定为公用的，它们是类的对外接口。

特别注意，并非要求把所有成员函数都指定为公用的。有的函数并不是准备为外界调用的，而是为本类中的成员函数所调用的，就应该将它们指定为私有的。这种函数的作用是支持其他函数的操作，是类中其他成员的工具函数（Utility Function），类外用户不能调用这些私有的工具函数。

类的成员函数是类定义体中十分重要的部分。如果一个类中不包含成员函数，就等同于 C 语言中的结构体了，体现不出类在面向对象程序设计中的作用。

7.3.2 在类外定义成员函数

在前面已经看到成员函数是在类体中定义的。也可以在类体中只写成员函数的声明，而在类的外面进行函数定义。例如：

```
class CEmployee                 //声明一个名为 CEmployee 的类类型
{
public:                         //以下为公有函数成员
    void display( );
private:                        //以下为私有数据成员
    int num;
    char name[20];
    char sex;                   //以上是数据成员
};
void CEmployee::display( )  //在类外定义类函数
{
    cout<<"num:"<<num<<endl;
    cout<<"name:"<<name<<endl;
    cout<<"sex:"<<sex<<endl;
}
```

【注意】

在类体中直接定义函数时，不需要在函数名前面加上类名，因为函数属于哪一个类是不言而喻的。但在类外定义成员函数时，必须在函数名前面加上类名，予以限定。“::”是作用域限定符（Field Qualifier），或称作用域运算符，用来声明函数是属于哪个类的。

如果在作用域运算符“::”的前面没有类名，或者函数名前面既无类名又无作用域运算符“::”，例如：

```
::display( )  或  display( )
```

则表示display函数不属于任何类，这个函数不是成员函数，而是全局函数，即非成员函数的一般普通函数。

注意，类函数必须先在类体中作原型声明，然后在类外定义，也就是说类体的位置应在函数定义之前，否则编译时会出错。虽然函数在类的外部定义，但在调用成员函数时会根据在类中声明的函数原型找到函数的定义（函数代码），从而执行该函数。

在类的内部对成员函数作声明，而在类体外定义成员函数，这是程序设计的一种良好习惯。如果一个函数，其函数体只有2～3行，一般可在声明类时在类体中定义。多于3行的函数，一般在类体内声明，在类外定义。

7.3.3 内置成员函数

关于内置（Inline）函数，在前面章节已经作过介绍。类的成员函数也可以指定为内置函数。

在类体中定义的成员函数的规模一般都很小，而系统调用函数的过程所花费的时间开销相对是比较大的。调用一个函数的时间开销远远大于小规模函数体中全部语句的执行时间。为了减少时间开销，如果在类体中定义的成员函数中不包括循环等控制结构，C++语言系统会自动将它们作为内置函数来处理。也就是说，在程序调用这些成员函数时，并不是真正地执行函数的调用过程（如保留返回地址等处理），而是把函数代码嵌入程序的调用点。这样可以大大减少调用成员函数的时间开销。

C++语言要求对一般的内置函数要用关键字 inline 声明，但对类内定义的成员函数，可以省略 inline，因为这些成员函数已被隐含地指定为内置函数。如上述类 CEmployee 的定义中，如果类函数在类体内定义，第4行也可以写成：

```
inline void display()
```

这样表示将display( )显式地声明为内置函数。对在类体内定义的函数，一般都省略inline。

特别注意：如果成员函数不在类体内定义，而在类体外定义，系统并不把它默认为内置函数，调用这些成员函数的过程和调用一般函数的过程是相同的。如果想将这些成员函数指定为内置函数，应当用 inline 作显式声明。例如：

```
class CEmployee                         //声明一个名为CEmployee的类类型
{
public:                                 //以下为公有函数成员
   inline void display();               //声明此成员函数为内置函数
private:                                //以下为私有数据成员
   int num;
   char name[20];
   char sex;                            //以上是数据成员
};
inline void CEmployee::display()        //在类外定义display函数为内置函数
{
   cout<<"num:"<<num<<endl;
   cout<<"name:"<<name<<endl;
   cout<<"sex:"<<sex<<endl;
}
```

在函数的声明或函数的定义两者之间作 inline 声明即可。值得注意的是：只有在类外定义的成员函数规模很小而调用频率较高时，才将此成员函数指定为内置函数。这是因为，如果在类体外定义 inline 函数，则必须将类定义和成员函数的定义都放在同一个头文件中（或者写在同一个源文件中），否则编译时无法进行置换（将函数代码的拷贝嵌入到函数调用点）。但是这样做，不利于类的接口与类实现分离，不利于信息隐蔽。虽然程序的执行效率提高了，但从软件工程质量的角度来看，这样做并不是好的办法。

7.4 类成员函数的重载及运算符重载

7.4.1 类成员函数重载

类中的成员函数与全局函数一样可以重载（析构函数除外）。需要注意的是，不同类中的成员函数可以同名，因为有类指示符，所以不是函数重载，这也是封装的好处。

【例 7.12】 实现一个矩形类。

```
#include<iostream.h>
class CRect
{
public:
    long  left;
    long  top;
    long  right;
    long  bottom;
    CRect(int l=1, int t=2, int r=3, int b=4);
    void SetRect(int x1, int y1, int x2, int y2);   //成员函数重载
    void SetRect(const CRect& r);                    //成员函数重载
    void Show();
};
void CRect::Show()                                   //成员函数显示自身的数据
{
    cout<<left<<top<<right<<bottom;
}
void CRect::SetRect(const CRect& r)                  //设置矩形函数
{
    left=r.left; top=r.top; right=r.right;  bottom=r.bottom;
}
CRect::CRect(int l, int t, int r, int b)             //带参构造函数缺省值全部设置
{
    SetRect(l,t,r,b);                                //构造函数调用自身的成员函数
}
void CRect::SetRect(int l, int t, int right, int bottom)
{
    left = l;
    top = t;
    this->right = right;
    this->bottom = bottom;
}
void main()
```

```
{
    CRect r,s;                  //定义对象导致调用构造函数 CRect(1, 2, 3, 4)
    r.Show();                   //rObject 显示数据
    r.SetRect(5,6,7,8);         //调用成员函数 SetRect(int , int , int, int)
    s.SetRect(r);               //调用成员函数 SetRect(const CRect& r)
    s.Show();                   //s 对象显示数据
}
```

［例 7.12］中的 SetRect 为重载函数，通过不同的参数来确定调用的那一个函数。

7.4.2　类的赋值运算符重载

当类实例变量互相赋值时，在类中有默认的赋值运算符函数，其定义大致为

```
CType& CType::operator=(const CType& r)
{
    if(this==&r)
        return *this;           //函数名为 operator=的双目运算符函数
    memcpy(this,&r,sizeof(CType));
    return *this;
}
```

调用结果是将作为右值的类对象的数据成员对应复制到作为左值的类对象中。如果类中只有一般的变量，不含指针，则系统默认的赋值运算可以将数据成员对应赋值。但是若类对象中含有指针变量，则需要复制动态生成的空间，此时需要重载运算符 operator=，如［例 7.13］所示。

【例 7.13】 重载运算符的使用。

```
#include <iostream>
#include <string>
using namespace std;
class CString
{
private:
    char *p_str;
public:
    char *s;
    CString()
    {
        *s='G';
    }
    CString(char *p)
    {
        p_str=new char[sizeof(s)+1];
        strcpy(p_str,s);
    }
    ~CString()
    {
        delete p_str;
    }
    CString& operator=(const CString& r)
```

```
    {
        if(this==&r) return *this;
        memcpy(this,&r,sizeof(CString));
        return *this;
    }
    void print()
    {
        cout<<p_str<<endl;
    }
};
void main()
{
    CString *p,obj("");
    p=new CString();
    obj=*p;
    delete p;
    obj.print();
}
```

这样定义的赋值函数能将右值对象中动态开辟的内存空间复制到左值对象中。

7.5 类的拷贝构造函数与赋值运算

拷贝构造函数的功能是用一个已经存在的对象初始化当前的新的对象，新的对象与初始化的源对象具有相同的数据状态，拷贝构造函数的产生有两种形式，分别是：

1. *系统产生，即系统产生一个默认的拷贝构造函数*

例如：若定义有类 CType，则有默认拷贝构造函数为

```
class CType
{
public:
    CType(const CType &r);
};
CType::CType(const CType &r)
{
    memcpy(this,&r,sizeof(CType));
}
```

2. *用户定义*

用户自定义的拷贝构造函数原型与默认的一样，但实现部分由用户自己实现，在程序中调用的时候将调用用户自定义的拷贝构造函数。如果一个类中只有一般变量或对象，则拷贝为浅拷贝；如果类中定义的有指针且有可能被拷贝的对象有动态开辟的空间，则需要自定义拷贝构造函数来实现拷贝，此种拷贝为深拷贝。

也可以通过重载运算符函数来实现类对象之间的拷贝，即在类中定义成员函数：

```
CType& CType::operator=(const CType &r);
```

据此来实现对象的赋值运算。默认的情况下同类对象赋值实现的是浅拷贝。

7.6 类与类之间的关系

类之间的关系主要有如下几种。

（1）一个类的对象作为另一个类的成员，即嵌入对象。

（2）一个类或它的成员函数作为另一个类的友元。

（3）一个类定义在另一个类的说明中，即类的嵌套。

（4）一个类作为另一个类的派生类，即类的继承与派生。

在类与类的关系中，最重要的是类之间的继承与派生关系，对此将在下章介绍。一个类或它的成员函数作为另一个类的友元，在前面已经讲过；而类的嵌套使用并不方便，不易多用。因此，本节重点介绍嵌入对象的使用。

一个类的对象可以作为另一个类的成员，称为嵌入对象。在一个类中声明另一个类对象时，应该按照下面的规则对其进行初始化。

（1）组合类构造函数显式调用嵌入对象的构造函数，该过程通过冒号初始化语法进行。

（2）嵌入对象的构造函数按照其在组合类中的声明次序而不是冒号语法列表中的次序调用构造函数。

（3）嵌入对象的构造函数在组合类中应该是可访问的，即嵌入对象的构造函数或者是公有的或者是组合类的友员类。

冒号语法用于组合类的构造函数中，其格式为

类名::类名（参数列表）：引用型成员（左值），const 类型成员（右值），嵌入对象（实参列表）。

由此显式调用了嵌入对象的构造函数，如［例 7.14］所示。

【例 7.14】 显式调用对象的构造函数。

```
#include <iostream>
#include <string>
using namespace std;
static int num=0;
class CEmbed                        //嵌入类的声明
{
public:
    int n;
    CEmbed(int);
    CEmbed(int,int);
private:
    int& m_r;                       //m_r 是一个特殊的引用型数据成员
};                                  //引用型数据成员要求冒号语法初始化
CEmbed::CEmbed(int x):m_r(n)        //引用型成员 m_r 与成员变量 n 关联，n 是左值(n=m_r)
{
    n=x;
}
class CContain                      //包含类的声明
{
public:
    CEmbed a;                       //嵌入对象成员
```

```
    CContain(int x=1);                          //默认构造函数
    CContain(int x,int y);
private:
    const CEmbed b;                             //嵌入 const 对象成员
};
CContain::CContain(int x,int y):b(y),a(x)  //显示调用构造函数，冒号初始化
{
    //嵌入 Object a(x,x)首先调用 CEmbed(int ,int );然后 b(y,y)调用
    cout<<++num<<"\n"<<a.n<<"\n"<<b.n<<"\n";
}
void main()
{
    CContain z(3,4);                            //调用构造函数 CContain(int,int)
}
```

运行结果：

```
1
3
4
```

[例 7.14] 中通过冒号语法显式调用对象 b 与 a 的构造函数。

此外，子类可以继承父类的函数，但不能继承构造函数等特殊函数。因此有时需要显示调用父类的构造函数。例如：

```
class Parent
{
public:
    Parent(int x, int y);
};
class SubClass : public Parent
{
public:
    SubClass(int x, int y) : Parent(x+y, y) {}
};
```

7.7　类的封装性和信息隐蔽

7.7.1　公用接口与私有实现的分离

从前面的介绍已知：C++语言通过类来实现封装性，把数据和与这些数据有关的操作封装在一个类中。或者说，类的作用是把数据和算法封装在用户声明的抽象数据类型中。

在声明了一个类以后，用户主要是通过调用公用的成员函数来实现类提供的功能（例如对数据成员设置值，显示数据成员的值，对数据进行加工等）。因此，公用成员函数是用户使用类的公用接口（Public Interface），或者说是类的对外接口。

当然并不一定要把所有成员函数都指定为公用的，但这时这些成员函数就不是公用接口了。在类外虽然不能直接访问私有数据成员，但可以通过调用公用成员函数来引用甚至修改私有数据成员。

用户可以调用公用成员函数来实现某些功能，而这些功能是在声明类时已指定的，用户

可以使用它们，而不应改变它们。实际上用户往往并不关心这些功能是如何实现的细节，而只需知道调用哪个函数会得到什么结果，能实现什么功能即可。

通过成员函数对数据成员进行操作称为类的实现，为了防止用户任意修改公用成员函数，改变对数据进行的操作，往往不让用户看到公用成员函数的源代码，显然更不能修改它，用户只能接触到公用成员函数的目标代码。

可以看到：类中被操作的数据是私有的，实现的细节对用户是隐蔽的，这种实现称为私有实现（Private Implementation）。这种“类的公用接口与私有实现的分离”形成了信息隐蔽。

软件工程的一个最基本的原则就是将接口与实现分离，信息隐蔽是软件工程中一个非常重要的概念。它的好处表现在以下两个方面。

（1）如果想修改或扩充类的功能，只需修改本类中有关的数据成员和与它有关的成员函数，程序中类外的部分可以不必修改。

（2）如果在编译时发现类中的数据读写有错，不必检查整个程序，只需检查本类中访问这些数据的少数成员函数。

7.7.2 类声明和成员函数定义的分离

在面向对象的程序开发中，一般做法是将类的声明（其中包含成员函数的声明）放在指定的头文件中，用户如果想用该类，只要把有关的头文件包含进来即可，不必在程序中重复书写类的声明，以减少工作量，节省篇幅，提高编程的效率。

由于在头文件中包含了类的声明，因此在程序中就可以用该类来定义对象。由于在类体中包含了对成员函数的声明，在程序中就可以调用这些对象的公用成员函数。为了实现上一节所叙述的信息隐蔽，对类成员函数的定义一般不放在头文件中，而另外放在一个文件中。创建方法如图 7.5 所示。

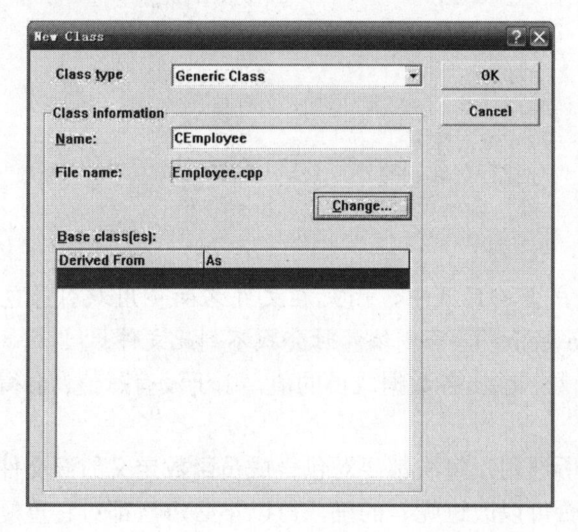

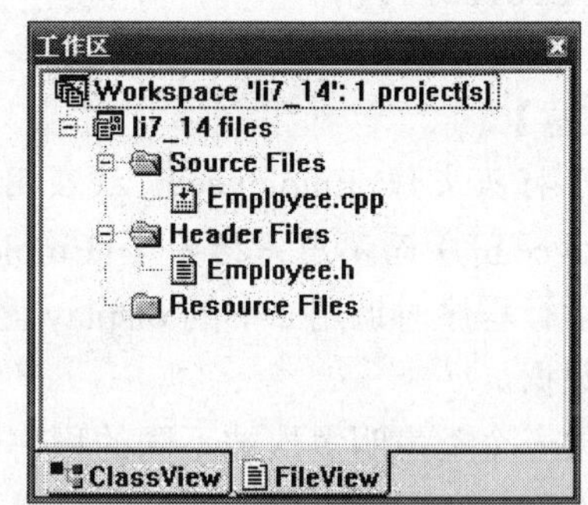

图 7.5 新建类，形成两个文件

【例 7.15】 类声明和成员函数定义的分离。

```
//以下为 CEmployee.h 文件，类的声明部分
class CEmployee
{
```

```
private:                          //以下为私有数据成员
    int num;
    char name[20];
    char sex;                     //以上是数据成员
public:
    void Display();               //以下为公有函数成员
    CEmployee();
    virtual ~CEmployee();
};
//以下为CEmployee.cpp文件，类的实现部分
#include "Employee.h"             //不要漏写此行，否则编译通不过
#include <iostream>
using namespace std;
CEmployee::CEmployee()
{
}
void CEmployee:: Display( )       //以下为公有函数成员
{
    cout<<"num:"<<num<<endl;
    cout<<"name:"<<name<<endl;
    cout<<"sex:"<<sex<<endl;
}
CEmployee::~CEmployee()
{
}
```

为了组成一个完整的源程序，还应当有包括主函数的源文件：

```
//以下为main.cpp文件
#include "Employee.h"
void main( )
{
    CEmployee e;                  //定义对象e
    e.Display();                  //执行对象e的display函数
}
```

【注意】

由于将头文件 Employee.h 放在用户当前目录中，因此在文件名两侧用双引号包起来（“Employee.h”）而不用尖括号（<Employee.h>），否则编译时会找不到此文件。

在运行程序时调用 e 中的 display 函数，输出各数据成员的值，由于没有赋值，会得到无意义的数据。

如果一个类声明多次被不同的程序所选用，每次都要对包含成员函数定义的源文件（如上面的 Employee.cpp）进行编译，这是否可以改进呢？的确，可以不必每次都对它重复进行编译，而只需编译一次即可。把第一次编译后所形成的目标文件保存起来，以后在需要时把它调出来直接与程序的目标文件相连接即可。这和使用函数库中的函数是类似的。这也是把成员函数的定义不放在头文件中的一个好处。

在实际工作中，并不是将一个类声明成一个头文件，而是将若干个常用的功能相近的类声明集中在一起，形成类库。

类库有两种：一种是C++编译系统提供的标准类库；一种是用户根据自己的需要做成的用户类库，提供给自己和自己授权的人使用，这称为自定义类库。在程序开发工作中，类库是很有用的，它可以减少用户自己对类和成员函数进行定义的工作量。

类库包括以下两个组成部分。

（1）类声明头文件。

（2）已经过编译的成员函数的定义，它是目标文件。用户只需把类库装入到自己的计算机系统中（一般装到C++编译系统所在的子目录下），并在程序中用#include命令行将有关的类声明的头文件包含到程序中，就可以使用这些类和其中的成员函数，顺利地运行程序。

这和在程序中使用 C++语言系统提供的标准函数的方法是一样的，例如用户在调用 sin 函数时只需将包含声明此函数的头文件包含到程序中，即可调用该库函数，而不必了解 sin 函数是怎么实现的（函数值是怎样计算出来的）。当然，前提是系统已装了标准函数库。在用户源文件经过编译后，与系统库（是目标文件）相连接。

在用户程序中包含类声明头文件，类声明头文件就成为用户使用类的公用接口，在头文件的类体中还提供了成员函数的函数原型声明，用户只有通过头文件才能使用有关的类。用户看得见和接触到的是这个头文件，任何要使用这个类的用户只需包含这个头文件即可。包含成员函数定义的文件就是类的实现。

【注意】

类声明和函数定义一般是分别放在两个文本中的。

由于要求接口与实现分离，软件开发商向用户提供类库创造了很好的条件。软件开发商把用户所需的各种类的声明按类放在不同的头文件中，同时对包含成员函数定义的源文件进行编译，得到成员函数定义的目标代码。软件开发商向用户提供这些头文件和类的实现的目标代码（不提供函数定义的源代码）。用户在使用类库中的类时，只需将有关头文件包含到自己的程序中，并且在编译后连接成员函数定义的目标代码即可。

由于类库的出现，用户可以像使用零件一样方便地使用在实践中积累的通用的或专用的类，这就大大减少了程序设计的工作量，有效地提高了工作效率。

7.7.3 面向对象程序设计中的几个名词

类的成员函数在面向对象程序理论中被称为“方法”（Method），“方法”是指对数据的操作。一个“方法”对应一种操作。显然，只有被声明为公用的方法（成员函数）才能被对象外部的函数所调用。外部函数是通过发消息来调用有关方法的。所谓“消息”，其实就是一个命令，由程序语句来实现。前面的 `e.Display( );` 就是向对象 e 发出的一个“消息”，通知它执行其中的 Display 方法（即 Display 函数）。上面这个语句涉及三个术语：“对象”、“方法”和“消息”。e 是“对象”，Display( )是“方法”，语句 `e.Display( );` 是“消息”。

7.8 类和对象的简单应用举例

随着饮料店生意规模越来越大，老板准备购进自动售卖机。请进行程序设计，模拟饮料自动售卖机的销售过程。主要过程如下。

（1）顾客首先进行投币，机器显示投币金额。

（2）顾客选择要购买的饮料，如果投币金额足够并且所购饮料存在，则提示用户在出口处取走饮料，同时找零。如果投币金额不足，显示提示信息。如果所购饮料已经售完，显示售完信息。

为了简化程序，我们做如下假设。

（1）只接受 10 元、5 元、2 元、1 元和 0.5 元的纸币和硬币。

（2）顾客一次只能投入上述一种金额的纸币或硬币，当用户重复投入时货币金额累加。

（3）销售的饮料包括五种：可口可乐（2 元）、百事可乐（2 元）、橙汁（3 元）、咖啡（5 元）、纯净水（1.5 元）。

（4）系统通过必要的提示信息，提示用户完成相应的操作。

（5）若顾客所购买的饮料已经售完，则进行提示并询问用户是否购买其他的饮料。

（6）完成一次售卖后，系统自动进行结算找零。

【例 7.16】 定义类 CMoneyCounter。

```
//以下为 CMoneyCounter.h 文件，类的声明部分
class CMoneyCounter
{
public:
    CMoneyCounter();
    virtual ~CMoneyCounter();
    void getmoney();                    //显示可投币种类，提示顾客投币
    float money_from_buyer();           //返回投币金额
    void clear();                       //清空，准备下一轮投币
    void return_money(float);           //返回找的零钱
private:
    float input_money;                  //标记顾客投币金额
};
//以下为 CMoneyCounter.cpp 文件，类的实现部分
#include "MoneyCounter.h"
#include <iostream>
using namespace std;
CMoneyCounter::CMoneyCounter(): input_money(0.0f)
{
                                        //初始化顾客投币金额为 0.00
}
void CMoneyCounter :: getmoney()  //提示顾客投币
{
    float money;
    cout << "\n 请投入钱币。\n";
    cin >> money;
    input_money += money;
    cout << "\n 您投入的金额是 " << input_money <<"元。\n";
    return;
}
float CMoneyCounter :: money_from_buyer()  //返回顾客投币金额
{
    return input_money;
}
void CMoneyCounter :: clear()
{
```

```
    input_money = 0.0f;                        //清空顾客投币金额，准备下一轮投币
    return;
}
void CMoneyCounter :: return_money(float change)
{
    cout << "\n找零 " << change << "元。\n"; //返回找零信息，
    return;
}
CMoneyCounter::~CMoneyCounter()
{
}
```

【例 7.17】 定义类 CGoodsInfo。

```
//以下为CGoodsInfo.h文件，类的声明部分
#include <iostream>
#include <string>
using namespace std;
class CGoodsInfo
{
public:
    CGoodsInfo();
    virtual ~CGoodsInfo();
    //设置每种饮料的属性：名称，价格，数量
    void set_goods(string, float, int);
    string goods_name();                       //返回饮料的名称
    float goods_price();                       //返回饮料的价格
    int goods_number();                        //返回饮料的数量
private:
    string name;                               //饮料名称
    float price;                               //饮料的单价
    int  total;                                //饮料的总库存数
};
//以下为CGoodsInfo.cpp文件，类的实现部分
#include "GoodsInfo.h"
CGoodsInfo :: CGoodsInfo(): name(""),price(0.0f),total(0)
{
    //初始化饮料信息
}
void CGoodsInfo :: set_goods(string n, float p, int num)
{
    //设置饮料信息
    name = n;
    price = p;
    total = num;
}
string CGoodsInfo :: goods_name()              //返回饮料名称
{
    return name;
}
float CGoodsInfo :: goods_price()              //返回饮料单价
{
    return price;
}
```

```
int CGoodsInfo :: goods_number()          //返回饮料数量
{
   return total;
}
CGoodsInfo::~CGoodsInfo()
{
}
```

【例 7.18】 定义类 CDrinkMachine。

```
//以下为 CDrinkMachine.h 文件，类的声明部分
#include "MoneyCounter.h"
#include "GoodsInfo.h"
class CDrinkMachine
{
public:
   CDrinkMachine();
   virtual ~CDrinkMachine();
   void showchoices();                     //显示待选饮料信息
   void inputmoney();                      //获取顾客投入钱币
   bool goodsitem(int);                    //检查饮料状况
   void return_allmoney();
private:
   CMoneyCounter moneyctr;                 //定义 MoneyCounter 的对象
   CGoodsInfo v_goods[5];                  //一共有 5 种饮料，详见该类的实现
};
//以下为 CDrinkMachine.cpp 文件，类的实现部分
#include "DrinkMachine.h"
CDrinkMachine :: CDrinkMachine()          //初始化自动售货机中的商品信息
{
   v_goods[0].set_goods("橙汁", 3, 20);
   v_goods[1].set_goods("咖啡", 5, 0);
   v_goods[2].set_goods("纯净水", 1.5, 20);
   v_goods[3].set_goods("可口可乐", 2, 30);
   v_goods[4].set_goods("百事可乐", 2, 28);
   return;
}
void  CDrinkMachine :: showchoices()      //显示待选商品信息
{
   cout.precision(2);
   cout.setf(ios::fixed);
   cout << "\n 您投入的金额是 "<< moneyctr.money_from_buyer()<<"元。\n";
   cout << "请选择商品代码\n";
   for (int i=0; i<5; i++)
   {
      cout << i << "   " << v_goods[i]. goods_name()
      << " " << v_goods[i].goods_price() << "元"
      << endl;
   }
   cout << "5   退款并且退出\n";
   return;
}
void  CDrinkMachine :: inputmoney()       //显示可接受的面值，提示顾客投币
{
```

```
        cout << "\n本机只接受10元、5元、2元、1元和0.5元的纸币和硬币。";
        moneyctr.getmoney();                                  //提示顾客投币
        return;
    }
    //这里selcet，代表顾客的选择值
    bool  CDrinkMachine :: goodsitem(int select)      //检查货物状况
    {
        int number = v_goods[select].goods_number();
        if ( number > 0 )                                     //剩余数量>0
        {
            if (moneyctr.money_from_buyer() >= v_goods[select].goods_price())
                                                              //投币额>货物金额
            {
                float change = moneyctr.money_from_buyer()-
                v_goods[select].goods_price();
                cout << "\n您选择的是 " << v_goods[select].goods_name() <<"，请在出
口处拿取。\n";
                if ( change > 0 )                             //有找零
                {
                    moneyctr.return_money(change);     //显示找零信息
                }
                return true;
            }
            else
            {
                cout << "\n您投入的金额不足！\n";
            }
        }
        else
        {
            cout << "\n您选择的饮料已售完！\n";
        }
        return false;
    }
    void  CDrinkMachine :: return_allmoney()
    {
        cout << "\n 退款 " << moneyctr.money_from
_buyer() << "元。\n";
        return;
    }
    CDrinkMachine::~CDrinkMachine()
    {
    }
```

为了实现自动售货机程序模拟，共设计了三个类，一个处理货币信息的类 CMoneyCounter.h、一个商品类 CGoodsInfo、还有一个售货机类 CDrinkMachine。这三个类彼此间并非是并列关系，在售货机类中包含了货币类和商品类的数据成员，通过这种方式间接调用这两个类的成员函数完成程序任务。设计好的类图如图 7.6 所示。

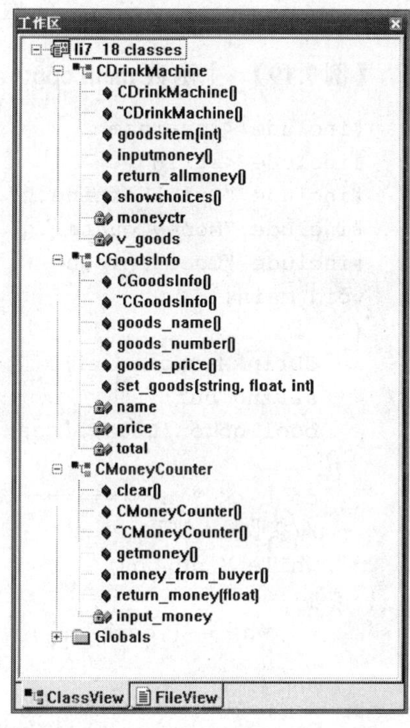

图 7.6　定义好的三个类

在主函数中，首先定义了一个 CDrinkMachine 类的对象 dri，并未显式地定义 CMoneyCounter 类和 CGoodsInfo 类的对象。但是请注意，在 CDrinkMachine 类中含有 CMoncyCounter 类和 CGoodsInfo 类的数据成员。

为了完成自动收钱、售卖、找钱，主程序中设计一个两重循环。外循环的持续条件是顾客继续购买，内循环的持续条件是顾客继续重复投币，即顾客可以反复投币直至投够为止。当顾客购买成功或不再继续购买时流程中止。程序流程图如图 7.7 所示。

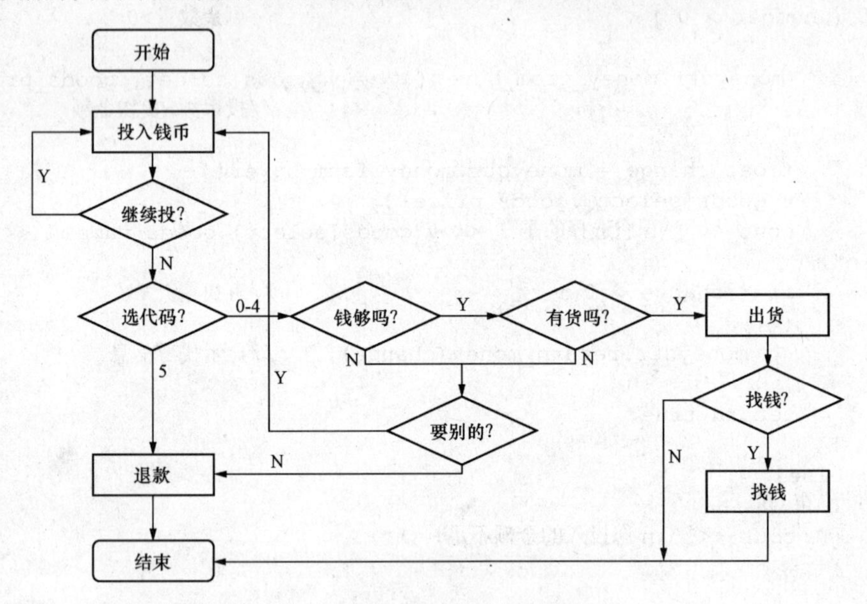

图 7.7 自动售货机程序流程图

【例 7.19】 主函数 main.cpp。

```
#include <iostream>
#include <string>
#include "DrinkMachine.h"
#include "MoneyCounter.h"
#include "GoodsInfo.h"
void main()
{
   CDrinkMachine dri;
   string buf;
   bool go_on(true), cash_on(true), got_it(true);

   cout << "\n========= 欢迎使用本自动贩卖机! ==========\n\n";
   //接收投入钱币
   while ( go_on )            //继续购买则开始下一轮循环
   {
      while ( cash_on )       //继续投币则开始下一轮循环
      {
         dri.inputmoney();
         cout << "\n 继续投币吗? y(yes)或者 n(no)";
         cin >> buf;
```

```
            if ( buf == "n" || buf == "no")
            {
                cash_on = false;
            }
        }
        //显示选择信息
        dri.showchoices();
        //接收顾客的数字选择
        cin >> buf;
        int select = atoi(buf.c_str());
        if ( select == 5 )          //显示退款信息，结束程序
        {
            dri.return_allmoney();
            go_on = false;
        }
        else
        {
            got_it = dri.goodsitem(select);
            if ( got_it )
            {
                go_on = false;      //顾客购买完毕，自动结束
            }
            else
            {
                cout << "\n 需要其他饮料吗？y(yes)或者 n(no)";
                cin >> buf;
                if ( buf == "y" || buf == "yes" )
                {
                    cash_on = true;
                    go_on = true;
                }
                else
                {
                    dri.return_allmoney();
                    go_on = false;
                }
            }
        }
    }
    cout << "\n 谢谢！再见！\n\n";
}
```

演示程序只是简单地模拟一个自动售货机的售货流程，读者可以在此基础上对其做一定的修改。

通过实例可以看出：主函数很简单，语句较少，只是调用有关对象的成员函数，去完成相应的操作。在大多数情况下，主函数中甚至不出现控制结构（判断结构和循环结构），而在成员函数中使用控制结构。在面向对象程序设计中，最关键的工作是类的设计。所有的数据和对数据的操作都体现在类中。只要把类定义好，编写程序的工作就显得很简单了。

7.9 C++语言中的新类及使用

可以很容易地把一个静态数据成员放在一个嵌套中。这样的成员的定义只须用另一种级别指定。然而在局部类却不同。因为在函数内部定义的类中不能有静态数据成员。在C++语言中的I/O类库存在两个略微不同的版本：一个是旧的版本，一个是新版本。旧版本不在std命名空间中，即旧版本不采用std::前导名称分辨符。

通过下面两个步骤可以将旧版本的描述代码转换为新版本的程序：

（1）将包含文件指令#include <iostream.h>转换为#include <iostream>。

（2）在程序中使用语句`using namespace std;`。

也可以直接采用标准命名分辨符std::直接操作std名称空间中的对象和相关成员函数。例如：

```
std::cout<<…;
```

7.10 虚拟感情游戏

虚拟感情游戏是模拟计算机和人类之间的情感。假想的情景如下：计算机扮演一个男子，而用户则扮演一个女子，他们可能从陌生走到婚姻的殿堂，或者他们只是朋友，或者他们永远是陌生人。编写程序实现该功能。故事主角之间的关系，可以大致分为几个阶段：陌生人、相识、朋友、恋爱和夫妻。通过相互交流，加强了解，才可能促进关系的发展。

（1）计算机需要主动向用户表示友好，并提出问题。

（2）用户给予肯定回答则会促进人—机的亲密关系；反之，用户给出否定回答，那么计算机和用户的关系不会有所进展。

（3）若用户多次（如三次）否定回答后，计算机会认为它的交往对象不够友好，停止游戏。

```
//以下为VEmotion.h文件，类的声明部分
#if !defined _VEmotion                  //防止头文件被多次加载
#define _VEmotion
#endif
#include <iostream.h>
#include <string.h>
#define MSG_LEN_MAX 100                 //字符串的最大长度
#define MAX_BEAR_TIME 3                 //定义计算机能够容忍被拒绝的次数
typedef char AMsg[MSG_LEN_MAX];         //为了方便，将字符串类型定义为AMsg
enum AState{                            //自动机状态，用来表示计算机和用户的关系
    STRANGER = 1,                       //表示陌生人
    KNOWN = 2,                          //表示相知
    FRIEND = 3,                         //表示朋友
    LOVER = 4,                          //表示相爱
    COUPLE = 5,                         //表示夫妻
    BYEBYE = 0                          //表示分手
};
```

```
class CVEmotion
{
public:
    CVEmotion();
    virtual ~CVEmotion();
    int event(AMsg pMsg );                    //自动机事件处理函数
    AState getRelation()                      //获取自动机状态
    {
        return Relation;
    }
    int getRejection()                        //获取被拒绝次数
    {
        return Rejection;
    }
private:
    AState Relation;                          //自动机状态
    int Rejection;                            //计算机被用户拒绝次数
};
//以下为 VEmotion.cpp 文件，类的实现部分
#include "VEmotion.h"
CVEmotion::CVEmotion()                        //实现构造函数，显示欢迎界面
{
    Relation = STRANGER;
    Rejection = 0;
    cout<<"======================================"<<endl;
    cout<<"=======| 欢迎来到虚拟感情世界|======="<<endl;
    cout<<"======================================"<<endl<<endl;
}
int CVEmotion::event( AMsg pMsg )  //实现自动机事件处理函数
{
    switch( Relation )
    {
        case STRANGER:                        //通过聊天，从陌生人变成相识关系
        if( strcmp(pMsg,"Y")==0 || strcmp(pMsg,"y")==0 )
        {
            cout<<endl<<"***彼此熟悉了.***"<<endl<<endl;
            Relation = KNOWN;
        }
        //用户没有兴趣，还是陌生人，计算机被拒绝的次数增加一次
        else if( strcmp(pMsg,"N")==0 || strcmp(pMsg,"n")==0 )
        Rejection++;
        else
        {   //用户输入其他字符均表示对计算机态度友好
            strcpy( pMsg, "Y" );
            event( pMsg );
        }
        break;
        case KNOWN:                           //通过聊天，从相识变成朋友
        if( strcmp(pMsg,"Y")==0 || strcmp(pMsg,"y")==0 )
        {
            cout<<endl<<"***你们成为朋友了!.***"<<endl<<endl;
```

```
        Relation = FRIEND;
    }
    else if( strcmp(pMsg,"N")==0 || strcmp(pMsg,"n")==0 )
    Rejection++;
    else
    {
        strcpy( pMsg, "Y" );
        event( pMsg );
    }
    break;
    case FRIEND:                //通过进一步交流，从相识变成相爱
    if( strcmp(pMsg,"Y")==0 || strcmp(pMsg,"y")==0 )
    {
        cout<<endl<<"***你们相爱了!***"<<endl<<endl;
        Relation = LOVER;
    }
    else if( strcmp(pMsg,"N")==0 || strcmp(pMsg,"n")==0 )
    Rejection++;
    else
    {
        strcpy( pMsg, "Y" );
        event( pMsg );
    }
    break;
    case LOVER:                 //计算机向用户求婚，得到答应，从相爱走进婚姻
    if( strcmp(pMsg,"Y")==0 || strcmp(pMsg,"y")==0 )
    {
        cout<<endl<<"***从相爱走进婚姻!哇，太速度了!***"<<endl;
        Relation = COUPLE;
    }
    else if( strcmp(pMsg,"N")==0 || strcmp(pMsg,"n")==0 )
    Rejection++;
    else
    {
        strcpy( pMsg, "Y" );
        event( pMsg );
    }
    break;
    case COUPLE:                //用户与计算机离婚，劳燕分飞
    if( strcmp(pMsg,"Y")==0 || strcmp(pMsg,"y")==0 )
    {
        cout<<endl<<"***离婚了,5~55~~555~~~***"<<endl<<endl;
        Relation = BYEBYE;
    }
    //用户不答应与计算机离婚，依然生活在一起
    else if( strcmp(pMsg,"N")==0 || strcmp(pMsg,"n")==0 )
    {
        cout<<endl<<"***不答应离婚,依然生活在一起***"<<endl<<endl;
    }
    else
    {
```

```
            strcpy( pMsg, "Y" );
            event( pMsg );
        }
        break;
    }
    return 0;
}
CVEmotion::~CVEmotion()
{
}
//以下为main.cpp文件
#include "VEmotion.h"
void main()
{
    int index = 0;                  //用于指示打印计算机与用户交流内容的条目编号
    AMsg pMsg;                      //保存用户输入(即用户的回答)
    AMsg UName;                     //保存用户姓名
    //字符串数组，计算机与用户交流的内容
    AMsg questions[10] = {"你喜欢跳舞吗?(y/n)",
                          "我想和你交朋友,你愿意吗?(y/n)",
                          "亲爱的,你爱我吗?(y/n)",
                          "让我为你戴上婚戒吧?(y/n)",
                          "我想离婚,你同意吗?(y/n)"
                          };
    //简单游戏场景
    cout<<"请输入姓名:";
    cin>>UName;
    cout<<"今天遇到个熟悉的陌生人, 他对你很有兴趣..."<<endl;
    CVEmotion sample;
    cout<<"嗨!"<<UName<<",";
    while(1)
    {
        cout<<questions[index];     //计算机提问
        cin>>pMsg;                  //用户回答
        sample.event( pMsg );       //自动机运转事件处理函数
        //将当前关系映射成交流内容的编号，如处在陌生人关系时，应该问第0条问话，
        index = sample.getRelation()-1;
        //用户拒绝计算机的次数达到调脑能容忍的最大次数时，游戏结束
        if( sample.getRejection()==MAX_BEAR_TIME )
        {
            cout<<endl<<"***你很讨厌我吗???***"<<endl;
        }
        //用户与计算机分手时，游戏结束
        if( sample.getRelation()==BYEBYE )
        {
            cout<<endl<<"***对不起,不要流泪!!!***"<<endl;
        }
    }//while循环结束
}
```

习　　题

一、选择题

1．C++语言更多地采用了（　　）的思想，其程序设计中的类是建立在抽象数据类型基础之上。

A．结构化程序设计　　B．面向对象程序设计
C．面向数据程序设计　　D．面向过程程序设计

2．面向对象程序设计思想的主要特征中不包括（　　）。

A．封装性　　B．多态性
C．继承性　　D．功能分解，逐步求精

3．在类的定义体中不允许对所定义的数据成员直接进行初始化，对数据成员的赋值操作一般通过（　　）或者成员函数来实现。

A．构造函数　　B．析构函数
C．友元函数　　D．内联函数

4．有关析构函数的说法不正确的是（　　）。

A．析构函数有且仅有一个
B．析构函数和构造函数一样可以有形参
C．析构函数的功能是用来释放一个对象
D．析构函数无任何函数类型

5．下列运算符中，不可以重载的运算符是（　　）。

A．[]　　B．::　　C．()　　D．=

二、判断题

1．面向对象程序设计的思路和人们日常生活中处理问题的思路是不同的。

2．面向对象程序设计的核心是类和对象。数据从属于某个类，将对象相互区别开。

3．为了实现多个对象之间的数据共享，可以不使用全局变量，而使用静态的数据成员。

4．在声明类的时候，应该设计其成员的访问限定符。如果在类体中既不写关键字 private，又不写 public，就默认为 public。

5．在类外定义成员函数时，必须在函数名前面加上类名予以限定。作用域限定符::用来声明函数是属于哪个类的。

三、填空题

1．在面向对象程序设计中，一个对象往往是由一组____和一组____构成的。对象根据外界提供的信息执行相应的操作。

2．由继承而产生的相关的不同的类，其对象对同一消息会作出不同的响应。这种特性称为______。

3．在声明类的成员时，常用的成员访问限定符有______、______和______。

4．当一个类作为另一个类的友元时，这就意味着这个类的所有成员函数都是另一个类的______。

5．静态成员就是在类成员定义中用关键字______修饰的成员。

四、程序阅读题

队列是程序设计中常用的一种数据结构，队列中的数据是先进先出。下面程序中含有队列运算的类。认真阅读、分析程序，并写出运行结果。

```
#include <iostream>
#include <string>
using namespace std;
class Queue
{
  public:
    Queue();
    virtual ~Queue();
    int anQueue[100];
    int sloc;
    int rloc;
  public:
    void PutQueue(int i);
    int GetQueue();
};
Queue::Queue( )
{
    rloc=sloc=0;
    cout<<"Queue initialized\n";
}
Queue::~Queue( )
{
    cout<<"Queue destroyed\n";
}
void Queue::PutQueue(int i)
{
    if(sloc==100)
    {
    cout<<" Queue is full.\n";
    return;
    }
    sloc++;
    anQueue[sloc]=1;
}
int Queue::GetQueue()
{
    if(sloc==rloc)
    {
    cout<<" Queue underflow.\n";
    return 0;
    }
    rloc++;
    return anQueue[rloc];
}
void main()
{
    Queue qa,qb;
```

```
    qa.PutQueue(10);
    qb.PutQueue(19);
    qa.PutQueue(2);
    qb.PutQueue(1);
    cout<<qa.GetQueue()<<"";
    cout<<qa.GetQueue()<<"";
    cout<<qb.GetQueue()<<"";
    cout<<qb.GetQueue()<<"\n";
}
```

五、程序设计题

1．定义一个立方体类Box，能计算并输出立方体的体积和表面积。

2．定义shape类表示形状的抽象类，area( )为求图形面积的函数，total( )则是一个通用的用以求不同形状的图形面积总和的函数。请从 shape 类派生三角形类(triangle)、矩形类(rectangle)，并给出具体的求面积函数。

3．已知String类定义如下。

```
class String
{
  public:
    String(const char *str = NULL);                  //通用构造函数
    String(const String &another);                   //拷贝构造函数
    ~String();                                       //析构函数
    String & operater =(const String &rhs); //赋值函数
  private:
    char *m_data;                                    //用于保存字符串
};
```

尝试写出类的成员函数实现。

4．设计一个简单的计算器，要求：

（1）从用户处读入算式；

（2）可以进行加、减、乘、除运算；

（3）运算要有优先级；

（4）用户可以按任何顺序输入；

（5）不限定用户输入的计算式的长度；

（6）有排错功能，当用户输入错误的计算式时提示用户。

例如，如果用户输入：3+4×5−7，计算结果应为16。

5．构造一个复数类，将复数的表示和复数的几种基本运算包含进去。要求包含的复数运算至少有复数的加、减、乘、除、取模、乘方、求两个复数向量之间的夹角。

第8章 继承与派生

面向对象程序设计有四个主要特点：抽象性（Abstract）、封装性（Encapsulation）、继承性（Inheritance）和多态性（Polymorphism）。

在前面的几章中学习了类和对象，了解了面向对象程序设计的两个重要特征——数据抽象与封装，已经能够设计出基于面向对象的程序，这是面向对象设计的基础。要较好地进行面向对象程序设计，还必须了解它的另外两个重要特征——继承性和多态性。这正是我们在本章中将主要介绍的内容。

C++程序定义不同的类来表示一组数据及对这些数据的操作，往往不同的类之间有某种关系。除了上一章介绍的友元关系和嵌入对象关系之外，更多的是继承与派生的关系。

继承是面向对象程序设计的极其重要的特点之一，是软件重用的一种形式，将相关的类组织起来，并分享其间的共通数据和操作行为。最具吸引力的特点是新类可以从现有的类库中继承，提倡建立与现有的类有许多共性的新类来实现软件的重用，能添加基类（Base Class）所没有的特点与功能，以及取代和改进从基类继承来的特点，继承机制定义了父子关系。

多态性是指对象对同一函数调用所作出的不同反应，又称"同一接口，多种方法"。运行时呈现出的多态性称为动态多态，动态多态是通过继承、虚函数及动态联编来实现的。

本章主要介绍继承与派生的基本概念、派生类（Derived Class）的继承特性、类中特殊成员的继承特性、多态性的概念、虚函数与动态多态、纯虚函数及抽象类等。

8.1 继承的概念和派生类的定义

8.1.1 继承的概念

在C++语言中，一个新类从一个已经定义的类中派生定义。新类不仅继承了原有类的属性和方法，并且还可以拥有自己新的属性和方法，称之为类的继承和派生。被继承的类称为基类或父类，在基类上建立的新类成为派生类或子类。

一个派生类不仅可以从一个基类派生，也可以从多个基类派生。如果派生类从一个基类继承而来，叫做单继承；如果派生类从两个或多个基类继承而来，叫做多继承；如果类A派生出类B，类B又派生出类C，叫做多重继承。

由基类和派生类构成了一种层次关系，继承的层次在系统的限制范围内是任意的。继承必须单向，不允许构成环形结构。继承关系所形成的层次结构，如图8.1和图8.2所示。

【注意】

关于图8.1和图8.2中箭头的方向。在本书中约定，箭头表示继承的方向，从派生类指向基类。

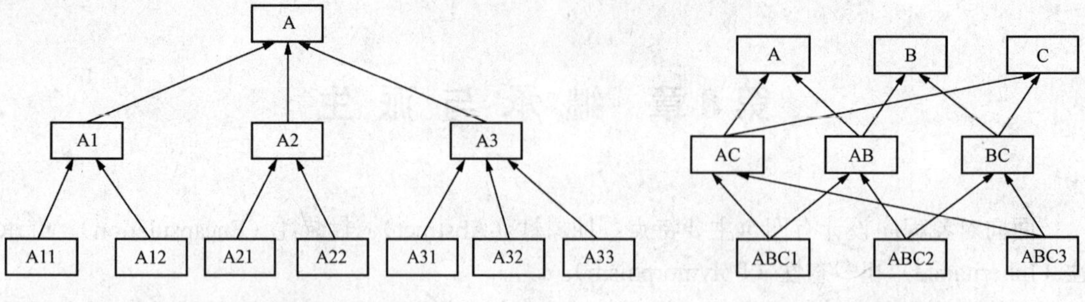

图 8.1 单继承的层次结构　　图 8.2 多继承的层次结构

8.1.2 派生类的定义

单继承派生类的定义格式如下。

```
class <派生类名>:<继承方式><基类名>
{
 <派生类新定义成员>
};
```

其中，<派生类名>是新定义的一个类的名字，它是从<基类名>中派生的，并且按指定的<继承方式>派生的。<继承方式>常使用如下三种关键字给予表示。

Public　　表示公用继承。

Private　　表示私有继承。

Protected　　表示保护继承。

多继承派生类的定义格式如下。

```
class <派生类名>:<继承方式 1><基类名 1>,<继承方式 2><基类名 2>,…
{
<派生类新定义成员>
};
```

可见，多继承与单继承的区别从定义格式上看，主要是多继承的基类多于一个。

关于基类和派生类的关系，可以表述为：派生类是基类的具体化，而基类则是派生类的抽象。

举个例子：Horse 类是 Mammal 类（哺乳动物类）的一种，因此两者之间有一个继承关系。Horse 类可以继承使用 Mammal 类里的功能函数。而所谓派生的定义是指向已有的类添加新功能的类，也就是说派生类可以在自己的类中除了继承基类的功能函数外，可以有自己另外的功能函数。

在多继承里，假设 Mammal 类里包含 Bird 类和 Horse 类，现在要创建一个新类——Pegasus 类（飞马类），它要有马的跑的功能函数（Gallop( )）和鸟的功能函数（Fly( )）。使用多继承，声明 Pegasus 类是由 Bird 类和 Horse 类继承而来就可以了。

但是，根据派生类的定义，派生类是指向已有的类添加新功能的类，那么直接指定 Pegasus 类是 Horse 类，并派生出 Fly( )就可以了，何必要使用多继承呢？请读者自己思考这个问题。

【例 8.1】 继承的应用。

```
#include <iostream>
```

```
#include <string>
using namespace std;

class soldier                          //战士类
{
public:
    string name;                       //名字
    int damage;                        //攻击力
    void init(string nam,int amg)      //初始化数据成员
    {
       name=nam;
       damage=amg;
    }
    void showsd()                      //输出战士基本信息
    {
       cout<<"战士"<<name<<"，攻击力"<<damage<<endl;
    }
};

class cavalier:public soldier          //骑兵类
{
public:
    string hscolor;                    //马匹颜色
    void iniths(string hsclr)          //初始化马匹颜色
    {
       hscolor=hsclr;
    }
    void showcalr()                    //输出骑兵基本信息
    {
       cout<<"骑兵"<<name<<"，"<<hscolor<<"色战马，攻击力"<<damage<<endl;
    }
};

void main()
{
    cavalier x;
    x.init("Tom",20);
    x.iniths("白");
    x.showcalr();

    soldier y;
    y.init("Mike",10);
    y.showsd();
}
```

运行结果：

```
骑兵Tom，白色战马，攻击力20
战士Mike，攻击力10
```

[例 8.1] 中 cavalier（骑兵）类从 soldier（战士）类中继承了作为兵种都具有的特性及获取这些特性的方法，同时 cavalier（骑兵）类又增加了新的数据成员马匹颜色及获取马匹颜色的方法。

8.1.3 派生类的构成

派生类中的成员包括从基类继承过来的成员和自己增加的成员两大部分，如图 8.3 所示。

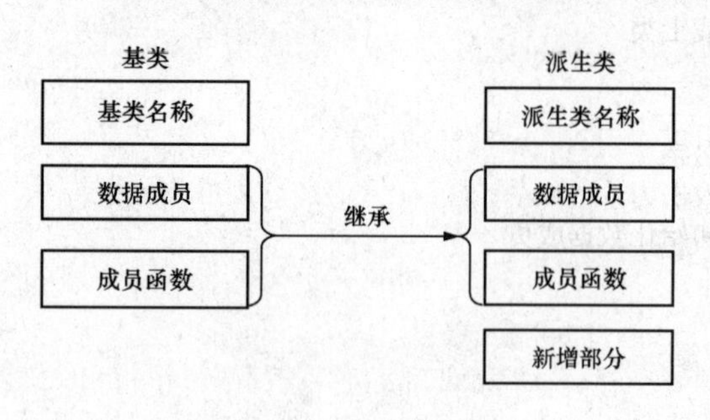

图 8.3 派生类的构成

实际上，并不是把基类的成员和派生类自己增加的成员简单地加在一起就成为派生类。构造一个派生类包括以下三部分工作。

（1）从基类接收成员。派生类把基类全部的成员（不包括构造函数和析构函数）接收过来，也就是说，是没有选择的，不能选择接收其中一部分成员，而舍弃另一部分成员。要求根据派生类的需要慎重选择基类，使冗余量最小。事实上，有些类是专门作为基类而设计的，在设计时充分考虑到派生类的要求。

（2）调整从基类接收的成员。接收基类成员是程序人员不能选择的，但是程序员可以对这些成员作某些调整。

（3）在声明派生类时增加的成员。这部分内容是很重要的，它体现了派生类对基类功能的扩展。要根据需要仔细考虑应当增加哪些成员，精心设计。

【注意】

在声明派生类时，一般还应当自己定义派生类的构造函数和析构函数，因为构造函数和析构函数是不能从基类继承的。派生类是基类定义的延续。可以先声明一个基类，在此基类中只提供某些最基本的功能，而另外有些功能并未实现。然后在声明派生类时加入某些具体的功能，形成适用于某一特定应用的派生类。通过对基类声明的延续，将一个抽象的基类转化成具体的派生类。因此，派生类是抽象基类的具体实现。

8.1.4 特殊成员的继承特性

1. 静态成员的继承特性

如果基类中定义有静态成员，则被派生类继承过来后其静态属性也随静态成员被继承过来。具体地说，如果基类的静态成员是公用的或者是受保护的，则它们被其派生类继承为派生类的静态成员。另外在同一程序模块中，无论是基类还是派生类创建的对象，都只有一个静态成员拷贝，它被基类和派生类的所有对象共享。

2. 友元的继承特性

基类的友元不能被继承，也就是说如果基类有友元类或者友元函数，则其派生类不会因继承关系也有此友元类或者友元函数。但是需要指出的是，如果基类的一个成员函数（公用的或受保护的）是另一个类的友元成员，则该成员函数被继承过来后，作为派生类中的成员仍然是那个类的友元函数。

8.2 派生类的构造和析构

8.2.1 派生类的构造

构造函数的主要作用是对数据成员初始化。在设计派生类的构造函数时，不仅要考虑派生类增加的数据成员的初始化，还应当考虑基类的数据成员的初始化。也就是说，希望在执行派生类的构造函数时，使派生类的数据成员和基类的数据成员同时都被初始化。解决这个问题的思路是：在执行派生类的构造函数时，调用基类的构造函数。

构造函数不能够被继承，派生类的构造函数必须通过调用基类的构造函数来初始化基类子对象。在定义派生类的构造函数时除了对自己的数据成员进行初始化外，还必须负责调用基类的构造函数使基类数据成员得以初始化。如果基类的构造函数有参数，那么派生类的构造函数必须包含用于传递给基类构造函数的参数。由此看到基类的构造函数负责初始化基类的数据成员，而派生类的构造函数负责初始化派生类新加的数据成员。

当用派生类产生对象的时候，构造函数执行的顺序为先执行基类的构造函数，然后执行派生类的构造函数。

派生类的构造函数一般格式如下。

```
<派生类名>(<派生类构造函数总参数表>):<基类构造函数>(参数表 1)
{
  <派生类中数据成员初始化>
};
```

冒号初始化列表在这里的作用是提供基类构造函数所需要的参数（如果基类构造函数需要参数的话），系统自动调用基类构造函数，所需参数到冒号列表里找，如果冒号列表里没有，将按无参数方式调用基类构造函数。

【例 8.2】 简单的派生类的构造函数。

```
#include <iostream>
#include <string>
using namespace std;

class magi                                              //定义基类魔法师类
{
public:
    string name;                                        //名字
    int damage;                                         //攻击力
    magi(string nam,int dmg):name(nam),damage(dmg){}    //构造函数
    ~magi(){}                                           //析构函数
};

class archmagi: public magi                             //定义派生类大魔法师类
{
public:
    string color;                                       //衣服颜色
    archmagi(string nam,int dmg,string clr):magi(nam,dmg),color(clr){}
                                                        //构造函数
    ~archmagi(){}                                       //析构函数
    void showamag()                                     //输出函数
    {
        cout<<color<<"衣大法师"<<name<<"，攻击力"<<damage<<endl;
    }
};

void main()
```

```
{
    archmagi x("Tarnum",30,"白");
    x.showamag();
}
```

运行结果：

```
白衣大法师Tarnum，攻击力30
```

【注意】

派生类构造函数首行的写法如下。

```
archmagi(string nam,int dmg,string clr):magi(nam,dmg),color(clr)
```

其一般形式为

```
派生类构造函数名(总参数表列)：基类构造函数名(参数表列)
{派生类中新增数据成员初始化语句}
```

在 main 函数中建立对象 x 时指定了三个实参。它们按顺序传递给派生类的构造函数 archmagi 的形参，然后再通过派生类构造函数冒号列表中的 magi（nam，dmg）将前面两个参数传递给基类构造函数 magi 的形参。

在类中对派生类的构造函数作声明时，不包括基类的构造函数名及其参数表列（即 magi(nam,dmg)），只在定义函数时才将它列出。

在以上的例子中，调用基类的构造函数时的实参是从派生类的构造函数总参数表中得到的，也可以不从派生类的构造函数型的总参数表中传递过来，而直接使用常量或全局变量。例如，派生类的构造函数可以写成以下形式。

```
archmagi(string nam,int dmg,string clr):magi(nam,18),color(clr){}
```

即基类的构造函数两个实参中，有一个是常量 18，另一个从派生类构造函数的总参数表传递过来。

派生类的任务应该包括以下三个部分。

1）对基类数据成员初始化。

2）对子对象数据成员初始化。

3）对派生类数据成员初始化。

派生类构造函数的总参数表列中的参数，应当包括基类构造函数和子对象的参数表列中的参数。基类构造函数和子对象的次序可以是任意的，编译系统是根据相同的参数名（而不是根据参数的顺序）来确立它们的传递关系的。但是习惯上一般先写基类构造函数。

如果有多个子对象，派生类构造函数的写法依次类推，应列出每一个子对象名及其参数表列。

8.2.2 派生类的析构

析构函数也不能被继承，对象被删除时，派生类的析构函数先被执行，然后执行基类的构造函数，其顺序与执行构造函数时的顺序正好相反。

【例 8.3】 派生类的构造和析构。

```
#include <iostream>
using namespace std;
```

```
class A
{
public:
 int a;
 A(int i):a(i)
 {
    cout<<"A"<<' ';
 }
 ~A()
 {
    cout<<"~A"<<' ';
 }
};
class B:public A
{
public:
 int b;
 B(int i,int j):A(i),b(j)
 {
    cout<<"B"<<' ';
 }
 ~B()
 {
    cout<<"~B"<<' ';
 }
};
class C:public B
{
public:
 int c;
 C(int i,int j,int k):B(i,j),c(k)
 {
    cout<<"C"<<' ';
 }
 ~C()
 {
    cout<<"~C"<<' ';
 }
};
void main()
{
 C x(1,2,3);
 cout<<endl;
 cout<<x.a<<x.b<<x.c<<endl;
}
```

运行结果：

```
A B C
123
~C ~B ~A
```

通过这个例子可以很明显地看出，构造的顺序是先基类后派生类，而析构的顺序是先派生类后基类。

8.3 派生类的继承方式

派生类有公有继承（Public）、私有继承（Private）、保护继承（Protected）三种常用的继承方式。继承方式决定了派生类从基类继承来的成员，在派生类里的访问权限属性。

需要注意的是，不管采用何种继承方式，基类的私有成员被派生类继承为派生类成员后，都成为派生类里隐藏属性的成员，而不会是派生类的私有成员。这些成员不仅仅外部函数无法访问，派生类新定义的成员函数亦无法访问，只有从同一基类继承来的基类成员函数才可以访问它。

可以理解为，这些基类私有成员被继承到派生类里成为派生类成员，仅仅是为了基类成员函数被继承而成为派生类成员后，可以调用它们从而在派生类环境里也能够正确运行。或者说，这些基类私有成员是作为基类其他接口成员函数的实现细节而被一起继承过来的，它们自然只能被各自的接口函数访问（这些函数来自基类），不能被派生类新定义的成员函数访问。这个特性是面向对象程序设计封装性思想的体现。

8.3.1 公有继承

在定义一个派生类时将基类的继承方式指定为 public 的，称为公有继承（public）。用公有继承方式建立的派生类称为公有派生类，其基类称为公有基类。

公有继承的特点是，派生类继承来的基类公有成员和保护成员，在派生类中的访问权限和基类保持一致。采用公有继承方式时，基类的公有成员和保护成员，被派生类继承后成为派生类中的公有成员和保护成员。

下面分析一个公有继承的例子。

【例 8.4】 公有继承。

```
#include <iostream>
#include <string>
using namespace std;

class soldier                          //战士类
{
public:
    soldier(string nam,int dmg):name(nam),damage(dmg){}
    void showsd()
    {
        cout<<"战士"<<name<<", 攻击力"<<damage;
    }
private:
    string name;                       //名字
    int damage;                        //攻击力
};

class cavalier:public soldier          //公有方式定义派生类骑兵类
{
```

```
public:
    cavalier(string nam,int dmg,string hsclr)
        :soldier(nam,dmg),hscolor(hsclr){}
    void showcalr()
    {
        //cout<<"骑兵"<<name;            //错误，name 是基类私有成员不能访问
        showsd();
        cout<<", "<<hscolor<<"色战马骑兵";
    }
private:
    string hscolor;                      //马匹颜色
};

void main()
{
    cavalier x("Tom",20,"白");
    x.showcalr();
    cout<<endl;
    x.showsd();
    cout<<endl;
}
```

运行结果：

```
战士 Tom，攻击力 20，白色战马骑兵
战士 Tom，攻击力 20
```

基类的公有成员 showsd 集成到派生类后仍然是公有成员，因此 main 函数中可以通过派生类对象 x 调用 showsd 函数。运行结果的第一行是 showcalr 函数的输出结果，第二行是基类的 showsd 函数的输出结果。

由于基类的私有成员对派生类来说是不可访问的，因此在派生类中的函数 showcalr 中直接引用基类的私有数据成员 name 是不允许的。但是可以通过基类的公用成员函数 showsd 来输出基类的私有数据成员。

8.3.2 私有继承

在声明一个派生类时将基类的继承方式指定为 Private 的，称为私有继承（private），用私有继承方式建立的派生类称为私有派生类，其基类称为私有基类。

私有继承的特点是，派生类继承来的基类公有成员和保护成员，在派生类中的访问权限都是私有。采用公有继承方式时，基类的公有成员和保护成员，被派生类继承后都成为派生类中的私有成员，派生类的成员函数能访问它们，而在派生类外不能访问它们。

既然声明为私有继承，就表示将原来能被外界引用的成员隐藏起来，不让外界引用，因此私有基类的公用成员和保护成员理所当然地成为派生类中的私有成员。私有基类的私有成员按规定只能被基类的成员函数引用，在基类外当然不能访问它们，因此它们在派生类中是隐蔽的，不可访问的。对于不需要再往下继承的类的功能可以用私有继承方式把它隐蔽起来，这样，下一层的派生类无法访问它的任何成员。

可以知道：一个成员在不同的派生层次中的访问属性可能是不同的。与继承方式有关。

【例 8.5】 私有继承。

```
#include <iostream>
#include <string>
using namespace std;

class soldier                              //战士类
{
public:
    soldier(string nam,int dmg):name(nam),damage(dmg){}
    void showsd()
    {
        cout<<"战士"<<name<<"，攻击力"<<damage;
    }
private:
    string name;                           //名字
    int damage;                            //攻击力
};

class cavalier:private soldier             //私有方式定义派生类骑兵类
{
public:
    cavalier(string nam,int dmg,string hsclr)
        :soldier(nam,dmg),hscolor(hsclr){}
    void showcalr()
    {
        showsd();                          //正确，showsd私有继承为派生类私有成员
        cout<<"，"<<hscolor<<"色战马骑兵";
    }
private:
    string hscolor;                        //马匹颜色
};

void main()
{
    cavalier x("Tom",20,"白");
    x.showcalr();
    cout<<endl;
    //x.showsd();                          //错误，showsd为派生类私有成员，外部不可访问
}
```

运行结果：

```
战士Tom，攻击力20，白色战马骑兵
```

可以看到，外部函数（如 main 函数）不能通过派生类对象（如 x）引用私有继承过来的基类公有或保护成员，如 x.showsd()，因为这些成员私有继承到派生类后成为派生类私有成员。

虽然这些从基类公有成员继承来的派生类私有成员不能被外部函数引用，但是他们可以被派生类新定义的成员函数引用。本例中，通过派生类新定义成员函数 showcalr 引用了基类派生来的成员 showsd，在 main 函数中调用 x.showcalr( )仍然可以间接调用 showsd 函数。

【注意】

由于私有派生类限制太多，使用不方便，一般不常使用。

8.3.3 保护继承

在定义一个派生类时将基类的继承方式指定为protected的，称为保护继承（protected）。用保护继承方式建立的派生类称为受保护的派生类，其基类称为保护基类。受保护的基类的所有成员在派生类中都被保护起来，类外不能访问，其公用成员和保护成员可以被其派生类的成员函数访问。

保护继承的特点是：保护基类的公用成员和保护成员被派生类继承后都成了派生类的保护成员，也就是把基类原有的公用成员也保护起来，不让类外任意访问。

由protected声明的成员称为“受保护的成员”，或简称“保护成员”。从类的用户角度来看，保护成员等价于私有成员。但有一点与私有成员不同，保护成员可以被派生类的成员函数引用。

如果基类声明了私有成员，那么任何派生类都是不能访问它们的。若希望在派生类中能访问它们，应当把它们声明为保护成员。如果在一个类中声明了保护成员，就意味着该类可能要用作基类，在它的派生类中会访问这些成员。

如果善于利用保护成员,可以在类的层次结构中找到数据共享与成员隐蔽之间的结合点。既可实现某些成员的隐蔽，又可方便地继承，能实现代码重用与扩充。

通过以上的介绍，可以知道，在派生类中，成员有四种不同的访问属性。

（1）公用的，派生类内和派生类外都可以访问。

（2）受保护的，派生类内可以访问，派生类外不能访问，其下一层的派生类可以访问。

（3）私有的，派生类内可以访问，派生类外不能访问。

（4）不可访问的，派生类内和派生类外都不能访问。

【注意】

类的成员在不同作用域中有不同的访问属性，对这一点要十分清楚。

下面通过一个例子说明怎样访问保护成员。

【例8.6】 保护继承。

```
#include <iostream>
#include <string>
using namespace std;

class soldier                                //战士类
{
public:
   soldier(string nam,int dmg):name(nam),damage(dmg){}
   void showsd()
   {
      cout<<"战士"<<name<<"，攻击力"<<damage;
   }
private:
   string name;                             //名字
   int damage;                              //攻击力
};

class cavalier:protected soldier    //保护方式定义派生类骑兵类
{
public:
```

```
    cavalier(string nam,int dmg,string hsclr)
        :soldier(nam,dmg),hscolor(hsclr){}
    void showcalr()
    {
        showsd();
        cout<<", "<<hscolor<<"色战马骑兵";
    }
private:
    string hscolor;                     //马匹颜色
};

void main()
{
    cavalier x("Tom",20,"白");
    x.showcalr();
    cout<<endl;
}
```

运行结果：

```
战士 Tom，攻击力 20，白色战马骑兵
```

在派生类的成员函数中引用基类的保护成员是合法的。保护成员和私有成员不同之处在于：把保护成员的访问范围扩展到派生类中。

【注意】

在程序中通过派生类 cavalier 的对象 x 的公用成员函数 showcalr，去访问基类的保护成员 showsd，不要误认为可以通过派生类对象名去访问基类的保护成员。私有继承和保护继承方式在使用时需要十分小心，很容易弄错，一般不常用。

基类的成员在派生类中的访问属性见表 8.1。

表 8.1　　不同继承方式的基类和派生类特性

继 承 方 式	基 类 特 性	派 生 类 特 性
Public（公用继承）	public	public
	protected	protected
Protected（保护继承）	public	protected
	protected	protected
Private（私有继承）	public	private
	protected	private

表 8.1 列出了三种不同的继承方式的基类特性和派生类特性。

通过表 8.1 比较私有继承和保护继承（也就是比较在私有派生类中和在受保护派生类中的访问属性），可以发现：在直接派生类中，以上两种继承方式的作用实际上是相同的。在类外不能访问任何成员，而在派生类中可以通过成员函数访问基类中的公用成员和保护成员。但是如果继续派生，在新的派生类中，两种继承方式的作用就不同了。

例如，如果以公用继承方式派生出一个新派生类，原来私有基类中的成员在新派生类中都成为不可访问的成员，无论在派生类内或外都不能访问，而原来保护基类中的公用成员和保护成员在新派生类中为保护成员，可以被新派生类的成员函数访问。

从表 8.1 可知：基类的私有成员被派生类继承后变为不可访问的成员，派生类中的一切成员均无法访问它们。如果需要在派生类中引用基类的某些成员，应当将基类的这些成员声明为 protected，而不要声明为 Private。

8.3.4 派生类成员的访问属性

既然派生类中包含基类成员和派生类自己增加的成员，就产生了这两部分成员的关系和访问属性的问题。在建立派生类的时候，并不是简单地把基类的私有成员直接作为派生类的私有成员，把基类的公用成员直接作为派生类的公用成员。实际上，对基类成员和派生类自己增加的成员是按不同的原则处理的。

具体说，在讨论访问属性时，要考虑以下几种情况。

（1）基类的成员函数访问基类成员。

（2）派生类的成员函数访问派生类自己增加的成员。

（3）基类的成员函数访问派生类的成员。

（4）派生类的成员函数访问基类的成员。

（5）在派生类外访问派生类的成员。

（6）在派生类外访问基类的成员。

第 1 种和第 2 种情况比较简单，即基类的成员函数可以访问基类成员，派生类的成员函数可以访问派生类成员。私有数据成员只能被同一类中的成员函数访问，公用成员可以被外界访问。第 3 种情况也比较明确，基类的成员函数只能访问基类的成员，而不能访问派生类的成员。第 5 种情况也比较明确，在派生类外可以访问派生类的公用成员，而不能访问派生类的私有成员。对于第 4 种和第 6 种情况，就稍微复杂一些，也容易混淆。

这些涉及如何确定基类的成员在派生类中的访问属性的问题，不仅要考虑对基类成员所声明的访问属性，还要考虑派生类所声明的对基类的继承方式，根据这两个因素共同决定基类成员在派生类中的访问属性。

8.4 二义性处理

派生类中的成员与基类中的成员若同名时就会产生二义性问题，此时可以通过限定符来确定引用的是哪个类的成员。如果不用限定符，系统默认调用在派生类中新定义的成员而不是从基类继承来的同名成员。

【例 8.7】 二义性处理。

```
#include <iostream>
#include <string>
using namespace std;

class  A
{
public:
    int a;
    A(int a):a(a){}
    show()
    {
```

```
        cout<<a<<endl;
    }
};
class  B:public A
{
public:
    int b;
    B(int a,int b):A(a),b(b){}
    show()
    {
        cout<<a<<b<<endl;
    }
};
void main()
{
    B  Objb(1,2);
    Objb.A::show();
    Objb.show();
}
```

运行结果：

```
1
12
```

[例 8.7] 中，类 B 有两个同名的成员函数 show。语句 `Objb.A::show();` 通过类标识符确定引用的是来自基类 A 的成员函数 show，只输出数据成员 a 的值；语句 `Objb.show();` 将默认调用派生类新定义的成员函数 show，输出数据成员 a 和数据成员 b 的值。

在派生类中定义基类的同名成员函数，不会形成函数重载，而是把基类成员重新定义和修正，使之适应派生出来的新类。重载是 overload，意为超载。重定义是覆盖 override，重定义的成员一般要求参数表与老版本保持一致。这样在派生类中对成员函数进行重新定义和升级改进，模仿了自然界生物继承和进化的方式，亦是面向对象程序设计继承性思想的重要体现。

下面给出一个关于继承性的综合例子，该例子定义一个弓箭手（archer）类，用继承的方式定义一个神箭手（marksman）类。两个类都包括输出人物基本信息的函数成员 show，神箭手比弓箭手要多输出一个斗篷的颜色信息。

下面是该程序的源代码。

【例 8.8】 关于继承的综合例子。

```
#include <iostream>
#include <string>
using namespace std;
class archer                              //弓箭手类
{
public:
    archer(string nam,int dmg):name(nam),damage(dmg){}
    void show()
    {
        cout<<"弓箭手"<<name<<"，攻击力"<<damage;
```

```
    }
private:
    string name;                        //名字
    int damage;                         //攻击力
};

class marksman:public archer            //神箭手类
{
public:
    marksman(string nam,int dmg,string clr):archer(nam,dmg),color(clr){}
    void show()                         //派生类重新定义 show
    {
        archer::show();                 //调用基类的 show 函数处理基类私有成员
        cout<<"，神射手"<<"，"<<color<<"色斗篷";
    }
private:
    string color;                       //斗篷颜色
};

void main()
{
    marksman x("Gelu",25,"绿");
    archer y("Tim",15);

    x.show();
    cout<<endl;
    y.show();                           //基类和派生类用同一个接口函数名 show
    cout<<endl;
}
```

运行结果：

```
弓箭手 Gelu，攻击力 25，神射手，绿色斗篷
弓箭手 Tim，攻击力 15
```

从［例 8.8］中可以看出：在派生类中不能直接访问基类的私有成员 name 和 damage，只有通过调用基类接口函数 show 实现他们的输出。类的私有成员属于实现细节，即使对于派生类也是隐藏的，一个类所具有的功能是由接口函数决定的，设计类时接口函数的设计非常重要。

派生类 marksman 里对基类已经定义过的 show 函数进行了重新定义，但是基类定义的老版本的 show 函数并不是没有用了，相反新版的 show 函数必须调用老版本函数才能实现，派生类新定义的函数是在老版本函数的基础上进行的升级和进化。

8.5 多 态 性

类的多态特性是支持面向对象的语言最主要的特性。有过非面向对象语言开发经历的读者，通常对这一章节的内容会觉得不习惯。因为很多人错误地认为，支持类的封装的语言就是支持面向对象的。其实不然，Visual Basic 6.0 是典型的非面向对象的开发语言，但是它的

确是支持类的。支持类并不能说明就是支持面向对象，能够解决多态问题的语言，才是真正支持面向对象的开发语言。所以务必提醒有过其他非面向对象语言基础的读者注意多态性的这个概念，认真地理解，方可体会出其中的精华。

8.5.1 基类与派生类之间的关系

（1）派生类是基类的具体化，派生类是基类定义的延续，派生类是基类的组合。类的层次通常反映了客观世界中某种真实的模型。在这种情况下，不难看出：基类是对若干个派生类的抽象，而派生类是基类的具体化。基类抽取了它的派生类的公共特征，而派生类通过增加行为将抽象类变为某种有用的类型。

先定义一个抽象基类，该基类中有些操作并未实现。然后定义非抽象的派生类，实现抽象基类中定义的操作。例如，虚函数就属于此类情况。这时，派生类是抽象基类的具体实现，可看成是基类功能定义的扩充。这也是派生类的一种常用方法。

在多继承时，一个派生类有多于一个的基类，这时派生类将是所有基类行为的组合。

派生类将其本身与基类区别开来的方法是添加数据成员和成员函数。因此，继承的机制将使得在创建新类时，只需说明新类与已有类的区别，就能够将原有数据与功能继承过来。

（2）基类是总类型，派生类是子类型，是基类的细分，派生类对象也是它的任何一个基类的对象。基类与派生类的关系，类似于：基类“淡水鱼类”，派生类“草鱼类”。可见派生类是基类的细分和子类，任何一个派生类对象，即一条草鱼，显然是属于“淡水鱼类”的，即派生类对象可以认为也是一个基类的对象。

（3）派生类对象总是可以当做基类对象来用，不需要类型转换。派生类对象当做基类对象使用时，忽略派生类新加成员，只考虑继承来的基类成员。

派生类的地址可以赋值给基类指针，派生类对象可以用来初始化基类引用。此时通过基类指针和基类引用，访问的是派生类对象中从基类继承过去的那部分成员。

用基类对象、基类指针、基类引用作形参的函数，可以用派生类对象做实参。即处理基类对象的函数也可以处理派生类对象中继承自基类的部分成员。基类的友元函数虽然不能访问派生类新加的成员，却可以访问派生类对象从基类继承来的所有成员，包括基类私有成员。

派生类对象可以赋值给基类对象，调用基类的赋值运算符重载。派生类对象可以用来初始化基类对象，调用基类的拷贝构造函数。

8.5.2 多态性的概念

多态性是面向对象程序设计的一个重要特征。利用多态性可以设计和实现一个易于扩展的系统。在C++程序设计中，Polymorphism是指具有不同功能的函数可以用同一个函数名，这样就可以用一个函数名调用不同内容的函数。在面向对象方法中一般是这样表述Polymorphism的：向不同的对象发送同一个消息，不同的对象在接收时会产生不同的行为（即方法）。也就是说，每个对象可以用自己的方式去响应共同的消息。

在C++程序设计中，在不同的类中定义了其响应消息的方法，那么使用这些类时，不必考虑它们是什么类型，只要发布消息即可。

从系统实现的角度看，多态性分为两类：静态多态性和动态多态性。以前学过的函数重载和运算符重载实现的多态性属于静态多态性，在程序编译时系统就能决定调用的是哪个函数，因此静态多态性又称编译时的多态性。静态多态性是通过函数的重载实现的（运算符重载实质上也是函数重载）。动态多态性是在程序运行过程中才动态地确定操作所针对的对象，它又称运行时的多态性。动态多态性是通过虚函数（virtual function）实现的。

有关静态多态性的应用已经介绍过了，在本章中主要介绍动态多态性和虚函数。

要研究的问题是：当一个基类被继承为不同的派生类时，各派生类可以使用与基类成员相同的成员名。如果在运行时用同一个成员名调用类对象的成员，会调用哪个对象的成员？也就是说，通过继承而产生了相关的不同的派生类，与基类成员同名的成员在不同的派生类中有不同的含义。也可以说，多态性是“一个接口，多种方法”。

【例 8.9】 先建立一个弓箭手（archer）类，以它为基类，派生出一个神箭手（marksman）类，两个类都有表示展开攻击的 attack 函数成员。不同的是弓箭手一次攻击游戏地图上的一个格子，而神箭手一次攻击目标格子和它上下左右的四个相邻格子，即神箭手一次攻击五个格子。

```
#include <iostream>
#include <string>
using namespace std;
class archer                          //弓箭手类
{
public:
    archer(string nam,int dmg):name(nam),damage(dmg){}
    void show()                       //显示基本信息
    {
        cout<<"弓箭手"<<name<<"，攻击力"<<damage;
    }
    void attack(int x,int y)          //攻击坐标点(x,y)
    {
        cout<<"坐标："<<x<<"，"<<y<<"受到攻击"<<endl;
    }
private:
    string name;                      //名字
    int damage;                       //攻击力
};

class marksman:public archer          //神箭手类
{
public:
    marksman(string nam,int dmg,string clr):archer(nam,dmg),color(clr){}
    void show()                       //显示基本信息
    {
        archer::show();
        cout<<"，神射手"<<"，"<<color<<"色斗篷";
    }
    void attack(int x,int y)          //攻击坐标点(x,y)，同时攻击周围 4 个点
    {
        archer::attack(x,y);
        archer::attack(x+1,y);
        archer::attack(x,y+1);
        archer::attack(x-1,y);
        archer::attack(x,y-1);
    }
```

```
private:
    string color;                        //斗篷颜色
};

void main()
{
    marksman x("Gelu",25,"绿");
    archer y("Tim",15);
    x.show();
    cout<<endl;
    x.attack(3,4);
    cout<<endl;
    y.show();
    cout<<endl;
    y.attack(3,4);
}
```

运行结果：

```
弓箭手 Gelu，攻击力 25，神射手，绿色斗篷
坐标：3，4 受到攻击
坐标：4，4 受到攻击
坐标：3，5 受到攻击
坐标：2，4 受到攻击
坐标：3，3 受到攻击

弓箭手 Tim，攻击力 15
坐标：3，4 受到攻击
```

在 C++语言中是允许派生类重定义基类成员函数的，不同的类的对象，调用其类的成员函数的时候，系统是知道如何找到其类的同名成员。但是在实际工作中，很可能会碰到对象所属类不清的情况，下面来看一下派生类成员作为函数参数传递的例子，代码如下。

【例 8.10】 派生类成员函数参数传递。

```
#include <iostream>
#include <string>
using namespace std;
class archer                             //弓箭手类
{
public:
    archer(string nam,int dmg):name(nam),damage(dmg){}
    void show()                          //显示基本信息
    {
        cout<<"弓箭手"<<name<<"，攻击力"<<damage;
    }
    void attack(int x,int y)            //攻击坐标点(x,y)
    {
        cout<<"坐标："<<x<<"，"<<y<<"受到攻击"<<endl;
    }
private:
    string name;                         //名字
    int damage;                          //攻击力
```

```
};

class marksman:public archer          //神箭手类
{
public:
    marksman(string nam,int dmg,string clr):archer(nam,dmg),color(clr){}
    void show()                       //显示基本信息
    {
        archer::show();
        cout<<"，神射手"<<"，"<<color<<"色斗篷";
    }
    void attack(int x,int y)          //攻击坐标点(x,y)，同时攻击周围4个点
    {
        archer::attack(x,y);
        archer::attack(x+1,y);
        archer::attack(x,y+1);
        archer::attack(x-1,y);
        archer::attack(x,y-1);
    }
private:
    string color;                     //斗篷颜色
};

void order(archer &t,int x,int y)
{
    t.attack(x,y);
}

void main()
{
    marksman x("Gelu",25,"绿");
    archer y("Tim",15);
    x.show();
    cout<<endl;
    order(x,3,4);

    y.show();
    cout<<endl;
    order(y,3,4);
}
```

运行结果：

```
弓箭手Gelu，攻击力25，神射手，绿色斗篷
坐标：3，4受到攻击
弓箭手Tim，攻击力15
坐标：3，4受到攻击
```

[例8.10]中，对象x与y分别是基类和派生类的对象，而函数order的形参却只是基类弓箭手（archer）类的引用。按照类继承的特点，系统把神箭手（marksman）类对象看做是一个弓箭手（archer）类对象，因为神箭手类属性的覆盖范围包含弓箭手类，所以order函数

的定义并没有错误。利用 order 函数达到的目的是，传递不同类对象的引用，分别调用不同类的、重载了的 attack 成员函数。但是程序的运行结果却出乎人们的意料，系统分不清楚传递过来的是基类弓箭手对象还是派生类神箭手类对象，无论是基类对象还是派生类对象调用的都是基类的 attack 成员函数，结果神箭手这次也只攻击了一个格子而不是五个格子。

为了要解决上述不能正确分辨对象类型的问题，C++语言提供了一种叫做多态性的技术。对于函数重载，在编译时就能确定哪个函数被调用的情况被称做先期联编（early binding），也叫静态关联或早期关联。使系统能够在运行时，能够根据其类型确定调用哪个函数的能力，称为多态性，或叫滞后联编（late binding），滞后联编正是解决多态问题的方法。

8.5.3 虚函数与运行时多态性

在实际应用中，经常要求把一个基类对象或派生类对象的地址赋给一个基类指针后，利用这个指针能够访问到该基类或派生类中与基类成员函数原型完全相同的成员函数。虽然原型相同但操作不同，执行不同的功能，实现动态联编，这样将为编程带来极大的灵活性。C++语言提供了实现这一要求的手段，就是虚函数。

用关键字 virtual 修饰的非静态成员函数称之为虚函数，而存在虚函数的类称为多态类，其主要特点为：当把基类中的一个函数定义为虚函数后，其直接派生类和间接派生类中的与基类虚函数原型完全相同（即函数名、参数、返回类型都相同）的成员函数，不管是否带有关键字 virtual，均被系统认为是虚函数。

虚函数定义格式为 `virtual` 成员函数的原型

关于虚函数需要说明以下几点。

（1）多态性的实现：必须通过虚函数和基类指针（或基类引用）实现。

（2）构造函数不能定义为虚函数，但析构函数可以定义为虚函数。

（3）要实现类的多态性，还必须把所有派生类对基类的继承定义为公有继承，把每个类中的虚函数定义为公有成员函数。

（4）虚函数同样也可以重载，但不可以为静态。

【例 8.11】 滞后联编解决多态问题的方法。

```
#include <iostream>
#include <string>
using namespace std;
class archer                                    //弓箭手类
{
public:
    archer(string nam,int dmg):name(nam),damage(dmg){}
    void show()                                 //显示基本信息
    {
        cout<<"弓箭手"<<name<<"，攻击力"<<damage;
    }
    virtual void attack(int x,int y)            //攻击坐标点(x,y)，定义为虚函数
    {
        cout<<"坐标："<<x<<"，"<<y<<"受到攻击"<<endl;
    }
private:
    string name;                                //名字
    int damage;                                 //攻击力
```

```
};

class marksman:public archer          //神箭手类
{
public:
    marksman(string nam,int dmg,string clr):archer(nam,dmg),color(clr){}
    void show()                       //显示基本信息
    {
       archer::show();
       cout<<", 神射手"<<", "<<color<<"色斗篷";
    }
    void attack(int x,int y)          //攻击坐标点(x,y),同时攻击周围 4 个点
    {
       archer::attack(x,y);
       archer::attack(x+1,y);
       archer::attack(x,y+1);
       archer::attack(x-1,y);
       archer::attack(x,y-1);
    }
private:
    string color;                     //斗篷颜色
};

void order(archer &t,int x,int y)
{
    t.attack(x,y);
}

void main()
{
    marksman x("Gelu",25,"绿");
    archer y("Tim",15);
    x.show();
    cout<<endl;
    order(x,3,4);

    y.show();
    cout<<endl;
    order(y,3,4);
}
```

运行结果:

```
弓箭手 Gelu, 攻击力 25, 神射手, 绿色斗篷
坐标: 3, 4 受到攻击
坐标: 4, 4 受到攻击
坐标: 3, 5 受到攻击
坐标: 2, 4 受到攻击
坐标: 3, 3 受到攻击
弓箭手 Tim, 攻击力 15
坐标: 3, 4 受到攻击
```

多态特性的工作依赖于虚函数的定义，在需要解决多态问题的重载成员函数前，加上virtual关键字，那么该成员函数就变成了虚函数。从［例8.11］代码运行的结果看，系统成功地分辨出了对象的真实类型，成功地调用了各自的重载成员函数。

多态特性让程序员省去了细节的考虑，提高了开发效率，使代码大大简化。当然虚函数的定义也是有缺陷的，因为多态特性增加了一些数据存储和执行指令的开销，所以能不用多态最好不用。

虚函数的定义要遵循以下重要规则。

（1）如果虚函数在基类与派生类中出现，仅仅是名字相同，而形式参数不同，或者是返回类型不同，那么即使加上了virtual关键字，也是不会进行滞后联编的。

（2）只有类的成员函数才能说明为虚函数，因为虚函数仅适合用于有继承关系的类对象，所以普通函数不能说明为虚函数。

（3）静态成员函数不能是虚函数，因为静态成员函数的特点是不受限制于某个对象。

（4）内联函数不能是虚函数，因为内联函数不能在运行中动态确定位置。即使虚函数在类的内部定义，但是在编译的时候系统仍然将它看做是非内联的。

（5）构造函数不能是虚函数，因为构造的时候，对象还是一片未定型的空间，只有构造完成后，对象才是具体类的实例。

（6）析构函数可以是虚函数，而且通常声名为虚函数。

说明一下，虽然说使用虚函数会降低效率，但是在处理器速度越来越快的今天，将一个类中的所有成员函数都定义成为virtual总是有好处的。它除了会增加一些额外的开销之外，是没有其他坏处的，而且对于保证类的封装特性是有好处的。

对于上面虚函数使用的重要规则（6），有必要用实例说明一下，为什么具备多态特性的类的析构函数，有必要声明为virtual，代码如下。

【例8.12】 基类的析构函数，声明为虚函数。

```
#include <iostream>
#include <string>
using namespace std;

class unit                                  //作战单位类
{
public:
    unit(string nam,int dmg):name(nam),damage(dmg){}
    string getnam()
    {
        return name;
    }
    int getdmg()
    {
        return damage;
    }
    virtual void show(){}                   //虚函数接口
    virtual ~unit(){}                       //虚析构函数
private:
    string name;                            //名字
```

```
    int damage;                            //攻击力
};

class magi:public unit                     //魔法师类
{
public:
    magi(string nam,int dmg):unit(nam,dmg){}
    void show()
    {
        cout<<"法师"<<getnam()<<", 攻击力"<<getdmg()<<endl;
    }
    virtual ~magi()                        //虚析构函数
    {
        cout<<"法师"<<getnam()<<"被杀死了"<<endl;
    }
};

class archer:public unit                   //弓箭手类
{
public:
    archer(string nam,int dmg):unit(nam,dmg){}
    void show()
    {
        cout<<"弓箭手"<<getnam()<<", 攻击力"<<getdmg()<<endl;
    }
    virtual ~archer()                      //虚析构函数
    {
        cout<<"弓箭手"<<getnam()<<"被杀死了"<<endl;
    }
};

void main()
{
    unit *p;
    p=new magi("tom",12);
    p->show();
    p->~unit();
    p=new archer("mike",15);
    p->show();
    p->~unit();
}
```

运行结果：

```
法师Tom，攻击力12
法师Tom被杀死了
弓箭手Mike，攻击力15
弓箭手Mike被杀死了
```

从代码的运行结果来看，当调用基类析构函数名~unit( )后，在析构的时候，系统成功地确定了先调用派生类的析构函数；而如果将析构函数的virtual修饰去掉，再观察结果，会发现析构的时候，始终只调用了基类的析构函数（[例8.12]中将会不输出死亡信息）。由此发现，多态特性的virtual修饰，不单单对基类和派生类的普通成员函数有必要，而且对于基类和派生类的析构函数同样重要。

8.5.4 纯虚函数与抽象基类

没有函数体的函数称之为纯虚函数。纯虚函数用下面的格式来表示：

```
virtual 成员函数的原型 = 0;
```

只能作为别的类的基类，而本身不能直接创建对象的类称为抽象基类。如果一个类中至少包含了一个纯虚函数，则该类就成了抽象基类。

1. 纯虚函数

有时在基类中将某一成员函数定为虚函数，并不是基类本身的要求，而是考虑到派生类的需要，在基类中预留了一个函数名，具体功能留给派生类根据需要去定义。例如在本章的[例 8.12] 程序中，基类 unit 类中没有输出信息的 show 函数，因为 unit 类表示抽象的兵种单位，并没有具体到哪一个兵种，所以不会有具体的对象也无法输出信息，基类本身不需要这个 show 函数，所以在［例 8.12］程序中的 unit 类中 show 函数函数体为空。但是，在其直接派生类魔法师类（magi）和弓箭手类（archer）中都需要有 show 函数，而且这两个 show 函数的功能不同。

为简化，可以不写出基类 show 函数的无意义的空函数体，只给出函数的原型，并在后面加上“=0”，例如：

```
virtual void show()=0;                    //纯虚函数
```

这就将 show 声明为一个纯虚函数（pure virtual function）。纯虚函数是在声明虚函数时被“初始化”为 0 的函数。声明纯虚函数的一般形式为

```
Virtual 函数类型 函数名(参数表列)=0;
```

【注意】

（1）纯虚函数没有函数体。

（2）最后面的“=0”并不表示函数返回值为 0，它只起形式上的作用，告诉编译系统“这是纯虚函数”。

（3）这是一个声明语句，最后应有分号。

纯虚函数只有函数的名字而不具备函数的功能，不能被调用。它只是通知编译系统：“在这里声明一个虚函数，留待在派生类中定义”。在派生类中对此函数提供定义后，它才能具备函数的功能，可被调用。

纯虚函数的作用是在基类中为其派生类保留一个函数的名字，以便派生类根据需要对它进行定义。如果在基类中没有保留函数名字，则无法实现多态性。

如果在一个类中声明了纯虚函数，而在其派生类中没有对该函数定义，则该虚函数在派生类中仍然为纯虚函数。

2. 抽象类

如果声明了一个类，一般可以用它定义对象。但是在面向对象程序设计中，往往有一些类，它们不用来生成对象。定义这些类的唯一目的是用它作为基类去建立派生类。它们作为一种基本类型提供给用户，用户在这个基础上根据自己的需要定义出功能各异的派生类。用这些派生类去建立对象。

一个优秀的软件工作者在开发一个大的软件时，决不会从头到尾都由自己编写程序代码，

他会充分利用已有资源（例如类库）作为自己工作的基础。

这种不用来定义对象而只作为一种基本类型用作继承的类，称为抽象类（abstract class），由于它常用作基类，通常称为抽象基类。

凡是包含纯虚函数的类都是抽象类。因为纯虚函数是不能被调用的，包含纯虚函数的类是无法建立对象的。抽象类的作用是作为一个类族的共同基类，或者说，为一个类族提供一个公共接口。

一个类层次结构中当然也可以不包含任何抽象类，每一层次的类都是实际可用的，可以用来建立对象的。但是，许多好的面向对象的系统，其层次结构的顶部都是一个抽象类，甚至顶部有好几层都是抽象类。

如果在抽象类所派生出的新类中对基类的所有纯虚函数进行了定义，那么这些函数就被赋予了功能，可以被调用。这个派生类就不是抽象类，而是可以用来定义对象的具体类（concrete class）。如果在派生类中没有对所有纯虚函数进行定义，则此派生类仍然是抽象类，不能用来定义对象。

虽然抽象类不能定义对象（或者说抽象类不能实例化），但是可以定义指向抽象类数据的指针变量。当派生类成为具体类之后，就可以用这种指针指向派生类对象，然后通过该指针调用虚函数，实现多态性的操作。

下面是一个完整的程序，这个程序由抽象基类 unit 派生出魔法师（magi）类和战士（soldier）类，并实现了一个战士和一个魔法师的单挑战斗。

在［例 8.13］虚构的简单的游戏世界中，游戏地图是用一维数组 map 表示的，每个数组元素都是一个指向某个兵种单位的指针，显然这个指针应该定义成基类指针。map 数组的第 n 个元素有值，表示地图的第 n 个格子这个位置上有一个作战单位，数组元素为空表示这个格子上没有作战单位。［例 8.13］的地图是一个一维数组，像一个窄窄的走廊，读者可以自行把地图扩展为二维数组，兵种互相作战的情况相应也会变得更加复杂。

［例 8.13］中还有一个基类指针数组 u，这个数组用来保存所有的作战单位的地址，是作战单位的总列表。程序运行后，用户每敲一次空格键相当于进行一回合，在每回合内系统都会扫描单位总列表 u，让每个单位都攻击或运动一次。若干回合后，就会有单位受伤和死亡的情况出现。全局变量 usum 用来保存单位总表中单位的总数量，即地图上还存活的作战单位的总数。读者可以自行采用链表等方式保存作战单位列表，本例采用较简单的一维数组来实现。

因为地图是简单的直线型，所以本例的单位作战策略也相对简单，每个兵种都有攻击力、生命值、移动速度、射程等属性，一开始确定运动方向（1 表示向右，−1 表示向左，一共只有两个方向），单位移动到可以攻击其他单位时就停下攻击，直到一方被消灭为止。本例 main 函数中创建了一个战士和一个魔法师，魔法师远程攻击但是血较少，战士要冲到魔法师面前才能攻击，但是血较多，最终取得了胜利。

【例 8.13】 战士和魔法师的战斗。

```
#include <iostream>
#include <string>
using namespace std;

int usum=0;                                   //作战单位总数
```

```
class unit                                   //作战单位类
{
public:
    unit(int i,string nam,int dmg,int hlth,int spd,int x,int d)
       :id(i),name(nam),damage(dmg),health(hlth),speed(spd),px(x),dr(d)
    {
       u[id]=this;
       map[px]=this;
       usum++;
    } //新单位要加入地图(map)，加入作战单位总表(u)，单位总数要加 1
    virtual ~unit()
    {
       u[id]=NULL;
       map[px]=NULL;
       usum--;
    } //单位死亡即注销时，从地图和单位总表上删除该单位，单位总数减 1
    friend void hurt(unit *p,int h)
//对单位造成一定伤害的函数，因为有可能消灭即注销该单位，这个函数定义为友元
    {
       p->health-=h;
       cout<<"，造成"<<h<<"点伤害，";
       if(p->health>0)
          cout<<p->name<<"生命值降为"<<p->health<<endl;
       else
       {
          cout<<p->name<<"被杀死了"<<endl;
          p->~unit();                        //生命值用尽则注销该对象
       }
    }
    void move()                              //行动，能攻击则攻击，不能攻击就向前跑
    {
       int f;                                //保存攻击是否成功的标志
       for(int i=1; (f=tryfire()) && i<=speed; i++)
       {
          map[px]=NULL;
          px+=dr;
          map[px]=this;
       }
       if(f)
       {
          show();
          cout<<" 移动"<<endl;
       }
    }
    virtual void show()=0;                   //show 函数接口用来显示不同的兵种单位
    virtual int tryfire()=0;                 //尝试攻击，攻击成功返回 0，失败返回 1
protected:
    int id;                                  //编号,单位在作战单位总列表中的数组下表
    string name;                             //名字
    int damage;                              //攻击力
    int health;                              //生命值
```

```
    int speed;                              //速度
    int px;                                 //位置，地图上的坐标值
    int dr;                                 //运动方向，1 向右，-1 向左
} *map[11]={NULL},*u[10]={NULL};            //地图、作战单位总列表

class soldier:public unit                   //战士类
{
public:
    soldier(int i,string nam,int x,int d):unit(i,nam,6,40,3,x,d){}
    void show()
    {
        cout<<"战士"<<name<<"位置"<<px;
    }
    int tryfire()
    {
        unit *p=map[px+dr];
        if(p)                               //近战，只看前面一个格子有无可攻击目标
        {
            show();
            cout<<" 攻击 ";
            p->show();
            hurt(p,damage);
            return 0;
        }
        return 1;
    }
};

class magi:public unit                      //魔法师类
{
public:
    magi(int i,string nam,int x,int d):unit(i,nam,5,30,2,x,d),range(6){}
    void show()
    {
        cout<<"法师"<<name<<"位置"<<px;
    }
    int tryfire()
    {
        unit *p;
        for(int i=1;i<=range;i++)           //远程攻击，判断前方射程内有无目标
        {
            p=map[px+dr*i];
            if(p)
            {
                show();
                cout<<" 攻击 ";
                p->show();
                hurt(p,damage);
                return 0;
            }
        }
```

```
        return 1;
    }
protected:
    int range;                          //射程
};

void main()
{
    new soldier(0,"Tom",9,-1);          //创建作战单位对象
    new magi(1,"Bob",1,1);

    u[0]->show();                       //显示创建的作战单位对象
    cout<<endl;
    u[1]->show();
    cout<<endl;
    cin.get();                          //用户敲击键盘则作战单位开始行动

    int i;
    while(usum>1)    //这个循环每循环一趟表示一个回合，作战单位多于一个就继续循环
    {
        for(i=0;i<10;i++) if(u[i]) u[i]->move();
//每回合扫描作战单位列表，每个单位都可以行动一次，这里没有考虑单位行动的顺序
        cin.get();                                  //回合结束等待用户敲击键盘
    }

    for(i=0;i<10;i++) if(u[i]) delete u[i]; //最后注销用 new 创建的对象
}
```

运行结果：

```
战士 Tom 位置 9
法师 Bob 位置 1

战士 Tom 位置 6 移动
法师 Bob 位置 1 攻击 战士 Tom 位置 6，造成 5 点伤害，Tom 生命值降为 35

战士 Tom 位置 3 移动
法师 Bob 位置 1 攻击 战士 Tom 位置 3，造成 5 点伤害，Tom 生命值降为 30

战士 Tom 位置 2 攻击 法师 Bob 位置 1，造成 6 点伤害，Bob 生命值降为 24
法师 Bob 位置 1 攻击 战士 Tom 位置 2，造成 5 点伤害，Tom 生命值降为 25

战士 Tom 位置 2 攻击 法师 Bob 位置 1，造成 6 点伤害，Bob 生命值降为 18
法师 Bob 位置 1 攻击 战士 Tom 位置 2，造成 5 点伤害，Tom 生命值降为 20

战士 Tom 位置 2 攻击 法师 Bob 位置 1，造成 6 点伤害，Bob 生命值降为 12
法师 Bob 位置 1 攻击 战士 Tom 位置 2，造成 5 点伤害，Tom 生命值降为 15

战士 Tom 位置 2 攻击 法师 Bob 位置 1，造成 6 点伤害，Bob 生命值降为 6
法师 Bob 位置 1 攻击 战士 Tom 位置 2，造成 5 点伤害，Tom 生命值降为 10

战士 Tom 位置 2 攻击 法师 Bob 位置 1，造成 6 点伤害，Bob 被杀死了
```

从［例 8.13］可以进一步明确以下结论。

（1）一个基类如果包含一个或一个以上纯虚函数，就是抽象基类。抽象基类不能也不必要定义对象。

（2）抽象基类与普通基类不同，它一般并不是现实存在的对象的抽象［如鱼类就是千千万万条鱼的抽象］，它可以没有任何物理上的或其他实际意义方面的含义。

（3）在类的层次结构中，顶层或最上面的几层可以是抽象基类。抽象基类体现了本类族中各类的共性，把各类中共有的成员函数集中在抽象基类中声明。

（4）抽象基类是本类族的公共接口。或者说，从同一基类派生出的多个类有同一接口。

（5）区别静态关联和动态关联。

（6）如果在基类声明了虚函数，则在派生类中凡是与该函数有相同的函数名、函数类型、参数个数和类型的函数，均为虚函数（不论在派生类中是否用 virtual 声明）。

（7）使用虚函数提高了程序的可扩充性。

把类的声明与类的使用分离。这对于设计类库的软件开发商来说尤为重要。开发商设计了各种各样的类，但不向用户提供源代码，用户可以不知道类是怎样声明的，但是可以使用这些类来派生出自己的类。

利用虚函数和多态性，程序员的注意力集中在处理普遍性，而让执行环境处理特殊性。

多态性把操作的细节留给类的设计者（他们多为专业人员）去完成，而让程序设计人员（类的使用者）只需要做一些宏观性的工作，告诉系统做什么，而不必考虑怎么做，极大地简化了应用程序的编码工作，大大减轻了程序员的负担，也降低了学习和使用 C++语言编程的难度，使更多的人能更快地进入 C++程序设计的大门。

习　题

一、选择题

1．派生类中新定义的成员函数不能直接访问基类的（　　）成员。

A．公有　　B．私有　　C．保护　　D．静态

2．实现运行时的多态性用（　　）。

A．重载函数　　B．构造函数　　C．友元函数　　D．虚函数

3．实现编译时的多态性用（　　）。

A．重载函数　　B．构造函数　　C．友元函数　　D．虚函数

4．下面四个选项中，（　　）是用来声明虚函数的。

A．virtual　　B．public

C．include　　D．using namespace

二、判断题

1．私有成员不可以被继承。

2．基类的友元可以被继承为子类的友元。

3．若基类只有带参的构造函数，则派生类的构造函数必须有参数。

4．派生类的对象可以赋给基类的对象。

5．派生类的对象可以初始化基类的引用。

6．派生类的对象的地址可以赋给指向基类的指针。

三、填空题

1．在派生类对象产生时，首先被执行的是______的构造函数，而派生类对象消失时，首先被自动执行的是______的析构函数。

2．基类的成员在派生类中的访问权限由______决定。

3．按照成员的继承特性，类的保护成员被保护继承为______，被私有继承为______，被公有继承为______。

4．C++语言支持的两种多态性分别为______与______多态性。

四、程序阅读题

1．请写出以下程序的结果________。

```
#include <iostream.h>
void print(double a) {cout<<++a;}
void print(int a,int b) {cout<<a<<b;}
void main() {print(1.2);cout<<" ";print(3,4);}
```

2．请写出以下程序的结果________。

```
#include <iostream.h>
class A { public: A() { cout<<"A"; } };
class B { public: B() { cout<<"B"; } };
class C : public A
{   B b;
    public: C() { cout<<"C"; } };
int main() { C obj; return 0; }
```

五、程序设计题

1．设计一个基类 cperson，包含属性姓名 name 和年龄 age，包含用来输出这些信息的成员函数 show()；从基类派生出学生类 cstudent，增加属性成绩 score，重新定义输出学生信息的成员函数 show()；从基类派生出教师类 cteacher，增加属性教龄 servicel，重新定义输出教师信息的成员函数 show()；在主函数中创建一个学生对象和一个教师对象，并分别输出他们的信息。

2．设计一个长方形类 Rectangle，包含两个私有的数据成员长 length 和宽 width，要求能求其面积和周长；再从 Rectangle 派出一个长方体类 Cuboid，增加一个数据成员高度 height，要求能求其表面积和体积；在主函数中创建一个长方体对象，输出它的表面积和体积。

3．设计一个纯虚公共基类 cbase，包含求表面积的成员函数 area()和求体积的成员函数 volume()；从 cbase 类派生出球类 ball、立方体类 cube；在主函数中分别创建一个球和一个立方体，用基类指针 p 分别指向这两个对象并输出它们的表面积和体积。

4．设计一个纯虚基类“动物”animal，包含成员函数“叫”bark()，用文字输出叫声；设计派生类 dog 与 cat，分别定义 bark()函数；在主函数中创建一只狗和一只猫两个对象，分别调用 bark()成员函数。

5．设计一个纯虚基类“动物”animal：包含属性“颜色”color；包含成员函数“逃跑”runaway()，用文字输出动物逃跑的信息；包含一个静态成员 sum，用来累计 animal 类共有多少个对象被创建；包含一个静态成员 p，它是一个指向 animal 类的指针的数组，每一个 animal

类的对象在创建时都要把自己的地址存入数组p中；自定义构造函数完成对sum和p的操作。设计派生类dog、cat与bird，分别定义runaway( )函数（狗往远处跑，猫上树，鸟飞走）。在全局创建一只猫、一只狗、一只鸟三个对象。在全局创建animal类的友元函数gunshot( )，该函数输出枪击声音，同时访问静态成员sum和p，依次调用p中所指向动物的runaway( )成员函数。在主函数中调用函数gunshot( )。

第 9 章　C++语言的输入/输出流

C++语言虽然从 C 语言继承了一套以 printf 函数库形式工作的输入/输出（I/O）机制，但它又开发了一套自己的具有安全、简洁、可扩展的高效 I/O 系统。前面几乎所有的程序实例中都使用了系统提供的 I/O 流。本章将全面阐述 C++语言的 I/O 流系统，包括 I/O 流系统的工作原理和有关概念、常用 I/O 操作和格式化 I/O 控制方法。

9.1　文件与流的概念

文件一般是指存储在外部介质上的信息的集合。每个文件应有一个包括设备及路径的文件名。狭义的文件通常是指存储在硬盘、磁盘、磁带等介质上的文件；而广义上的文件指所有有输入/输出功能的设备，如键盘、显示器、打印机等。以前所用到的输入和输出，都是以终端为对象的，即从键盘输入数据，运行结果输出到显示器屏幕上。从操作系统的角度看，每一个与主机相连的输入/输出设备都被看做一个文件。除了以终端为对象进行输入和输出外，还经常用磁盘、光盘作为输入/输出对象，磁盘文件既可以作为输入文件，也可以作为输出文件。

对文件的操作实际上就是对信息流的输入/输出操作，是数据从源头到目的地流动过程。从这个意义上说文件可以被抽象成为"流"，因此流是程序设计中对输入/输出系统中文件的抽象。当进行 I/O 操作的时候，必须将流和一种具体的物理设备联系起来。程序的输入指的是从输入文件将数据传送给程序；程序的输出指的是从程序将数据传送给输出文件。C++语言的输入与输出包括以下三方面的内容。

（1）对系统指定的标准设备的输入和输出。即从键盘输入数据，输出到显示器屏幕。这种输入/输出称为标准的输入/输出，简称标准 I/O。

（2）以外存磁盘文件为对象进行输入和输出。即从磁盘文件输入数据，数据输出到磁盘文件。以外存文件为对象的输入/输出称为文件的输入/输出，简称文件 I/O。

（3）对内存中指定的空间进行输入和输出。通常指定一个字符数组作为存储空间（实际上可以利用该空间存储任何信息）。这种输入/输出称为字符串输入/输出，简称串 I/O。

C++语言采取不同的方法来实现以上三种输入/输出。

为了实现数据的有效流动，C++系统提供了庞大的 I/O 类库，调用不同的类去实现不同的功能。

1. C++语言的 I/O 对 C 语言的发展——类型安全和可扩展性

在 C 语言中，用 printf 和 scanf 进行输入/输出，往往不能保证所输入/输出的数据是可靠和安全的。而在 C++语言的输入/输出中，编译系统对数据类型进行严格地检查，凡是类型不正确的数据都不可能通过编译。因此 C++语言的 I/O 操作是 type safe（类型安全）的。同时 C++语言的 I/O 操作也是可扩展的，不仅可以用来输入/输出标准类型的数据，也可以用于用户自定义类型的数据。C++语言对标准类型的数据和对用户声明数据类型的输入/输出，采用同样的方法处理。由于 C++语言通过 I/O 类库来实现丰富的 I/O 功能，所以 C++语言的输入/输出优于 C 语言中的 printf 和 scanf，但是比较复杂，要掌握许多细节。

2. C++语言的输入/输出流

C++语言的输入/输出流是指由若干字节组成的字节序列，这些字节中的数据按顺序从一个对象传送到另一个对象。流表示了信息从源到目的端的流动。在输入操作时，字节流从输入设备（如键盘、磁盘）流向内存；在输出操作时，字节流从内存流向输出设备（如屏幕、打印机、磁盘等）。流中的内容可以是 ASCII 字符、二进制形式的数据、图形图像、数字音频、数字视频或其他形式的信息。

实际上，在内存中为每一个数据流开辟一个内存缓冲区，用来存放流中的数据。流是与内存缓冲区相对应的，或者说，缓冲区中的数据就是流。在 C++语言中，输入/输出流被定义为类。C++语言的 I/O 库中的类称为流类（Stream Class）。用流类定义的对象称为流对象。

cout 和 cin 并不是 C++语言中提供的语句，它们是 iostream 类的对象，在未学习类和对象时，在不致引起误解的前提下，为叙述方便，把它们称为 cout 语句和 cin 语句。

在学习了类和对象后，对 C++语言的输入/输出应当有更深刻的认识。

9.2 流　类　库

9.2.1 流类库的构成

1. iostream 类库中有关的类

C++编译系统提供了用于输入/输出的 iostream 类库。iostream 这个单词是由三个部分组成的，即 i-o-stream，意为输入/输出流。在 iostream 类库中包含许多用于输入/输出的类。ios 是抽象基类，由它派生出 istream 类和 ostream 类，两个类名中第 1 个字母 i 和 o 分别代表输入（input）和输出（output）。istream 类支持输入操作，ostream 类支持输出操作，iostream 类支持输入/输出操作。iostream 类是从 istream 类和 ostream 类通过多重继承而派生的类。其继承层次如图 9.1 所示。

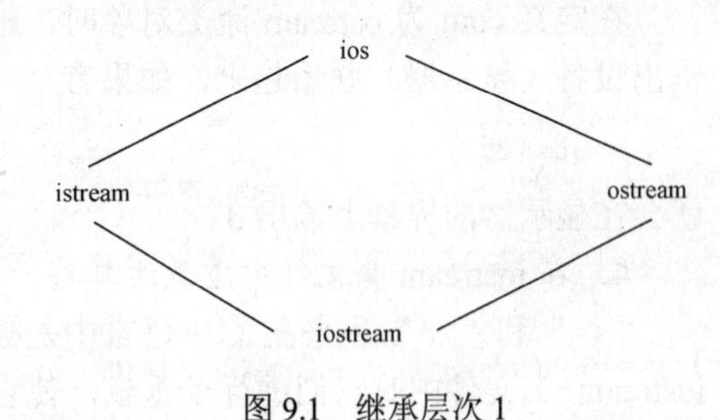

图 9.1　继承层次 1

C++语言对文件的输入/输出需要用 ifstream 类和 ofstream 类，两个类名中第 1 个字母 i 和 o 分别代表输入和输出，第 2 个字母 f 代表文件（file）。ifstream 类支持对文件的输入操作，ofstream 类支持对文件的输出操作。ifstream 类继承了 istream 类，ofstream 类继承了 ostream 类，fstream 类继承了 iostream 类。如图 9.2 所示。

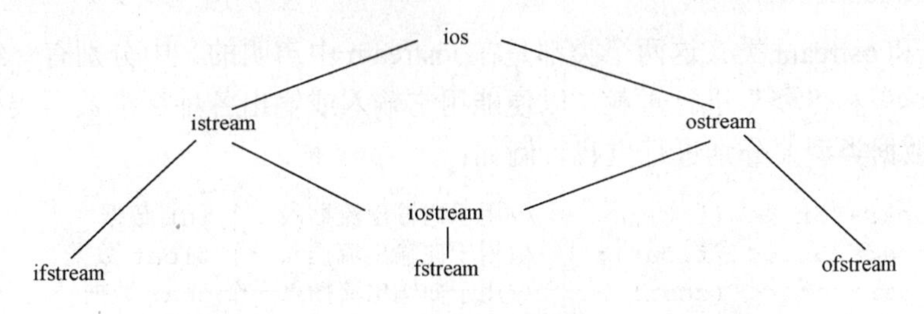

图 9.2　继承层次 2

2. 与 iostream 类库有关的头文件

iostream 类库中不同的类的声明被放在不同的头文件中，用户在自己的程序中用#include 命令包含了有关的头文件就相当于在本程序中声明了所需要用到的类。可以换一种说法：头文件是程序与类库的接口，iostream 类库的接口分别由不同的头文件来实现。如表 9.1 所示。

表 9.1 与 iostream 类库有关的头文件

iostream	包含了对输入/输出流进行操作所需的基本信息
fstream	用于用户管理的文件的 I/O 操作
strstream	用于字符串流 I/O
stdiostream	用于混合使用 C 语言和 C++语言的 I/O 机制时
iomanip	在使用格式化 I/O 时应包含此头文件

3. 在 iostream 头文件中定义的流对象

在 iostream 头文件中定义的类有 ios、istream、ostream、iostream、istream_withassign、ostream_withassign、iostream_withassign 等。

iostream.h 包含了对输入/输出流进行操作所需的基本信息。因此大多数 C++程序都包括 iostream.h。在 iostream.h 头文件中不仅定义了有关的类，还定义了四种流对象，Cin、Cout、Cerr、Clog。其中 cin 是 istream 的派生类 istream_withassign 的对象，它是从标准输入设备（键盘）输入到内存的数据流，称为 cin 流或标准输入流。cout 是 ostream 的派生类 ostream_withassign 的对象，它是从内存输入到标准输出设备（显示器）的数据流，称为 cout 流或标准输出流。

在 iostream 头文件中定义以上四个流对象用以下的形式（以 cout 为例）：

```
ostream cout (stdout);
```

在定义 cout 为 ostream 流类对象时，把标准输出设备 stdout 作为参数，这样它就与标准输出设备（显示器）联系起来，如果有

```
cout<<3;
```

就会在显示器的屏幕上输出 3。

4. 在 iostream 头文件中重载运算符

“<<”和“>>”本来在 C++语言中是被定义为左位移运算符和右位移运算符的，由于在 iostream 头文件中对它们进行了重载，使它们能用作标准类型数据的输入和输出运算符。所以，在用它们的程序中必须用#include 命令把 iostream 包含到程序中。

```
#include <iostream>
```

在 istream 和 ostream 类（这两个类都是在 iostream 中声明的）中分别有一组成员函数对位移运算符“<<”和“>>”进行重载，以便能用它输入或输出各种标准数据类型的数据。对于不同的标准数据类型要分别进行重载，例如：

```
ostream operator << (int);       //用于向输出流插入一个 int 数据
ostream operator << (float);     //用于向输出流插入一个 float 数据
ostream operator << (char);      //用于向输出流插入一个 char 数据
ostream operator << (char *);    //用于向输出流插入一个字符串数据
```

如果在程序中有下面的表达式:

```
cout<<"C++";
```

根据前几章所介绍的知识，上面的表达式相当于

```
cout.operator<<("C++");
```

“C++”的值是其首字节地址，是字符型指针（char*）类型，因此选择调用上面最后一个运算符重载函数。通过重载函数的函数体，将字符串插入到 cout 流中，函数返回流对象 cout。

在 istream 类中已将运算符“>>”重载为对以下标准类型的提取运算符：char、signed char、unsigned char、short、unsigned short、int、unsigned int、long、unsigned long、float、double、long double、char *、signed char *、unsigned char *…。

在 ostream 类中将“<<”重载为插入运算符，其适用类型除了以上的标准类型外，还增加了一个 void *类型。

如果想将“<<”和“>>”用于自己声明的类型的数据，就不能简单地采用包含 iostream 头文件来解决，必须自己用第 11 章的方法对“<<”和“>>”进行重载。

怎样理解运算符“<<”和“>>”的作用呢？它们指出了数据移动的方向，例如：

```
>>a
```

箭头方向表示把数据放入 a 中。而

```
<<a
```

箭头方向表示从 a 中拿出数据。

9.2.2　ios 类

在 ios 类中定义了一个 long 型的保护型成员状态字 x_flag 来控制格式，如果想使得输入或输出满足某种格式只需要将状态字的二进制位中的一个对应位置“1”即可，如表 9.2 所示。

表 9.2　x_flag 的二进制位及对应的格式控制位

0/1	0/1	……	0/1	0/1
是否刷新 stdout	是否刷新缓冲区	……	是否左对齐	是否跳过空白

而在 ios 中定义了一个枚举，它的每一个成员可以通过与 x_flag 进行“|”运算来确定状态字的一个位。该枚举的定义如下。

```
enum{
    skipws=0x0001              //输入时跳过空白
    left=0x0002                //左对齐输出
    right=0x0004               //右对齐输出
    internal=0x0008            //在符号位和基指示符后填入字符，可用于输出
    dec=0x0010                 //十进制格式，可用于输入输出
    oct=0x0020                 //八进制格式，可用于输入或输出
    hex=0x0040                 //十六进制格式可用于输入或输出
    showbase=0x0080            //输出时标明基数说明
    showpoint=0x0100           //在输出浮点数带小数点
    uppercase=0x0200           //十六进制大写输出
    showpos=0x0400             //输出正整数时带+号
    scientific=0x1000          //输出浮点数用科学计数法
```

```
    fixed=0x2000                    //输出浮点数以定点的形式
    unitbuf=0x4000                  //输出后刷新流缓冲区，可用于输出
    stdio=0x8000                    //输出后刷新 stdout 和 stderr
  };
```

显然这些状态字都有一个共同的特点，即通过逻辑运算可以分别使状态字的某一位为 1。之所以其值用十六进制表示是为了说明其二进制中的“1”的位数。

在 ios 类中提供了专门定义设置标志字 x_flag 的公有函数以对流进行格式化输入输出控制。具体包括以下内容。

```
public:
    long  flags();                  //返回当前的标志字
    long  flags(long);              //设置标志字并返回当前标志字
    long  setf(long);               //设置指定的标志位，并返回当前标志字
    long  unsetf(long);             //清除指定标志位，并返回当前标志字
```

在 ios 中还设置了另外三个用于控制格式输出的标志，分别如下。

```
protected:
    int x_precision;                //标志浮点数的精度，缺省为 6 位
    int x_width;                    //标志输出域宽(域宽不足不受此限制)，缺省为 0
    char x_fill;                    //设置域宽有空余的时候填充的字符
```

对这些标志进行设置的函数为

```
public:
    int width();                    //返回当前的域宽
    int width(int);                 //设置域宽并返回当前域宽
    char fill();                    //返回当前的填充字符
    char fill(char);                //设置当前填充字符
    int precision();                //返回当前输出浮点数的精度
    int precision(int);             //设置浮点数的精度并返回该精度
```

其使用方法如［例 9.1］所示。

【例 9.1】 标志设置函数的使用。

```
//此程序在 Visual C++ 6.0 环境下运行通过
#include<iostream.h>
    void main( )
    { float a=300.543 27;
      cout.width(10);               //设置域宽为 10
      cout.precision(4);            //设置精度为 4
      cout.fill('*');               //设置填充字符
      cout<<a;
    }
```

运行结果：

```
*****300.5
```

在 ios 类中还定义了一个标识操作状态的状态字整型 state，I/O 出错就会在该操作状态字对应二进制位置 1，其相应位的值可以通过枚举类型 io_state 型标识，枚举类型 io_state 在 ios 中定义如下。

```
enum ios_state
{   goodbit=0x00;                //流处于正常状态
    eofbit=0x01;                 //输入流结束，忽略下一抽取操作，或文件结束，无数据可读
    failbit=0x02;                //最后的 I/O 操纵失败流可恢复
    badbit=0x04;                 //最后的 I/O 操作非法，流可以恢复
    hardfail=0x08;               //I/O 出现致命错误，流不可以恢复
}
```

通过 ios 中定义的下列函数可以获得操作状态字的相应位的值，函数如下。

```
public:
     int good();                 //流正常返回非 0，否则为 0
     int eof();                  //输入流状态字的 eofbit 为 1 返回非 0 否则返回 0
int fail();
    //流状态字的 failbit、badbit 和 hardfail 位中任一个置 1 则返回非 0，否则返回 0;
int bad();
    //流状态字的 failbit、badbit 位中任一个置 1 则返回非 0，否则返回 0
int rdstate();                   //返回状态字
int operator();                  //与函数 fail( )功能一样
void clear();                    //清除全部出错信息
```

9.2.3　streambuf 类

streambuf 类提供物理设备的接口，可以根据一个具体的设备来生成实例。ios 类中通过一个 streambuf 指针来与具体的物理设备相关联。它提供缓冲或处理流的通用方法，几乎不需要任何格式。缓冲区由一个字符序列和两个指针组成，这两个指针指向字符要被插入和取出的位置。

streambuf 类提供对缓冲区的低级操作，如设置缓冲区，对缓冲区指针进行操作，从缓冲区取出字符，向缓冲区存储字符等。

9.2.4　istream 类

istream 类提供了流库的主要 I/O 界面，是研究流库的关键之一，其定义如下。

```
class istream:vitual public ios
{ istream(streambuf );
      //初始化物理缓冲区，streambuf*为设备文件名
      //从流中将指定的字符输出到给定的 char，直到遇到分界符或文件结束符
      istream & get(signed char *,int len, char='\n');
      istream & get(unsigned char *,int len, char='\n');
        //同上
        //从流中输入字符到给定的 streambuf 直到分界符
      istream & get(streambuf &, char='\n');
      istream & get(signed char &);     //从流中输入单个字符给 char
      istream & get(unsigned char&);    //同上
     int get();                         //从流中接着输入下一个字符或者 EOF
                                        //从流中输入字符到给定的 char，并读入分界符
   istream & getline(signed char,int,char='\n');
   istream & getline(unsigned char *,int, char='\n');
        //同上
   istream & read(signed char*,int);
                                        //从流中读入给定数目的字符到 char *中
```

```
    istream &read(unsigned char *,int); //同上
    int peek();                          //表示不输入并返回下一个字符
    int gcount();                        //返回上次读入的字符数
    istream & putback(char);             //将字符 char 放回到流中
                                         //从流中越过 n 个字符，若碰到 delim 时停止
    istream &ignore(int n=1,int dellim=EOF);
        //按照偏移量移动指针，streampos 为在 iostream.h 中用 typedef 定义的 long 型
    istream &seekg(streampos);
        //按照提供的初始位置及相对偏移量移动指针。seek_dir 是在 ios 中定义的
        //枚举类型可以取三个值 beg(文件开始位置)、cur(文件当前位置)
        //或 end(文件结束位置)
    istream seekg(streamoff,ios::seek_dir);
    streampos tellg();                   //返回当前指针位置
    int sync();
    istream & operator>>(signed char *);//重载运算符
    istream & operator>>(signed char &);
    istream & operator>>(int &);
    …
    }
```

对流进行输入操作的时候即可以用其中的 get 函数也可以用操纵符号“>>”。

为了更加方便地进行自定义输入操作，可以通过重载运算符“>>”来实现自定义的输入操作，其格式为：

```
istream & operator>>(istream & in,user_type &ob)
{…                                       //自定义输出代码
    return in;
}
```

通过重载，在对由 istream 类或者其派生类生成的对象 in 用“>>”来操作 user_type 类型的数据的时候，将调用重载函数“operator>>(in，ob)”，从而实现所要求的输入。

如［例 9.2］所示，可以用“>>”来实现复数的输入。

【例 9.2】 用“>>”来实现复数的输入。

```
//此程序在 Visual C++ 6.0 环境下运行通过
    #include<iostream>
using namespace std;
    class lethality
    {
 public:
     int Coffee_Bean;
     int Garlic;
    };
 istream & operator>>(istream &in,lethality &ob)
    {
     in>>ob.Coffee_Bean>>ob.Garlic;
        return in;
    }
    void main( )
    {  lethality cdata;
       cin>>cdata;
```

```
    cout<<cdata.Coffee_Bean<<'+'<<cdata.Garlic<<endl;
}
```

运行结果：

```
7 8↙
7+8i
```

【例 9.3】 中 cin 是由 istream 派生类所生成的对象，则对于输入的复数操作将调用重载过的运算符函数。

9.2.5　ostream 类

ostream 类在类库中主要提供输出操作，是使用流库的主要界面，它被定义在 iostream.h 中，其定义如下。

```
class ostream :virtual public ios
{ public:
    ostream(streambuf *);                          //初始化物理缓冲区(流设备)
    ostream & flush();                             //将输出流刷新
    ostream & seekp(streampos);                    //与 istream 中 seekg 相同
    ostream & seekp(streamoff,ios::seek_dir);      //与 istream 中 seekg 相同
    ostream & put(char);                           //将字符输出到流中
    ostream & write(const signed char *,int);      //将字符串的 n 个字符输出到流中
    ostream & write(const unsigned char *,int);    //同上
    streampos tellp();                             //返回当前文件写指针的位置
    ostream & operator<<(short);                   //重载运算符
    ostream & operator<<(int);
    ostream & operator<<(float);
    …
}
```

对流进行输出操作的时候即可以用其中的 write 函数也可以用操纵符号“<<”。

为了更加方便地进行自定义输出操作，可以通过重载运算符“<<”来实现自定义输出，其格式如下。

```
ostream & operator>>(ostream & out, user_type &ob)
{  …                                               //定义输出代码
   return out;
}
```

根据［例 9.3］，读者可以自己动手编写通过重载运算符“<<”来实现自定义输出的小程序。

9.3　常 用 I/O 操 作

9.3.1　标准 I/O

标准 I/O 一般指的是相对于键盘与显示器的标准输入/输出设备，C++语言为用户进行标准 I/O 操作预定义了四个类对象，它们包含在 iostream.h 中，分别如下。

（1）cin：代表标准输入设备键盘，是 istream 流类的对象。

（2）cout：代表标准输出设备显示器，是 ostream 流类的对象。

（3）cerr：代表错误信息输出设备显示器，是 ostream 流类的对象。不经缓冲区直接向标准输出设备显示器输出出错信息（非缓冲方式，即一出错就显示）。

（4）clog：代表错误信息输出设备显示器，是 ostream 流类的对象。使用缓冲区输出，只有当缓冲区满时，才向标准输出设备显示器输出出错信息（缓冲方式）。

cout、cerr、clog 都是 ostream 流类的对象。

istream 与 ostream 是在继承于基类成员的基础上又增加了对象之间的赋值操作。cin、cout、cerr、clog 四个流对象，cin 是输入流，cout、cerr、clog 是输出流。

1. 标准输入流

标准输入流是从标准输入设备（键盘）流向程序的数据。

（1）cin 流。cin 是流类的对象，它从标准输入设备（键盘）获取数据，程序中的变量通过流提取符“>>”从流中提取数据。流提取符“>>”从流中提取数据时通常跳过输入流中的空格、tab 键、换行符等空白字符。

【注意】

只有在输入完数据再按“回车”键后，该行数据才被送入键盘缓冲区，形成输入流，提取运算符“>>”才能从中提取数据。需要注意保证从流中读取数据能正常进行。

在不同的 C++系统下运行此程序，在最后的处理上有些不同。以上是在 GCC 环境下运行程序的结果，如果在 Visual C++环境下运行此程序，在按快捷键 Ctrl+Z 时，程序运行马上结束，不输出“输入结束.”

（2）用于字符输入的流成员函数。除了可以用 cin 输入标准类型的数据外，还可以用流类流对象的一些成员函数，实现字符的输入。

1）用 get 函数读入一个字符。流成员函数 get 有三种形式：无参数的、有一个参数的、有三个参数的。而不带参数的 get 函数，其调用形式如下。

```
cin.get()
```

用来从指定的输入流中提取一个字符，函数的返回值就是读入的字符。若遇到输入流中的文件结束符，则函数值返回文件结束标志 EOF(End Of File) 。

【例 9.4】 用 get 函数读入字符。

```
//此程序在 Visual C++ 6.0 环境下运行通过
#include <iostream>
int main( )
{int c;
 cout<<"enter a sentence:"<<endl;
 while((c=cin.get( )   )!=EOF)
 cout.put(c);
 return 0;
}
```

运行结果：

```
enter a sentence:
I am coming.↙                (输入一行字符)
I am coming..                (输出该行字符)
```

C 语言中的 getchar 函数与流成员函数 cin.get( )的功能相同，C++语言保留了 C 语言的这种用法。

2）有一个参数的 get 函数。其调用形式如下。

```
cin.get(ch)
```

其作用是从输入流中读取一个字符，赋给字符变量 ch。如果读取成功则函数返回非 0 值（真）；如失败（遇文件结束符）则函数返回 0 值（假）。[例 9.3] 可以改写如下。

```
#include <iostream>
int main()
{char c;
 cout<<"enter a sentence:"<<endl;
 while(cin.get(c))  //读取一个字符赋给字符变量 c，如果读取成功，cin.get(c)为真
 {cout.put(c);}
 cout<<"end"<<endl;
 return 0;
}
```

3）有三个参数的 get 函数。其调用形式如下。

```
cin.get（字符数组，字符个数 n，终止字符）
```

或

```
cin.get（字符指针，字符个数 n，终止字符）
```

其作用是从输入流中读取 n–1 个字符，赋给指定的字符数组（或字符指针指向的数组），如果在读取 n–1 个字符之前遇到指定的终止字符，则提前结束读取。如果读取成功则函数返回非 0 值（真），如失败（遇文件结束符）则函数返回 0 值（假）。

get 函数中第三个参数可以省写，此时默认为'\\n'。下面两行等价：

```
cin.get(ch,10,'\\n');
cin.get(ch,10);
```

终止字符也可以用其他字符。例如：

```
cin.get(ch, 10, 'x');
```

4）用成员函数 getline 函数读入一行字符。getline 函数的作用是从输入流中读取一行字符，其用法与带三个参数的 get 函数类似。即

```
cin.getline（字符数组（或字符指针），字符个数 n，终止标志字符）
```

2. 标准输出流

（1）cout 流对象。cout 是 console output 的缩写，意为在控制台（终端显示器）的输出。

1）cout 不是 C++语言预定义的关键字，它是 ostream 流类的对象，在 iostream 中定义。

2）用“cout<<”输出基本类型的数据时，可以不必考虑数据是什么类型，系统会判断数据的类型，并根据其类型选择调用与之匹配的运算符重载函数。

3）cout 流在内存中对应开辟了一个缓冲区，用来存放流中的数据，当向 cout 流插入一个 endl 时，不论缓冲区是否已满，都立即输出流中所有数据，然后插入一个换行符，并刷新流（清空缓冲区）。

4）在 iostream 中只对“<<”和“>>”运算符用于标准类型数据的输入/输出进行了重载，但未对用户声明的类型数据的输入/输出进行重载。

（2）cerr 流对象。cerr 流对象是标准错误流。cerr 流已被指定为与显示器关联。cerr 的作用是向标准错误设备（standard error device）输出有关出错信息。cerr 与标准输出流 cout 的作用和用法差不多。但有一点不同：cout 流通常是传送到显示器输出，但也可以被重定向输出到磁盘文件，而 cerr 流中的信息只能在显示器输出。当调试程序时，往往不希望程序运行时的出错信息被送到其他文件，而要求在显示器上及时输出，这时应该用 cerr。cerr 流中的信息是用户根据需要指定的。

【例 9.5】 综合例子——猜数游戏。

产生五位随机数。计算机会将用户提交的数与它自动产生的数进行比较，结果显示成"*Y*N"。Y 代表位置正确数字也正确，N 代表数字正确但位置不正确，比如："3Y1N"表示有三个数字的位置正确且数值也正确，除此以外，还猜对了一个数字，但位置不对。共有九次机会，在九次内，如果结果为“5Y0N”，游戏成功。如果九次里都没有猜对游戏失败。设计排名榜，保存成绩最高的前十条记录。

```
//此程序在 Visual C++ 6.0 环境下运行通过
#include<iostream>
#include<stdio.h>
using namespace std;
struct player
{
 char name[20];
 int  grade;
};
void main()
{
 void subject(int a[],player plr[]);
 int a[5];                                  //记录五位数字
 player  plr[10];
 for(int i=0;i<10;i++)
 {
    plr[i].name[0]='\0';
    plr[i].grade=0;
 }//初始化排名前十
 int t=1;
 char c;
 while(t)
 {
    subject(a,plr);                         //主要函数，判断对错和排名
    cout<<"GO ON ?(Y/N)"<<endl;
    cin>>c;
    if(c=='Y'||c=='y') t=1;
    else t=0;
 }
}

void qu_wu(int a,int b[])                   //五位数分离出来
{
 for(int i=4;i>=0;i--)
 {
```

```
    b[i]=a%10;
    a=a/10;
 }
}

int compare(int a[],int b[],int &flog) //比较正确个数以及错位个数、错误个数
{
 int p=0,q=0;
 for(int i=0;i<5;i++)
 {
    if(a[i]==b[i]) p++;
 }
 for(int j=0;j<5;j++)
 {
    int k;
    for( k=0;k<5;k++)
    {
       if(b[j]==a[k])
          break;
    }
    if(k==5) q++;
 }
 cout<<endl;
 if(p==5&&q==0) flog=1;
 cout<<p<<"Y"<<q<<"N"<<endl;
 return 5*p+2*(5-p-q)+q;

}

void paiming(int a,player plr[])          //与原先比较进行排名
{
 player pl[10];
 char name[20];
 for(int j=0;j<10;j++)
 {
    for(int k=0;k<20;k++)
    {
       pl[j].name[k]=plr[j].name[k];
    }
    pl[j].grade=plr[j].grade;
 }
 for(int i=0;i<10;i++)
 {
    if(a>plr[i].grade)
    {
       cout<<"输入玩家姓名：";
       cin>>name;
       for(int l=0;l<20;l++)
          plr[i].name[l]=name[l];
       plr[i].grade=a;
       for(int m=i+1;m<10;m++)
```

```
        {
            plr[m].grade =pl[m-1].grade;
            for(int n=0;n<20;n++)
            {
               plr[m].name[n]=pl[m-1].name[n];
            }
        }
        break;
    }
  }
}

void subject(int a[],player plr[])
{
 for(int i=0;i<5;i++)
 {
    a[i]=rand()%10;
    while(a[0]==0)
       a[0]=rand()%10;
    cout<<a[i];
 }
 cout<<endl;
 int b[5],caishu,k=1,flog=0,Grade;
 while(k<10&&flog==0)
 {
    cout<<k<<"次输入猜测的五位数：";
    cin>>caishu;
    qu_wu(caishu,b);
    Grade=compare(a,b,flog);
    cout<<flog;
    k++;
 }
 Grade=(11-k)*Grade;                    //分数的计算，与猜测的次数和最终错误个数相关
   paiming(Grade,plr);
 cout<<"姓名                                分数"<<endl;
 for(int j=0;j<10;j++)
 {
    if(plr[j].name[0]=='\0') cout<<"        ";
    printf("%s",plr[j].name);
    cout<<"                       "<<plr[j].grade<<endl;
 }
}
```

运行结果：

```
17409
1 次输入猜测的五位数：12345
1Y3N
02 次输入猜测的五位数：23567
0Y4N
…
```

流成员函数 setf 和控制符 setiosflags 括号中的参数表示格式状态，它是通过格式标志来指定的。格式标志在 ios 类中被定义为枚举值。因此在引用这些格式标志时要在前面加上类名 ios 和域运算符“::”。

【例 9.6】 用流控制成员函数输出数据。

```
//此程序在 Visual C++ 6.0 环境下运行通过
#include <iostream>
using namespace std;
int main( )
{int a=21;
 cout.setf(ios::showbase);           //显示基数符号(0x 或 0)
 cout<<"dec:"<<a<<endl;              //默认以十进制形式输出 a
 cout.unsetf(ios::dec);              //终止十进制的格式设置
 cout.setf(ios::hex);                //设置以十六进制输出的状态
 cout<<"hex:"<<a<<endl;              //以十六进制形式输出 a
 cout.unsetf(ios::hex);              //终止十六进制的格式设置
 cout.setf(ios::oct);                //设置以八进制输出的状态
 cout<<"oct:"<<a<<endl;              //以八进制形式输出 a
 cout.unsetf(ios::oct);
 char *pt="China";                   //pt 指向字符串"China"
 cout.width(10);                     //指定域宽为 10
 cout<<pt<<endl;                     //输出字符串
 cout.width(10);                     //指定域宽为 10
 cout.fill('*');                     //指定空白处以'*'填充
 cout<<pt<<endl;                     //输出字符串
 double pi=22.0/7.0;                 //输出 pi 值
cout.setf(ios::scientific);          //指定用科学记数法输出
cout<<"pi=";                         //输出"pi="
cout.width(14);                      //指定域宽为 14
cout<<pi<<endl;                      //输出 pi 值
cout.unsetf(ios::scientific);        //终止科学记数法状态
cout.setf(ios::fixed);               //指定用定点形式输出
cout.width(12);                      //指定域宽为 12
cout.setf(ios::showpos);             //正数输出"+"号
cout.setf(ios::internal);            //数符出现在左侧
cout.precision(6);                   //保留 6 位小数
cout<<pi<<endl;                      //输出 pi，注意数符"+"的位置
return 0;
}
```

运行结果：

```
dec:21                    (十进制形式)
hex:0x15                  (十六进制形式，以 0x 开头)
oct:025                   (八进制形式，以 0 开头)
China →                   (域宽为 10)
*****China                (域宽为 10，空白处以'*'填充)
pi=**3.142857e+00         (指数形式输出，域宽 14，默认 6 位小数)
+***3.142857              (小数形式输出，精度为 6，最左侧输出数符“+”)
```

3. *用流成员函数 put 输出字符*

ostream 类除了提供上面介绍过的用于格式控制的成员函数外，还提供了专用于输出单个

字符的成员函数 put。例如：

```
cout.put('a');
```

调用该函数的结果是在屏幕上显示一个字符 a。put 函数的参数可以是字符或字符的 ASCII 代码（也可以是一个整型表达式）。例如：

```
cout.put(65+32);
```

也显示字符 a，因为 97 是字符 a 的 ASCII 代码。

可以在一个语句中连续调用 put 函数。例如：

```
cout.put(71).put(79).pu(79).put(68).put('\\n');
```

9.3.2 文件 I/O

1. 文件的概念

迄今为止，讨论的输入/输出是以系统指定的标准设备（输入设备为键盘，输出设备为显示器）为对象的。在实际应用中，常以磁盘文件作为对象。即从磁盘文件读取数据，将数据输出到磁盘文件。

所谓“文件”，一般指存储在外部介质上数据的集合。一批数据是以文件的形式存放在外部介质上的。操作系统是以文件为单位对数据进行管理的。要向外部介质上存储数据也必须先建立一个文件（以文件名标识），才能向它输出数据。

外存文件包括磁盘文件、光盘文件和 U 盘文件。目前使用最广泛的是磁盘文件。

对用户来说，常用到的文件有两大类：一类是程序文件（program file），一类是数据文件（data file）。程序中的输入和输出的对象就是数据文件。

根据文件中数据的组织形式，可分为 ASCII 文件和二进制文件。

对于字符信息，在内存中是以 ASCII 代码形式存放的。因此，无论用 ASCII 文件输出还是用二进制文件输出，其数据形式是一样的。但是对于数值数据，二者是不同的。例如有一个长整数 100 000，在内存中占四字节，如果按内部格式直接输出，在磁盘文件中占四字节，如果将它转换为 ASCII 码形式输出，则要占六字节，如图 9.3 所示。

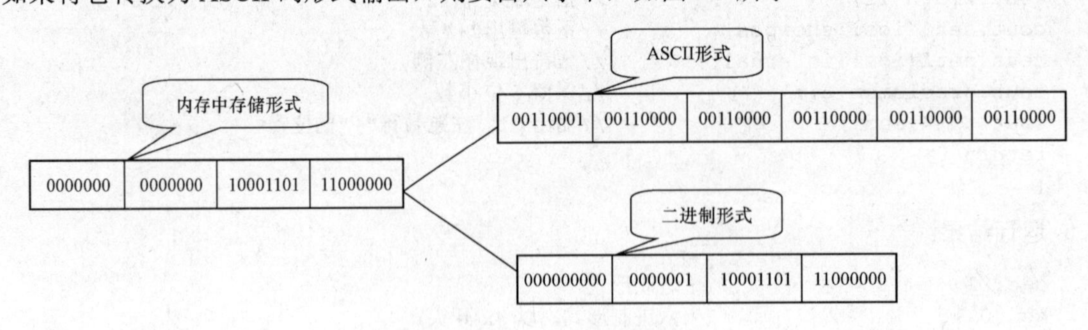

图 9.3 内存中存储形式

C++语言提供低级的 I/O 功能和高级的 I/O 功能。高级的 I/O 功能是把若干个字节组合为一个有意义的单位，然后以 ASCII 字符形式输入和输出。传输大容量的文件时由于数据格式转换，速度较慢，效率不高。

所谓低级的 I/O 功能是以字节为单位输入和输出的，在输入和输出时不进行数据格式的转换。这种输入/输出速度快、效率高，一般大容量的文件传输用无格式转换的 I/O。但使用时会感到不大方便。

2. 文件流类与文件流对象

文件流是以外存文件为输入/输出对象的数据流。输出文件流是从内存流向外存文件的数据，输入文件流是从外存文件流向内存的数据。每一个文件流都有一个内存缓冲区与之对应。

请区分文件流与文件的概念。文件流本身不是文件，而只是以文件为输入/输出对象的流。若要对磁盘文件输入/输出，就必须通过文件流来实现。

在 C++语言的 I/O 类库中定义了几种文件类，专门用于对磁盘文件的输入/输出操作。从以前的学习中可以看到除了已介绍过的标准输入/输出流类 istream，ostream 和 iostream 类外，还有以下三个用于文件操作的文件类。

（1）ifstream 类，它是从 istream 类派生的。用来支持从磁盘文件的输入。

（2）ofstream 类，它是从 ostream 类派生的。用来支持向磁盘文件的输出。

（3）fstream 类，它是从 iostream 类派生的。用来支持对磁盘文件的输入/输出。

要以磁盘文件为对象进行输入/输出，必须定义一个文件流类的对象，通过文件流对象将数据从内存输出到磁盘文件，或者通过文件流对象从磁盘文件将数据输入到内存。

其实在用标准设备为对象的输入/输出中，也是要定义流对象的，如 cin、cout 就是流对象，C++语言是通过流对象进行输入/输出的。

由于 cin、cout 已在 iostream.h 中事先定义，所以用户不需自己定义。在用磁盘文件时，由于情况各异，无法事先统一定义，必须由用户自己定义。此外，对磁盘文件的操作是通过文件流对象（而不是 cin 和 cout）实现的。文件流对象是用文件流类定义的，而不是用 istream 类和 ostream 类来定义的。

可以用下面的方法建立一个输出文件流对象：

```
ofstream outfile;
```

现在在程序中定义了 outfile 为 ofstream 类（输出文件流类）的对象。但是有一个问题还未解决：在定义 cout 时已将它和标准输出设备建立关联，而现在虽然建立了一个输出文件流对象，但是还未指定它向哪一个磁盘文件输出，需要在使用时加以指定。

9.4　文件的打开与关闭

1. 打开磁盘文件

打开文件是指在文件读写之前做必要的准备工作，包括以下内容。

（1）为文件流对象和指定的磁盘文件建立关联，以便使文件流流向指定的磁盘文件。

（2）指定文件的工作方式。

以上工作可以通过两种不同的方法实现。

（1）调用文件流的成员函数 open。例如：

```
ofstream outfile;                          //定义 ofstream 类(输出文件流类)对象 outfile
outfile.open ("f1.dat",ios::out);   //使文件流与 f1.dat 文件建立关联
```

调用成员函数 open 的一般形式为

```
文件流对象. open(磁盘文件名，输入输出方式);
```

磁盘文件名可以包括路径，如"c:\\new\\f1.dat"，如省略路径，则默认为当前目录下的文件。

（2）在定义文件流对象时指定参数。在声明文件流类时定义了带参数的构造函数，其中包含了打开磁盘文件的功能。因此，可以在定义文件流对象时指定参数，调用文件流类的构造函数来实现打开文件的功能。例如：

```
ostream outfile("f1.dat",ios::out);
```

一般多用此形式，比较方便。作用与 open 函数相同。

输入/输出方式是在 ios 类中定义的，它们是枚举常量，有多种选择，见附录 A。

说明：

1）新版本的 I/O 类库中不提供 ios::nocreate 和 ios::noreplace。

2）每一个打开的文件都有一个文件指针。

3）可以用“位或”运算符“|”对输入输出方式进行组合。

4）如果打开操作失败，open 函数的返回值为 0（假）；如果是用调用构造函数的方式打开文件的，则流对象的值为 0。

2. 关闭磁盘文件

在对已打开的磁盘文件的读写操作完成后，应关闭该文件。关闭文件用成员函数 close。例如：

```
outfile.close();                          //将输出文件流所关联的磁盘文件关闭
```

所谓关闭，实际上是解除该磁盘文件与文件流的关联，原来设置的工作方式也失效，这样，就不能再通过文件流对该文件进行输入或输出。此时可以将文件流与其他磁盘文件建立关联，通过文件流对新的文件进行输入或输出。例如：

```
outfile.open("f2.dat", ios::app|ios::nocreate);
```

此时文件流 outfile 与 f2.dat 建立关联，并指定了 f2.dat 的工作方式。

3. 对 ASCII 文件的操作

如果文件的每一个字节中均以 ASCII 代码形式存放数据，即一个字节存放一个字符，这个文件就是 ASCII 文件（或称字符文件）。程序可以从 ASCII 文件中读入若干个字符，也可以向它输出一些字符。

对 ASCII 文件的读写操作可以用以下两种方法。

（1）用流插入运算符“<<”和流提取运算符“>>”输入输出标准类型的数据。

（2）用本章 9.2 节和 9.3 节中介绍的文件流的 put、get、geiline 等成员函数进行字符的输入/输出。

【例 9.7】 有一个整型数组，含十个元素，从键盘输入十个整数给数组，将此数组送到磁盘文件中存放。

```
//此程序在 Visual C++ 6.0 环境下运行通过
#include <fstream.h>
int main( )
{int a[10];
 ofstream outfile("f1.dat",ios::out);   //定义文件流对象，打开磁盘文件"f1.dat"
 if(!outfile)                           //如果打开失败，outfile 返回 0 值
```

```
  {cerr<<"open error!"<<endl;
  }
 cout<<"enter 10 integer numbers:"<<endl;
 for(int i=0;i<10;i++)
  {cin>>a[i];
   outfile<<a[i]<<" ";}                      //向磁盘文件"f1.dat"输出数据
 outfile.close();                            //关闭磁盘文件"f1.dat"
 return 0;
}
```

运行结果：

```
enter 10 integer numbers:
1 3 5 2 4 6 10 8 7 9 ↙
```

【注意】

在向磁盘文件输出一个数据后，要输出一个（或几个）空格或换行符，以作为数据间的分隔，否则以后从磁盘文件读数据时，十个整数的数字连成一片无法区分。

【例 9.8】 从键盘读入一行字符，把其中的字母字符依次存放在磁盘文件 f2.dat 中。再把它从磁盘文件读入程序，将其中的小写字母改为大写字母，再存入磁盘文件 f3.dat。

```
//此程序在 Visual C++ 6.0 环境下运行通过
#include <fstream.h>
  //save_to_file 函数从键盘读入一行字符，并将其中的字母存入磁盘文件
void save_to_file( )
{
 ofstream outfile("f2.dat");
  //定义输出文件流对象 outfile，以输出方式打开磁盘文件 f2.dat
 if(!outfile)
  {
    cerr<<"open f2.dat error!"<<endl;
}
 char c[80];
 cin.getline(c,80);                          //从键盘读入一行字符
 for(int i=0;c[i]!=0;i++)                    //对字符逐个处理，直到遇'/0'为止
 if(c[i]>=65 && c[i]<=90||c[i]>=97 && c[i]<=122) //如果是字母字符
  {
    outfile.put(c[i]);                       //将字母字符存入磁盘文件 f2.dat
    cout<<c[i];
 }                                           //同时送显示器显示
 cout<<endl;
 outfile.close();                            //关闭 f2.dat
}
 //从磁盘文件 f2.dat 读入字母字符，将其中的小写字母改为大写字母，再存入 f3.dat
void get_from_file( )
{
 char ch;
 ifstream infile("f2.dat",ios::in|ios::nocreate);
 //定义输入文件流 outfile，以输入方式打开磁盘文件 f2.dat
 if(!infile)
 {
    cerr<<"open f2.dat error!"<<endl;
 }
```

```
 ofstream outfile("f3.dat");
                                    //定义输出文件流outfile，以输出方式打开磁盘
                                      文件 f3.dat
 if(!outfile)
 {
    cerr<<"open f3.dat error!"<<endl;
 }
 while(infile.get(ch))              //当读取字符成功时执行下面的复合语句
 {
    if(ch>=97 && ch<=122)           //判断 ch 是否为小写字母
       ch=ch-32;                    //将小写字母变为大写字母
    outfile.put(ch);                //将该大写字母存入磁盘文件 f3.dat
    cout<<ch;                       //同时在显示器输出
 }
 cout<<endl;
 infile.close();                    //关闭磁盘文件 f2.dat
 outfile.close();                   //关闭磁盘文件 f3.dat
}
int main()
{
 save_to_file();
 //调用 save_to_file()，从键盘读入一行字符并将其中的字母存入磁盘文件 f2.dat
 get_from_file();
 //调用 get_from_file()，从 f2.dat 读入字母字符，改为大写字母，再存入 f3.dat
 return 0;
}
```

运行结果：

```
I am coming…↙
Iamcoming
```

（将字母写入磁盘文件 f2.dat，同时在屏幕显示）

`IAMCOMING`（改为大写字母）

磁盘文件 f3.dat 的内容虽然是 ASCII 字符，但人们是不能直接看到的，如果想从显示器上观看磁盘上 ASCII 文件的内容，可以采用以下两个方法。

1）在 DOS 环境下用 TYPE 命令。例如：

`D:\\C++>TYPE f3.dat↙`（假设当前目录是 D: \\C++）

在显示屏上会输出：

```
IAMCOMING
```

如果用 GCC 编译环境，可选择 File 菜单中的 DOS Shell 菜单项，即可进入 DOS 环境。想从 DOS 返回 GCC 主窗口，从键盘输入 exit 即可。

2）编一个程序将磁盘文件内容读入内存，然后输出到显示器。可以编一个专用函数。

【例 9.9】 ASCII 文件读写例题

```
//此程序在 Visual C++ 6.0 环境下运行通过
#include <fstream.h>
void display_file(char *filename)
{
   ifstream infile(filename,ios::in|ios::nocreate);
```

```
    if(!infile)
    {
       cerr<<"open error!"<<endl;
    }
    char ch;
    while(infile.get(ch))
       cout.put(ch);
    cout<<endl;
    infile.close();
 }
int main()
{
    display_file("f3.dat"); //将 f3.dat 的入口地址传给形参 filename
    return 0;
}
```

运行时输出 f3.dat 中的字符：

```
IAMCOMING
```

9.5　对二进制文件的操作

二进制文件不是以 ASCII 代码存放数据的，它将内存中数据存储形式不加转换地传送到磁盘文件中，因此它又称为内存数据的映像文件。又因为文件中的信息不是字符数据，而是字节中的二进制形式的信息，因此它又称为字节文件。

对二进制文件的操作也需要先打开文件，用完后要关闭文件。在打开时要用 ios::binary 指定为以二进制形式传送和存储。二进制文件除了可以作为输入文件或输出文件外，还可以是既能输入又能输出的文件。这是和 ASCII 文件不同的地方。

1. 用成员函数 read 和 write 读写二进制文件

对二进制文件的读写主要用 istream 类的成员函数 read 和 write 来实现。这两个成员函数的原型如下。

```
istream& read(char *buffer,int len);
ostream& write(const char * buffer,int len);
```

字符指针 buffer 指向内存中一段存储空间。len 是读写的字节数。调用的方式如下。

```
a. write(p1,50);
b. read(p2,30);
```

【例 9.10】 将一批数据以二进制形式存放在磁盘文件中。

```
//此程序在 Visual C++ 6.0 环境下运行通过
#include <fstream.h>
class Plants
{
public:
 char name[20];                //名称
 int ATK;                      //attack point-攻击力
 int HP;                       //hit point-耐久力
```

```
 int Range;          //射程
};
int main()
{
 Plants pla[3]={"豌豆射手",20,300,1,"向日葵",0,300,0,"樱桃炸弹",1800, 300,0};
 ofstream outfile("plants.dat",ios::binary);
 if(!outfile)
   {
    cerr<<"open error!"<<endl;
   }
 for(int i=0;i<3;i++)
    outfile.write((char*)&pla[i],sizeof(pla[i]));
   outfile.close();
 return 0;
}
```

其实可以一次输出数组的三个元素，将 for 循环的两行改为以下一行：

```
outfile.write((char*)&pla[0],sizeof(pla));
```

执行一次 write 函数即输出了结构体数组的全部数据。

可以看到，用这种方法一次可以输出一批数据，效率较高。在输出的数据之间不必加入空格，在一次输出之后也不必加回车换行符。在以后从该文件读入数据时不是靠空格作为数据的间隔，而是用字节数来控制。

【例 9.11】 将刚才以二进制形式存放在磁盘文件中的数据读入内存并在显示器上显示。

```
#include <fstream.h>
class Plants
{
public:
 char name[20];      //名称
 int ATK;            //attack point-攻击力
 int HP;             //hit point-耐久力
 int Range;          //射程
};
int main( )
{
 Plants pla[3];
 int i;
 ifstream infile("plants.dat",ios::binary);
 if(!infile)
   {
    cerr<<"open error!"<<endl;
   }
 for(i=0;i<3;i++)
    infile.read((char*)&pla[i],sizeof(pla[i]));
 for(i=0;i<3;i++)
 infile.read((char*)&pla[i],sizeof(pla[i]));
  infile.close( );
  for(i=0;i<3;i++)
   {cout<<"NO."<<i+1<<endl;
```

```
    cout<<"name:"<<pla[i].name<<endl;
    cout<<"ATK:"<<pla[i].ATK<<endl;;
    cout<<"PT:"<<pla[i].HP<<endl;
    cout<<"Range:"<<pla[i].Range<<endl<<endl;
   }
  return 0;
}
```

运行结果：

```
NO.1
name: 豌豆射手
ATK:20
PT:300
Range:1
name:向日葵
ATK:0
PT:300
Range:0
Name:樱桃炸弹
ATK:1800
PT:300
Range:0
```

请思考：能否一次读入文件中的全部数据，例如：

```
infile.read((char*)&pla[0],sizeof(pla));
```

2. 与文件指针有关的流成员函数

在磁盘文件中有一个文件指针，用来指明当前应进行读写的位置。对于二进制文件，允许对指针进行控制，使它按用户的意图移动到所需的位置，以便在该位置上进行读写。文件流提供一些有关文件指针的成员函数。为了查阅方便，将它们归纳于书中的附录 A，并作了必要的说明。

【注意】

（1）这些函数名的第一个字母或最后一个字母不是 g 就是 p。

（2）函数参数中的“文件中的位置”和“位移量”已被指定为 long 型整数，以字节为单位。

“参照位置”可以是下面三者之一：

1）ios::beg 文件开头（beg 是 begin 的缩写），这是默认值。

2）ios::cur 指针当前的位置（cur 是 current 的缩写）。

3）ios::end 文件末尾。

它们是在 ios 类中定义的枚举常量。举例如下：

```
infile.seekg(100);               //输入文件中的指针向前移到 100 字节位置
infile.seekg(-50,ios::cur);      //输入文件中的指针从当前位置后移 50 字节
outfile.seekp(-75,ios::end);     //输出文件中的指针从文件尾后移 50 字节
```

3. 随机访问二进制数据文件

一般情况下读写是顺序进行的，即逐个字节进行读写。但是对于二进制数据文件来说，

可以利用上面的成员函数移动指针，随机地访问文件中任一位置上的数据，还可以修改文件中的内容。利用这些功能，可以实现比较复杂的输入输出任务。

【注意】

不能用 ifstream 或 ofstream 类定义输入输出的二进制文件流对象，而应当用 fstream 类。

9.6 字 符 串 流

文件流是以外存文件为输入/输出对象的数据流，字符串流不是以外存文件为输入/输出对象，而以内存中用户定义的字符数组（字符串）为输入/输出对象，即将数据输出到内存中的字符数组，或者从字符数组（字符串）将数据读入。字符串流也称为内存流。

字符串流也有相应的缓冲区，开始时流缓冲区是空的。如果向字符数组存入数据，随着向流插入数据，流缓冲区中的数据不断增加，待缓冲区满了（或遇换行符），一起存入字符数组。如果是从字符数组读数据，先将字符数组中的数据送到流缓冲区，然后从缓冲区中提取数据赋给有关变量。

在字符数组中可以存放字符，也可以存放整数、浮点数及其他类型的数据。在向字符数组存入数据之前，要先将数据从二进制形式转换为 ASCII 代码，然后存放在缓冲区，再从缓冲区送到字符数组。从字符数组读数据时，先将字符数组中的数据送到缓冲区，在赋给变量前要先将 ASCII 代码转换为二进制形式。总之，流缓冲区中的数据格式与字符数组相同。

文件流类有 ifstream、ofstream 和 fstream，而字符串流类有 istrstream、ostrstream 和 strstream。文件流类和字符串流类都是 ostream、istream 和 iostream 类的派生类，因此对它们的操作方法是基本相同的。向内存中的一个字符数组写数据就如同向文件写数据一样，但有三点不同。

（1）输出时数据不是流向外存文件，而是流向内存中的一个存储空间。输入时从内存中的存储空间读取数据。

（2）字符串流对象关联的不是文件，而是内存中的一个字符数组，因此不需要打开和关闭文件。

（3）每个文件的最后都有一个文件结束符，表示文件的结束。而字符串流所关联的字符数组中没有相应的结束标志，用户要指定一个特殊字符作为结束符，在向字符数组写入全部数据后要写入此字符。

字符串流类没有 open 成员函数，因此要在建立字符串流对象时通过给定参数来确立字符串流与字符数组的关联。即通过调用构造函数来解决此问题。建立字符串流对象的方法与含义如下。

1. 建立输出字符串流对象

ostrstream 类提供的构造函数的原型如下。

```
ostrstream::ostrstream (char *buffer, int n, int mode=ios::out);
```

buffer 是指向字符数组首元素的指针，n 为指定的流缓冲区的大小（一般选与字符数组的大小相同，也可以不同），第三个参数是可选的，默认为 ios::out 方式。可以用以下语句建立输出字符串流对象并与字符数组建立关联。

```
ostrstream strout (ch1,20);
```

作用是建立输出字符串流对象 strout，并使 strout 与字符数组 ch1 关联（通过字符串流将数据输出到字符数组 ch1），流缓冲区大小为 20。

2. 建立输入字符串流对象

istrstream 类提供了两个带参的构造函数，原型如下。

```
istrstream::istrstream (char *buffer);
istrstream::istrstream (char *buffer,int n);
```

buffer 是指向字符数组首元素的指针，用它来初始化流对象（使流对象与字符数组建立关联）。可以用以下语句建立输入字符串流对象。

```
istrstream strin(ch2);
```

作用是建立输入字符串流对象 strin，将字符数组 ch2 中的全部数据作为输入字符串流的内容。

```
istrstream strin(ch2,20);
```

流缓冲区大小为 20，因此只将字符数组 ch2 中的前 20 个字符作为输入字符串流的内容。

3. 建立输入输出字符串流对象

strstream 类提供的构造函数的原型如下。

```
strstream::strstream(char *buffer, int n, int mode);
```

可以用以下语句建立输入输出字符串流对象。

```
strstream strio(ch3, sizeof(ch3), ios::in|ios::out);
```

作用是建立输入/输出字符串流对象，以字符数组 ch3 为输入/输出对象，流缓冲区大小与数组 ch3 相同。

以上三个字符串流类是在头文件 strstream 中定义的，因此程序中在用到 istrstream、ostrstream 和 strstream 类时应包含头文件 strstream（在 GCC 中，用头文件 strstream）。

（1）字符数组 C 中的数据全部是以 ASCII 代码形式存放的字符，而不是以二进制形式表示的数据。

（2）一般都把流缓冲区的大小指定与字符数组的大小相同。

（3）字符数组 C 中的数据之间没有空格，连成一片，这是由输出的方式决定的。如果以后想将这些数据读回赋给程序中相应的变量，就会出现问题，因为无法分隔两个相邻的数据。为解决此问题，可在输出时人为地加入空格。

【例 9.12】 在一个字符数组 C 中存放了十个整数，以空格相间隔，要求将它们放到整型数组中，再按大小排序，然后再存放回字符数组 C 中。

```
//此程序在 Visual C++ 6.0 环境下运行通过
#include <strstream>
#include<iostream>
using namespace std;
int main( )
{char c[50]="12 34 65 -23 -32 33 61 99 321 32";
 int a[10],i,j,t;
 cout<<"array c:"<<c<<endl;             //显示字符数组中的字符串
 istrstream strin(c,sizeof(c));      //建立输入串流对象 strin 并与字符数组 c 关联
```

```
  for(i=0;i<10;i++)
   strin>>a[i];                          //从字符数组 c 读入 10 个整数赋给整型数组 a
  cout<<"array a:";
  for(i=0;i<10;i++)
    cout<<a[i]<<" ";                     //显示整型数组 a 各元素
  cout<<endl;
  for(i=0;i<9;i++)                       //用起泡法对数组 a 排序
 for(j=0;j<9-i;j++)
      if(a[j]>a[j+1])
 {t=a[j];a[j]=a[j+1];a[j+1]=t;}
  ostrstream strout(c,sizeof(c));        //建立输出串流对象 strout 并与字符数组 c 关联
  for(i=0;i<10;i++)
    strout<<a[i]<<" ";                   //将 10 个整数存放在字符数组 c
  strout<<ends;                          //加入'\\0'
  cout<<"array c:"<<c<<endl;             //显示字符数组 c
  return 0;
 }
```

运行结果：

```
array c: 12 34 65 -23 -32 33 61 99 321 32    (字符数组 C 原来的内容)
array a: 12 34 65 -23 -32 33 61 99 321 32    (整型数组 A 的内容)
array c: -32 -23 12 32 33 34 61 65 99 321    (字符数组 C 最后的内容)
```

可以看到以下几点。

（1）用字符串流时不需要打开和关闭文件。

（2）通过字符串流从字符数组读数据就如同从键盘读数据一样，可以从字符数组读入字符数据，也可以读入整数、浮点数或其他类型数据。

（3）程序中先后建立了两个字符串流 strin 和 strout，与字符数组 C 关联。strin 从字符数组 C 中获取数据，strout 将数据传送给字符数组。分别对同一字符数组进行操作。甚至可以对字符数组交叉进行读写。

（4）用输出字符串流向字符数组 C 写数据时，是从数组的首地址开始的，因此更新了数组的内容。

（5）字符串流关联的字符数组并不一定是专为字符串流而定义的数组，它与一般的字符数组无异，可以对该数组进行其他各种操作。

与字符串流关联的字符数组相当于内存中的临时仓库，可以用来存放各种类型的数据（以 ASCII 形式存放），在需要时再从中读回来。它的用法相当于标准设备（显示器与键盘），但标准设备不能保存数据，而字符数组中的内容可以随时用 ASCII 字符输出。它比外存文件使用方便，不必建立文件（不需打开与关闭），存取速度快。但它的生命周期与其所在的模块（如主函数）相同，该模块的生命周期结束后，字符数组也不存在了。因此只能作为临时存储空间。

习　　题

一、选择题

1．若要为读/写建立一个新的文本文件，文件流对象应使用的文件打开方式是（　　）。

　A．ios::in　　B．ios::out　　C．ios::in|ios::out　　D．以上都不对

2．在语句 cin>>data;中，cin 是（　　）。

A．C++关键字　B．类名　C．对象名　D．函数名

3．使用 ifstream 流类定义一个流对象并打开一个磁盘文件时，文件的默认打开方式为（　　）。

A．ios::in　B．ios::out　C．ios::in|ios::out　D．以上都不对

二、填空题

1．C++系统提供了一个用于输入/输出的类体系结构，在其中的 ostream、ios、ifstream 类中，用于格式控制的基类为__________，用于输出的流类为__________，用于磁盘文件输入的流类为__________。

2．常用的 I/O 操作主要有标准 I/O 操作及__________与__________。标准 I/O 主要针对的是标准输入设备__________与标准输出设备的__________输入与输出。

3．基本流类的定义主要在系统文件__________中被说明，流类的格式控制主要是通过调用 ios 类中的__________函数设置其__________来实现的。

三、程序阅读题

```
#include "iostream.h"
class three{
    int x,y,z;
    public:
    three(int a,int b,int c)
        {   x=a;y=b;z=c;}
    friend ostream &operator<<(ostream &output, three ob);
    };
ostream &operator<<(ostream &output, three ob)
{
    output<<ob.x<<','<<ob.z<<','<<ob.y<<endl;
    return output;
}
main()
{
    three obj1(10,20,30);
    cout<<obj;
    three obj2(50,40,100);
cout<<obj2;
}
```

程序运行的结果为：

____

____

四、问答题

1．叙述文件的概念，文件的概念有几种？

2．什么是流？流的概念和文件的概念有什么异同？

3．C++语言中为流定义了哪些类？它们之间的继承关系是什么？

4．C++语言为用户预定义了哪几个标准流？分别代表什么含义？

5．简述 C++语言的 I/O 格式控制。

6．简述文件的打开和关闭的过程和步骤。

7．文件的读写方式有哪几种？分别完成什么功能？

五、程序设计题

先建立一个文本文件，然后利用 C++语言的流类库对这个文件进行读写操作。

第 10 章　命名空间及 C++的异常处理

10.1　命名空间概述

10.1.1　命名空间概念

本书前面各章中，有的程序有这样的语句：

```
using namespace std;
```

这就是使用命名空间 std。

命名空间（Namespace）是有效鉴别名称的命名区域，是为解决 C++语言中的变量、函数的命名冲突服务的，它实际上就是一个由程序设计者命名的内存区域。是一种将程序库名称封装起来的方法，它就像在各个程序库中立起一道道围墙。一个命名空间是指一个命名的范围（Named Scope）。命名空间被用来将相关的声明规划在一起，将不相关的代码部分隔开。

例如，两个各自独立开发的程序库使用相同的名称来代表不同的东西，但用户还是能够同时使用它们，C++语言中采用的是单一的全局变量命名空间。在这单一的空间中，如果有两个变量或函数的名字完全相同，就会出现冲突。

随着程序规模的扩大，命名冲突的问题越来越严重，在同一个程序甚至是一个程序的同一个模块内都会出现同名的情况，一个命名空间名称在同一处不断地重复出现，会影响和迷惑阅读者和编写者自己。特别是在那些多人开发的程序中，这种情况更严重。

为了解决这个问题，各种语言都有相应的措施。比如：Java 语言中使用了"包"的概念，而 C++语言使用了"命名空间"。

（1）程序设计者可以根据需要指定一些有名字的空间域，把一些全局实体分别放在各个命名空间中，从而与其他全局实体分隔开来。例如：

```
namespace ns1        //指定命名空间 ns1
{int a;
double b;
}
```

现在命名空间成员包括变量 a 和 b，注意 a 和 b 仍然是全局变量，仅仅是把它们隐藏在指定的命名空间中而已。

（2）如果在程序中要使用变量 a 和 b，必须加上命名空间名和作用域分辨符"::"，如 ns1::a，ns1::b。

这种用法称为命名空间限定（Qualified），这些名字（如 ns1::a）称为被限定名（Qualified name）。C++语言中命名空间的作用类似于操作系统中的目录和文件的关系。

命名空间的作用是建立一些互相分隔的作用域，把一些全局实体分隔开来，以免产生名字冲突。可以根据需要设置许多个命名空间，每个命名空间名代表一个不同的命名空间域，不同的命名空间不能同名。这样，可以把不同的库中的实体放到不同的命名空间中。过去我们用的全局变量可以理解为全局命名空间，独立于所有有名的命名空间之外，它是不需要用命名空间声明的，实际上是由系统隐式声明的，存在于每个程序之中。

在声明一个命名空间时，花括号内不仅可以包括变量，而且还可以包括以下类型：变量（可以带有初始化）、常量、函数（可以是定义或声明）、结构体、类、模板、命名空间（在一个命名空间中又定义一个命名空间，即嵌套的命名空间）。

（3）标准库中的所有对象都在名为 std 的空间内，如果你要使用的话必须引入该空间，通过以下语句即可引入：

```
using namespace std;
```

以后的代码即可随意使用该空间的函数、算法等，就好像在程序中自定义的函数一样。

用户也可以定义自己的 namespace，通过以下语句引入：

```
namespace <空间名>
{
…
}
```

【例 10.1】 自定义命令空间的应用。

```
namespace one
{
    char func(char);
    class String {…};
}
//somelib.h
namespace SomeLib
{
    class String {…};
}
```

如：

```
namespace MyNameSpace
{
    class {
    …
};
    typdef   long   LType
    LType funt()
    {
    …
}
}
```

例如，MyNameSpace::Ltype，但是若通过 using 语句将其引入则可以省略冗长的全限定名称。

命名空间是 ANSI C++引入的可以由用户命名的作用域，用来处理程序中常见的同名冲突。在 C 语言中定义了三个层次的作用域，即文件（编译单元）、函数和复合语句。C++语言又引入了类作用域，类是出现在文件内的。在不同的作用域中可以定义相同名字的变量，互不干扰，系统能够区别它们。下面先简单分析一下作用域的作用，然后讨论命名空间的作用。

如果在文件中定义了两个类，在这两个类中可以有同名的函数。在引用时，为了区别，应该加上类名作为限定，这样不会发生混淆。在文件中可以定义全局变量，它的作用域是整个程序。如果在文件 A 中定义了一个变量 a：

```
int a=3;
```

在文件 B 中可以再定义一个变量 a：

```
int a=5;
```

在分别对文件 A 和文件 B 进行编译时不会有问题。但是，如果一个程序包括文件 A 和文件 B，那么在进行连接时，会报告出错。因为在同一个程序中有两个同名的变量，认为是对变量的重复定义。问题在于全局变量的作用域是整个程序，在同一作用域中不应有两个或多个同名的实体（Entity），包括变量、函数和类等。可以通过 extern 声明同一程序中的两个文件中的同名变量是同一个变量。

【注意】

如果在文件 B 中有以下声明：

```
extern int a;
```

表示文件 B 中的变量 a 是在其他文件中已定义的变量。由于有此声明，在程序编译和连接后，文件 A 的变量 a 的作用域扩展到了文件 B。如果在文件 B 中不再对 a 赋值，则在文件 B 中用以下语句输出的是文件 A 中变量 a 的值：

```
cout<<a;            //得到 a 的值为 3
```

在简单的程序设计中，只要人们小心注意，可以争取不发生错误。但是，一个大型的应用软件，往往不是由一个人独立完成的。假如不同的人分别定义了类，放在不同的头文件中，在主文件（包含主函数的文件）需要用这些类时，就用#include 命令行将这些头文件包含进来。由于各头文件是由不同的人设计的，有可能在不同的头文件中用了相同的名字来命名所定义的类或函数。这样在程序中就会出现名字冲突。

名字冲突，即在同一个作用域中有两个或多个同名的实体。

在程序中还往往需要引用一些库，为此需要包含有关的头文件。如果在这些库中包含有与程序的全局实体同名的实体，或者不同的库中有相同的实体名，则在编译时就会出现名字冲突。

为了避免这类问题的出现，人们提出了许多方法，例如：

（1）将实体的名字写得长一些。

（2）把名字起得特殊一些，包括一些特殊的字符。

（3）由编译系统提供的内部全局标识符都用下划线作为前缀，如_complex( )，以避免与用户命名的实体同名；

（4）由软件开发商提供的实体的名字用特定的字符作为前缀。但是这样的效果并不理想，而且增加了阅读程序的难度，可读性降低了。

一个稍微大点的程序往往会包含许多函数，这些函数的命名和参数类型很可能与标准库中的函数同名。如果出现这种情况的话，程序中的函数就会屏蔽标准函数库中的函数，而此时有可能误认为是在使用标准库中的函数，于是忘了使用 std::作用域分辨符。这样的话即使程序会编译通过，但会出现潜在的逻辑错误。C 语言和早期的 C++语言没有提供有效的机制来解决这个问题，没有使库的提供者能够建立自己的命名空间的工具。人们希望 ANSI C++标准能够解决这个问题，提供一种机制、一种工具，使由库的设计者命名的全局标识符能够和程序的全局实体名及其他库的全局标识符区别开来。

可以通过两种方式来解决这个问题。

（1）引入标准空间，然后定义自己的命名空间，使用的时候通过使用作用域运算符::来使用自己定义的函数，此时默认的是标准函数。

例如：

```
using namespace std;              //引入 std 命名空间作为默认空间
namespace mySpace                 //定义自己的命名空间
{
    void  fun(…)                  //定义自己的函数
    {…}
}
int main(int argc, char* argv[])
{ …
mySpace::fun(…);                  //使用作用域分辨符使用自己定义的函数
    …
    fun(…)                        //为标准库中的函数
    …
}//命名空间结束
```

（2）使用::来使用标准命名空间而引入自定义的命名空间，从而若出现同名函数默认为自己的命名空间中的函数。此时默认的是自己定义的函数。

例如：

```
using namespace zqSpace;
                                  //假设 zqSpace 为用户自定义的 namespace，引入之
int main(int argc, char* argv[])
{   …
    fun(…) ;                      //为自定义的函数
    …
std::fun(…)                       //使用作用域分辨符使用标准库中的函数
    …
}
```

10.1.2 使用命名空间成员的方法

在引用命名空间成员时，要用命名空间名和作用域分辨符对命名空间成员进行限定，以区别不同的命名空间中的同名标识符。即命名空间名::命名空间成员名，这种方法是有效的，能保证所引用的实体有唯一的名字。但是如果命名空间名字比较长，尤其在有命名空间嵌套的情况下，为引用一个实体，需要写很长的名字。在一个程序中可能要多次引用命名空间成员，就会感到很不方便。为此，C++语言提供了一些机制，能简化使用命名空间成员的手续。

1. 使用命名空间别名

可以为命名空间起一个别名（Namespace Alias），用来代替较长的命名空间名。例如：

```
namespace Television        //声明命名空间，名为Television
 {…}
```

可以用一个较短而易记的别名代替它。例如：

```
namespace TV = Television; //别名TV与原名Television等价
```

2. 使用using命名空间成员名

using后面的命名空间成员名必须是由命名空间限定的名字。例如：

```
using ns1::Student;
```

using声明的有效范围是从using语句开始到using所在的作用域结束。如果在以上的using语句之后有以下语句：

```
Student stud1(101,"Wang",18); //此处的Student相当于ns1::Student
```

上面的语句相当于 `ns1::Student stud1(101,"Wang",18);`

又如：

```
using ns1::fun;              //声明其后出现的fun是属于命名空间ns1中的fun
cout<<fun(5,3)<<endl;        //此处的fun函数相当于ns1::fun(5,3)
```

显然，这可以避免在每一次引用命名空间成员时都用命名空间限定，使得引用命名空间成员方便易用。

【注意】

在同一作用域中用using声明的不同命名空间的成员中不能有同名的成员。例如：

```
using ns1::Student;          //声明其后出现的Student是命名空间ns1中的Student
using ns2::Student;          //声明其后出现的Student是命名空间ns2中的Student
Student stud1;               //请问此处的Student是哪个命名空间中的Student?
```

产生了二义性，编译出错。

【例10.2】 在文件x.h中有个类MyClass，在文件y.h中也有个类MyClass，而在文件z.cpp中要同时引用x.h和y.h文件。

```
//此程序在Visual C++ 6.0下调试通过
//x.h
#include<iostream.h>
namespace Room1
{
   class MyRoom
   {
  public:
     void f(){cout<<"This is the Room1."<<endl;}
  private:
     int m;
  };
};
//y.h
#include<iostream.h>
namespace Room2
{
  class MyRoom
  {
```

```
    public:
       void f(){cout<<"This is the Room2."<<endl;}
    private:
      int m;
    };
};
//z.cpp
#include"x.h"
#include"y.h"
void main()
{
   Room1::MyRoom x;                 //声明一个文件 x.h 中类 MyClass 的实例 x
   Room2::MyRoom y;                 //声明一个文件 y.h 中类 MyClass 的实例 y
   x.f();                           //调用文件 x.h 中的函数 f
   y.f();                           //调用文件 y.h 中的函数 f
}
```

运行结果：

```
This is the Room1.
This is the Room2.
```

3. 使用 using namespace 命名空间名

能否在程序中用一个语句就能一次声明一个命名空间中的全部成员呢？C++语言提供了 using namespace 语句来实现这一目的。using namespace 语句的一般格式如下。

```
using namespace 命名空间名;
```

例如：

```
using namespace ns1;
```

声明了在本作用域中要用到命名空间 ns1 中的成员，在使用该命名空间的任何成员时都不必用命名空间限定。如果在作了上面的声明后有以下语句：

```
Student stud1(101,"Wang",18);   //Student 隐含指命名空间 ns1 中的 Student
cout<<fun(5,3)<<endl;           //这里的 fun 函数是命名空间 ns1 中的 fun 函数
```

在用 using namespace 声明的作用域中，命名空间 ns1 的成员就好像在全局声明的一样。因此可以不必用命名空间限定。显然这样的处理对写程序比较方便。但是如果同时用 using namespace 声明多个命名空间时，往往容易出错。因此只有在使用命名空间数量很少，以及确保这些命名空间中没有同名成员时才用 using namespace 语句。

4. 无名的命名空间

以上介绍的是有名字的命名空间，C++语言还允许使用没有名字的命名空间，如在文件 A 中声明了以下的无名命名空间：

```
Namespace                           //命名空间没有名字
{void fun()                         //定义命名空间成员
    {cout<<"OK."<<endl;}
}
```

由于命名空间没有名字，在其他文件中显然无法引用，它只在本文件的作用域内有效。

无名命名空间的成员 fun 函数的作用域为文件 A。在文件 A 中使用无名命名空间的成员，不必（也无法）用命名空间名限定。如果在文件 A 中有以下语句：

```
fun();
```

则执行无名命名空间中的成员 fun 函数，输出“OK”。在本程序中的其他文件中也无法使用该 fun 函数，也就是把 fun 函数的作用域限制在本文件范围中。

5. 标准命名空间 std

<iostream>和<iostream.h>不一样，前者没有后缀。实际上，在你的编译器 include 文件夹里面可以看到，二者是两个文件，里面的代码是不一样的。

后缀为.h 的头文件 C++标准不支持。

当使用<iostream.h>时，相当于在 C 中调用库函数，使用的是全局命名空间，也就是早期的 C++实现；当使用<iostream>的时候，该头文件没有定义全局命名空间，必须使用 namespacestd；这样才能正确使用 cout。

规则：为了解决 C++标准库中的标识符与程序中的全局标识符之间及不同库中的标识符之间的同名冲突，应该将不同库的标识符在不同的命名空间中定义（或声明）。

标准 C++库的所有的标识符都是在一个名为 std 的命名空间中定义的，或者说标准头文件（如 Iostream）中函数、类、对象和类模板是在命名空间 std 中定义的。

这样，在程序中用到 C++标准库时，需要使用 std 作为限定。

如 `std::cout<<"OK"<<endl;    //声明 cout 是在命名空间 std 中定义的流对象`

在大多数的 C++程序中常用 using namespace 语句对命名空间 std 进行声明，这样可以不必对每个命名空间成员一一进行处理，在文件的开头加入以下 using namespace 声明：

```
using namespace std;
```

这样，在 std 中定义和声明的所有标识符在本文件中都可以作为全局量来使用。但是应当绝对保证在程序中不出现与命名空间 std 的成员同名的标识符。

由于在命名空间 std 中定义的实体实在太多，有时程序设计人员也弄不清哪些标识符已在命名空间 std 中定义过，为减少出错机会，有的专业人员喜欢用若干个“using 命名空间成员”声明来代替“using namespace 命名空间”声明，例如：

```
using std::string;
using std::cout;
using std::cin;
...
```

为了减少在每一个程序中都要重复书写以上的 using 声明，程序开发者往往把编写应用程序时经常会用到的命名空间 std 成员的 using 声明组成一个头文件，然后在程序中包含此头文件即可。例如：

```
#include <cstdio>
#include <cmath>
using namespace std;
```

目前所用的大多数 C++编译系统既保留了 C 语言的用法，又提供了 C++语言的新方法。下面两种用法等价，可以任选。

C 语言传统方法	C++语言新方法
#include <stdio.h> #include <math.h> #include <string.h>	#include <cstdio> #include <cmath> #include <cstring> using namespace std;

可以使用传统的C语言方法，但应当提倡使用C++语言的新方法。

【例 10.3】 定义命名空间 car 和 plane，分别输出空间的数据。

```
//此程序在 VC6.0 下调试通过
//此程序在 VC6.0 下调试通过
#include  <conio.h>
#include  <iostream.h>
namespace  Peashooter                             //命名空间的定义
{
   void  Showlethality(double  lethality)  //参数类型为 double
   {
      cout<<"in  Peashooter  namespace:  "<<lethality<<endl;
   }
}
  namespace  Snow_Pea                              //命名空间的定义
{
   void  Showlethality(int  lethality)     //参数类型为 i  n  t
   {
      cout<<"in  Snow_Pea  namespace:  "<<lethality<<endl;
   }
}
void  main()
{
   using  namespace  Peashooter;
   Showlethality(3);
   Showlethality(3.8);
   using  namespace  Snow_Pea;
   Showlethality(93);
   Showlethality(93.75);
}
```

运行结果：

```
In Peashooter  namespace:  3
In Peashooter  namespace:  3.8
In Snow_Pea  namespace:  93
In Snow_Pea  namespace:  93.75
```

说明：如果没有名空间的干扰，函数重载时选择规则将是非常简单。只要实参是 double 类型，则调用的是前面的函数；如果实参是 int 类型，则调用后面的函数。但是由于名空间的参与，就出现了上面的运行结果。所以在编程的时候一定要注意名空间对函数重载的影响。

10.2　C++的异常处理

程序中常见的错误有两大类：语法错误和运行错误。在编译时，编译系统能发现程序中的语法错误。程序编制者不仅要考虑程序没有错误的理想情况，更要考虑程序存在错误时的情况，应该能够尽快地发现错误，消除错误。有的程序虽然能通过编译，也能投入运行。但是在运行过程中会出现异常，得不到正确的运行结果，甚至导致程序不正常终止，或出现死机现象。这类错误比较隐蔽，不易被发现，往往耗费我们许多的时间和精力。这成为程序调试中的一个难点。

在设计程序时，应当事先分析程序运行时可能出现的各种意外的情况，并且分别制订出相应的处理方法，这就是程序的异常处理的任务。在运行没有异常处理的程序时，如果运行情况出现异常，由于程序本身不能处理，程序只能终止运行。如果在程序中设置了异常处理机制，则在运行情况出现异常时，由于程序本身已规定了处理的方法，于是程序的流程就转到异常处理代码段处理。用户可以指定进行任何的处理。需要说明，只要出现的情况与人们所期望的不同，都可以认为是异常，并对它进行异常处理。因此，所谓异常处理指的是对运行时出现的差错及其他例外情况的处理。是只允许程序具有一定的容错性。这里的容错性，是指允许运行的环境偶尔出现一些错误，允许用户偶尔出现一些误操作，允许外界环境和人为因素造成的错误。

异常处理是 C++语言提供的一种机制，使程序员能够编出更好的具有容错能力的程序。异常处理是把错误变成一种异常，把异常当成正常流程中已经考虑到的一种问题的处理。例如：读写磁盘时，磁盘没有准备好；从网上读取信息时，网络没有连接上。这些都属于运行环境的一种错误。在一个大型软件中，由于函数之间有着明确的分工和复杂的调用关系，发现错误的函数往往不具备处理错误的能力。这时它就引发一个异常，希望它的调用者能够捕获这个异常并处理这个错误。如果调用者也不能处理这个错误，还可以继续传递给上级调用者去处理，这种传播会一直继续到异常处理被处理完为止。如果程序始终没有处理这个异常，最终它会被传到 C++运行系统那里，运行系统捕获异常后通常只是简单地终止这个程序。

异常是程序控制中的偶发事件。异常的来源分为以下两种。

（1）硬件异常，如 CPU 发生故障。

（2）软件异常，如在程序中出现了除数为 0 的情况。异常处理是应用程序健壮性的关键。可以这么说，算法和异常处理可以直接反映程序设计者的水平。本质上看，程序异常是指出现了一些很少发生的或出乎意料的状态，通常显示了一个程序错误或要求一个必须提供的回应。不能满足这个回应经常造成程序功能的减弱或死亡甚至整个系统和程序一起崩溃掉。

随着程序复杂性的增加，为处理错误而必须包括在程序中代码的复杂性也增加了。为使程序更易于测试和处理错误，C++实现了异常处理机制。C++处理异常的机制是由三部分组成的，即检查（try）、抛出（throw）和捕捉（catch），把需要检查的语句放在 try 块中，throw 用来当出现异常时发出（形象地称为抛出，throw 的意思是抛出）一个异常信息，而 catch 则用来捕捉异常信息，如果捕捉到了异常信息，就处理它。

异常处理的一般格式如下。

```
try
{
    被检查语句
    throw 异常
}
catch(异常类型 1)
```

```
{
    进行异常处理的语句 1
}
catch(异常类型 2)
{
    进行异常处理的语句 2
}
```

【例 10.4】 给出豌豆射手，双发射手，三头射手个数，计算僵尸是否毙命。

注：豌豆射手>10 或双发射手>7 或三头射手>5 或三者之和>7 时，僵尸毙命，否则，大脑被吃，游戏结束。

```
//此程序在 VC6.0 下调试通过
#include <iostream>
#include <cmath>
using namespace std;
void main( )
{   int Zombie_die(int,int,int);
    int Peashooter,Repeater,Threepeater;
    cout<<"Please input Peashooter,Repeater,Threepeater number:1-10"<<endl;
    cin>>Peashooter>>Repeater>>Threepeater;
    int t;
    try                         //在 try 块中包含要检查的函数
    {
        while(Peashooter>0 && Repeater>0 && Threepeater>0)
    {
    t=Zombie_die(Peashooter,Repeater,Threepeater);
    cout<<"Please input Peashooter,Repeater,Threepeater number:1-10"<<endl;
    cin>>Peashooter>>Repeater>>Threepeater;
    }
  }
    catch(int)                  //用 catch 捕捉异常信息并作相应处理
    {
cout<<"Peashooter="<<Peashooter<<",Repeater="<<Repeater<<",Threepeater="<
<Threepeater<<",I am coming brain.That is not a fatal blow!"<<endl;
    cout<<"The game is over!"<<endl;
    }
}
int Zombie_die(int Peashooter,int Repeater,int Threepeater)
{   int s=Peashooter+Repeater+Threepeater;
    if (Threepeater<5 && Repeater<7 && Peashooter<10 && s<7) throw s;
    cout<<"Peashooter="<<Peashooter<<",Repeater="<<Repeater
<<",Threepeater="<<Threepeater
    <<",That is a fatal blow!The Zombie is dead."<<endl;
    return 1;
}
```

运行结果：

```
Please input Peashooter,Repeater,Threepeater number:1-10
1 8 9↙
Peashooter=1,Repeater=8,Threepeater=9,That is a fatal blow!The Zombie is
```

```
dead.Please input Peashooter,Repeater,Threepeater number:1-10
5 6 7↙                                        (输入a, b, c的值)
Peashooter=5,Repeater=6,Threepeater=7,I am comming.....brain.That is not a
fatal blow!
The game is over!
```

现在结合程序分析怎样进行异常处理。

（1）首先把可能出现异常的、需要检查的语句或程序段放在try后面的花括号中。

（2）程序开始运行后，按正常的顺序执行到try块，开始执行try块中花括号内的语句。如果在执行try块内的语句过程中没有发生异常，则catch子句不起作用，流程转到catch子句后面的语句继续执行。

（3）如果在执行try块内的语句（包括其所调用的函数）过程中发生异常，则throw运算符抛出一个异常信息。throw抛出异常信息后，流程立即离开本函数，转到其上一级的函数（main函数）。throw抛出什么样的数据由程序设计者自定，可以是任何类型的数据。

（4）这个异常信息提供给try-catch结构，系统会寻找与之匹配的catch子句。

（5）在进行异常处理后，程序并不会自动终止，继续执行catch子句后面的语句。

由于catch子句是用来处理异常信息的，往往被称为catch异常处理块或catch异常处理器。

【规则】

（1）被检测的函数必须放在try块中，否则不起作用。

（2）try块和catch块作为一个整体出现，catch块是try-catch结构中的一部分，必须紧跟在try块之后，不能单独使用，在二者之间也不能插入其他语句。但是在一个try-catch结构中，可以只有try块而无catch块。即在本函数中只检查而不处理，把catch处理块放在其他函数中。

（3）try和catch块中必须有用花括号括起来的复合语句，即使花括号内只有一个语句，也不能省略花括号。

（4）一个try-catch结构中只能有一个try块，但却可以有多个catch块，以便与不同的异常信息匹配。

（5）catch后面的圆括号中，一般只写异常信息的类型名，例如：

```
catch (double)
```

catch只检查所捕获异常信息的类型，而不检查它们的值。因此如果需要检测多个不同的异常信息，应当由throw抛出不同类型的异常信息。

异常信息可以是C++系统预定义的标准类型，也可以是用户自定义的类型（如结构体或类）。如果由throw抛出的信息属于该类型或其子类型，则catch与throw二者匹配，catch捕获该异常信息。

catch还可以有另外一种写法，即除了指定类型名外，还指定变量名，例如：

```
catch (double d)
```

此时如果throw抛出的异常信息是double型的变量a，则catch在捕获异常信息a的同时，还使d获得a的值，或者说d得到a的一个拷贝。什么时候需要这样做呢？有时希望在捕获异常信息时，还能利用throw抛出的值，例如：

```
catch (double d)
  {cout<<"throw "<<d;}
```

这时会输出 d 的值（也就是 a 值）。当抛出的是类对象时，有时希望在 catch 块中显示该对象中的某些信息。这时就需要在 catch 的参数中写出变量名（类对象名）。

（6）如果在 catch 子句中没有指定异常信息的类型，而用了删节号“…”，则表示它可以捕捉任何类型的异常信息，例如：

```
catch(…) {cout<<"OK"<<endl;}
```

它能捕捉所有类型的异常信息，并输出“OK”。

这种 catch 子句应放在 try-catch 结构中的最后，相当于“其他”。如果把它作为第一个 catch 子句，则后面的 catch 子句都不起作用。

（7）try-catch 结构可以与 throw 出现在同一个函数中，也可以不在同一函数中。当 throw 抛出异常信息后，首先在本函数中寻找与之匹配的 catch，如果在本函数中无 try-catch 结构或找不到与之匹配的 catch，就转到离出现异常最近的 try-catch 结构去处理。

（8）抛出异常的语法格式如下。

```
throw [<表达式>];
```

如果某段程序中发现了自己不能处理的异常情况，就可以使用该方式抛出这个异常，将它抛给调用该段程序的函数。其中，表达式值的类型称为异常类型，它可以是任意的 C++的类型（void 除外），包括 C++的类。例如：

```
throw 1;                    //抛出一个异常，该异常为 int 类型，值为 1
throw "number error";       //抛出一个异常，该异常为 char*类型，值为字符串的首地址。
```

在执行完 throw 语句后，系统将不执行 throw 后面的语句，而是直接跳到异常处理语句部分进行异常的处理。

（9）如果 throw 抛出的异常信息找不到与之匹配的 catch 块，那么系统就会调用一个系统函数 terminate，使程序终止运行。

C++异常处理机制提供了一个平行于或超然于函数调用链的异常处理上下环境，这个异常的处理环境目前尚不能应对底层的硬件偶发错误，更适合于处理程序逻辑中的漏洞。C++提供了检测异常的宏及产生、处理异常的语句。

ASSERT( )宏可以在调试阶段作为异常处理的方法。开发完成后，应该用#define NDEBUG 使之失效。

抛出（产生）异常：throw 异常类型。例如：

```
throw;                      //直接将捕获的异常重新抛出
throw  myerror ("something bad happend");
```

在一个小的程序中，可以用比较简单的方法处理异常。但是在一个大的系统中，如果在每一个函数中都设置处理异常的程序段，会使程序过于复杂和庞大。因此，C++语言采取的办法是：如果在执行一个函数过程中出现异常，可以不在本函数中立即处理，而是发出一个信息，传给它的上一级（即调用它的函数），它的上级捕捉到这个信息后进行处理。如果上一级的函数也不能处理，就再传给其上一级，由其上一级处理。如此逐级上送，如果到最高一级还无法处理，最后只好异常终止程序的执行。这样做使异常的发现与处理不由同一函数来完成。好处是使底层的函数专门用于解决实际任务，而不必再承担处理异常的任务，以减轻底层函数的负担，而把处理异常的任务上移到某一层去处理。这样可以提高效率。如果某段程序中发现了自己不能处理的异常，就可以使用 throw 表达式抛掷这个异常，将它抛掷给调用者。throw 是抛出异常的关键字，后面的表达式表示可以构造一个对象来表达这种异常。这是用复杂对象表示异常。

用整数或是代码表示错误编码时，要用到底抛出的异常是什么类型的对象。什么表达式，则根据程序设计的需要自己确定。在使用程序模块抛出异常时，要用 try 和 catch 结构。把有可能抛出异常的程序段放在 try 后面的语句中，紧跟 try 语句的是多个 catch 语句，用来捕捉 throw 表达式抛出异常。异常类型声明部分指明了子句处理的异常的类型。catch 后的语句用于处理异常。如果该语句处理不了，调用专门处理错误的函数或是跳到上一级来处理。C++异常处理的真正能力，不仅在于它能够处理各种类型的异常，还在于它具有为异常抛掷前构造的所有局部对象自动调用析构函数的能力。

异常捕获。try-catch 控制。如果在一个函数内抛出一个异常，将在异常抛出时退出函数。在 try 块之后必须紧跟一个或多个 catch( )语句，目的是对发生的异常进行处理。catch( )括号中的声明只能容纳一个形参，当类型与抛掷异常的类型匹配时，该 catch( )块便称捕获了一个异常而转到其块中进行异常处理。可用以下结构逐个捕获异常。

```
try
{
…
}
catch(type1 id1)
{
…
}
catch(type2 id2)
{
…
}
catch(…)    //捕获所有其他异常
{
…
}
```

其中 catch{}称为异常处理器。在 catch 行的圆括号中可包含数据类型声明，它与函数定义中声明起的作用相同。应把异常处理 catch 块看作是函数分程序。跟在 catch 之后的圆括号中必须含有数据类型，捕获是利用数据类型匹配实现的。在数据类型之后放参数是可选的。参数名使得被捕获的对象在处理程序分程序中被引用。函数中的异常规格说明

```
void f() throw(id1, id2, id3);
```

表示函数中有 id1、id2、id3 三种潜在的异常抛出。如果抛出的异常与上述异常规格说明不符，则会自动调用特殊函数 unexpected( )。可以用 set_unexpected( )来为用户指定实际的 unexpected( )函数。

一个未被处理的异常应该视作程序的错误。应尽量避免在类的构造函数及析构函数中引发异常。

下面为一个异常处理的简单例子。

【例 10.5】 try、throw、catch 应用例子。

```
//此程序在 VC6.0 下调试通过
#include<iostream>
using namespace std;
void main()
{
try{
    cout << "抛出异常前";
    throw "恭喜您升级成功，城堡防护能力为 32 级.";
    cout << "抛出异常后";
}
catch(bool b){
    cout << "下一级，冰川时代 3 级。";
}
catch(char* p){
    cout << p << endl;
}
catch(int i){
    cout << "请等待升级……";
}
cout << "异常处理结束";
}
```

运行结果：

```
抛出异常前
恭喜您升级成功，城堡防护能力为 32 级.
异常处理结束
```

习　　题

一、填空题

1．C++系统自定义命名空间的关键字为_______，存在多个命名空间时，可以用______来限定访问的命名空间的数据。

2．异常处理的关键字为__________、__________和 throw。其中把需要检查异常的语句块放在__________语句里面，进行异常处理的语句放在__________语句里面。

二、问答题

1．什么是命名空间，为什么要引入命名空间？

2．简述 C++的异常处理机制。

三、程序设计题

1．设计同时在两个命名空间中出现的函数 set（），在同一个文件中进行调用。

2．给下列程序加上 try、throw、catch 语句，并在整数 20 时抛出异常。使程序运行结果如下。

下面是需要捕捉的异常程序：

```
20 is exception.
That is over.
```

原程序如下所示。

```
#include<iostream>
using namespace std;
void main()
{
    int b;
b=1024;
cout<<b<<endl;
cout << "That is over."<<endl;
}
```

第 11 章　用 C++语言设计面向对象程序

经过前面的学习，读者已经对 C++语言的方方面面都有了详细的了解。本章将给出一个大的例子，将前几章的内容融会贯通。

本章设计一个名叫俄罗斯方块的小游戏。这个益智小游戏非常流行，通过消除方块来赢得分数，深受全世界人民的喜爱。

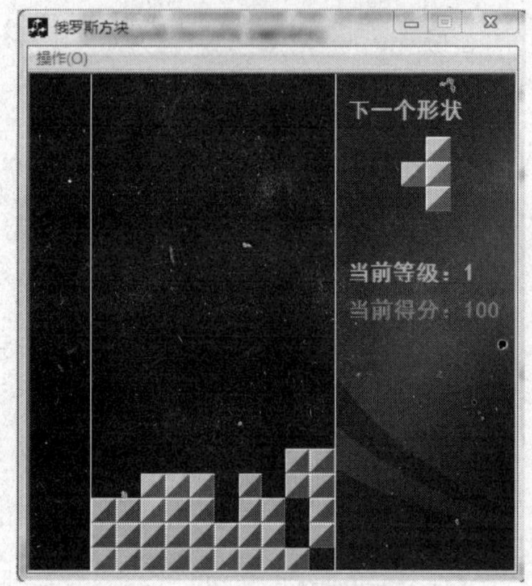

图 11.1　俄罗斯方块运行程序

程序的运行界面如图 11.1 所示。

在该程序中，将通过键盘来控制方块，将每一行填满后，该行被消除，赢得相应的分数。如果方块一直堆放触及游戏界面上限，则程序结束。很明显，这是一个图形界面程序，而且需要和键盘进行交互，接收玩家的指令来操纵方块。在编写这类程序的时候，采用 MVC 模式是非常合适的。M 代表模型(Model)，专门负责程序的内部状态，不考虑界面等其他因素。V 代表视图(View)，专门负责界面的显示，不考虑内部数据之间复杂的关系。C 代表控制器(Controller)，负责连接 M 和 V。本书的内容只涉及标准的 C++知识，并没有涉及图形界面的编写。在 Windows 系统下，编写图形界面可以用 MFC 类库来完成。因此，本章节对此程序的分析，仅限于 M，也就是数据模型设计。下面看如何用面向对象的知识，来对这个程序的数据模型进行设计和编写。

11.1　俄罗斯方块的数据模型设计

首先对这个程序进行初步的分析：它包含了两大要素，一个就是正方形、竖条形等七种形状，通常称之为“下落形状”。另一个就是底部堆叠的无规则的形状，通常称之为“底部形状”。由此可以很容易地想到，这个程序至少需要两个类来表示上述两个内容。

仔细分析后可以发现，上述两部分内容，都包含有相同的东西，那就是“方块”。下落形状是由方块组成的，底部形状也是由方块组成的。从代码的重用性方面考虑，很有必要把“方块”这个概念单独提炼出来，设计成一个独立的类，为上述两个部分服务。

最后，程序设计要考虑，下落形状落到底部后，是需要和底部形状进行交互的，它可以融入底部，也可以在底部堆满后消除一行。下落形状在左右移动时还不能出界，底部堆满后游戏还要结束，这些功能怎么处理呢？所以该程序中，很有必要再设计一个类，专门负责处理这种功能。这样游戏的数据就能正常表示和交互了。

经过上面的分析可以得出，本程序的数据模型需要四个类来表示，分别是方块、下落形状、底部形状和游戏控制。接下来对这四个类进行详细的分析和设计。

11.1.1　矩阵类 CMatrix

无论是下落形状，还是底部形状，都是由若干个小方块组成的，有些方块是空心，有些方块是实心，就能组成各种形状。因此，我们设计一个矩阵类 CMatrix，专门负责这种功能。

图 11.2 展示了用矩阵来表示各种形状的方法，即将某些格子设置为“空”，将某些格子设置为“占用”。

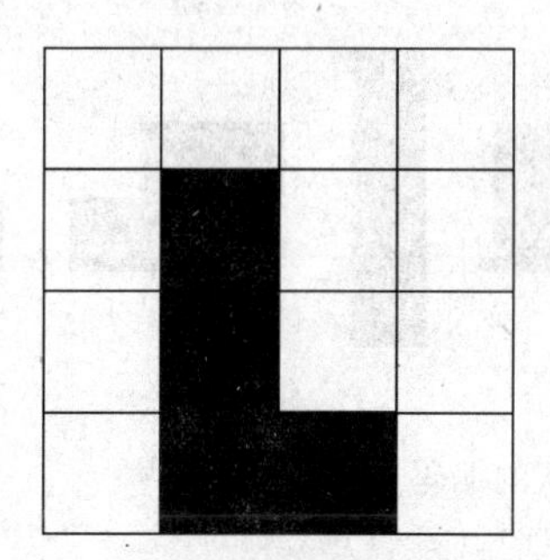
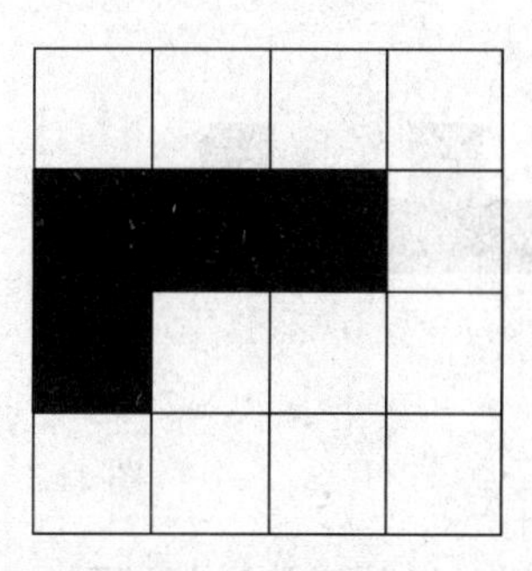

图 11.2　用矩阵表示各种形状

因此，矩阵类最重要的方法就是“设置格子的状态”。另外它还需要一个方法，那就是旋转。图 11.2 中，左侧的图形经过顺时针旋转 90°，就变成了右侧的图形。

作为矩阵，很容易地想到用二维数组表示。但实际上，一维数组可以很好地模拟二维数组，因此，在教材的程序中，实际上是用一维数组来表示矩阵。

```
void CMatrix::SetAt(int row, int col, int value)
{
    //检测给定的坐标是否超出范围
    if (row < 0 || row >= m_height || col < 0 || col >= m_width)
    {
        return;
    }
    *(m_pData + row * m_width + col) = value; //根据给定的行和列，设置方块的值
}
```

上述代码就是对矩阵进行设置的代码，首先检测给定坐标是否超出范围，若在合理的范围内，则通过计算将其转换为一维数组的下标，对 m_pData 这个一维数组进行设置。

对于旋转，其实就是坐标变换，顺时针旋转的代码如下。

```
for (i=0;i<m_height;i++)
{
    for (j=0;j<m_width;j++)
    {
    *(pNew + j*m_height+(m_height -i-1))=*(m_pData +i*m_width+j);
    }
}
```

在上述代码中，i 是原来的纵坐标，j 是原来的横坐标，m_height 和 m_width 分别是矩阵的长和宽。变换后，新的纵坐标变为 j * m_height，新的横坐标变为 m_height −i−1。根据坐标变换公式，对矩阵的每一个格子进行设置后，就完成了旋转。

矩阵类中还有其他一些方法，如初始化、清空、取得矩阵的宽、取得矩阵的长等，这些

方法比较简单，在此就不做分析了。

11.1.2 形状类 CShape

以矩阵类为基础，继续设计一个形状类。在形状类中，没必要拘泥于形状的具体表现形式，因为这些都可以交给矩阵类负责。在形状类中，应该只关心跟如图 11.3 所示的七种形状相关的特性。

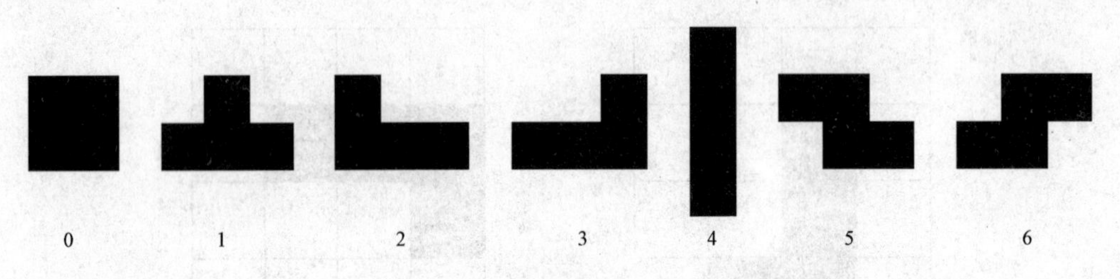

图 11.3 七种形状的编码

首先，我们要对每种形状进行编码，在程序内部，给定一个编码，就能唯一确定一个形状。如图 11.3 所示，我们使用 0～6 这七个整数对形状进行编码。

作为一个形状，它需要在一定范围内来使用。因此，和矩阵类相比，它除了有长和宽之外，还需要有坐标来表明它当前的位置。

```
void CShape::SetPos(int posX, int posY)
{
    m_posX = posX;
    m_posY = posY;
}
```

上述代码表明，程序在 CShape 类内部，用 m_posX 和 m_posY 两个整型变量来保存形状的位置。

形状类最重要的一个方法就是“随机的产生一个形状”。因为在游戏中，每次出现的形状都是随机的，而且不光形状是随机的，形状的摆放方式也应该是随机的，如图 11.3 中的编号为 5 的形状，它可以是竖着的，也可以是横着的，这种随机性都应该在程序中体现出来。

```
void CShape::CreateRandomShape(int posX, int posY)
{
    RandCreate();    //随机的创建一个形状
    RandRotate();    //对这个形状随机的进行旋转
    m_posX = posX;
    m_posY = posY;
}
```

在上述代码中可以看到，在创建一个形状的时候，首先是随机的创建一个形状，接下来随机的对这个形状进行旋转。至于如何创建随机形状？很简单，用随机函数产生一个 0～6 之间的随机数，然后根据这个随机数代表的形状，新建一个矩阵对象，对相应的方块格子进行填充即可。随机旋转也是一样，产生一个 0～3 的随机数 *n*，然后对形状旋转 *n* 次即可。

在 CShape 类内部也有旋转函数，可能有些时候不好理解，在矩阵类中已经有旋转函数了，直接调用就可以了，还要写新的吗？答案是很有必要写一个新的旋转函数，因为形状类它的含义更具体，它只有七种形状，因此，它可以针对这七种形状写出优化过的旋转代码。

例如，如果产生的形状编号为 0，也就是图 11.3 中的正方形，那么无论怎么旋转它都是不变的。如果直接调用矩阵类的旋转函数，那么计算机仍然会进行大量的计算。而在 CShape 类中，就可以轻松地进行判断：如果形状编号为 0，则旋转函数直接返回，不做任何操作，这样程序的效率就会高一些。

在 CShape 类中，还有其他一些方法，如形状的左右移动等，这些方法比较简单，在此就不做过多分析了。

11.1.3　背板类 CBoard

对于堆积在底部的方块，程序将其定义为背板类 CBoard，它也是对矩阵类的一个高层次的封装，代表了整个程序的运行区域。具体表现在程序中是一个 10×20 的区域，宽度为 10，高度为 20。对于堆积方块的地方，其矩阵值设置为 R_BLOCK，对于上方空着的地方，其矩阵值设置为 R_EMPTY。这两个值都是程序中定义的整型常量。

对于背板类来讲，其最重要的功能就是形状的碰撞检测和连接。当形状在下落时，什么时候和底部堆积的方块接触到了，这个检测需要有背板类来完成。另外，形状落在底部后，需要融入底部堆积的方块中，这个操作也是由背板类来完成。

下面是碰撞检测的代码。

```
bool CBoard::ShapeTest(const CShape& shape, bool coverTest) const
{
    POINT point = shape.GetPos();
    int sWidth = shape.GetWidth(), sHeight = shape.GetHeight();
    int bWidth = m_mat.GetWidth(), bHeight = m_mat.GetHeight();
    int i, j;
    for (i=0;i<sHeight;i++)
    {
        for (j=0;j<sWidth;j++)
        {
            int row = i + point.y;
            int col = j + point.x;
            if (shape[i][j] == R_BLOCK)
            {
                if (coverTest)
                {
                    if (m_mat.GetAt(row, col) == R_BLOCK)
                    {
                        return false;
                    }
                }
                else
                {
                    if (row < 0 || row >= bHeight || col < 0 || col >= bWidth)
                    {
                        return false;
                    }
                }
            }
        }
```

```
    }
    return true;
}
```

可以看到，这个函数需要一个 CShape 对象作为参数，来检测这个传入的形状对象和背板之间是否有碰撞。在上述代码中，i 和 j 代表了形状对象的坐标，在一个双重循环中，利用 i 和 j 对形状对象的矩阵进行遍历，当某一个格子是有方块占用的时候，利用右侧的代码将形状的当前格子转化为背板的坐标，然后再检测背板在该格子是否也被占用。若二者都被占用，则表明发生了重叠，返回一个 false 表示重叠。

下面我们再来看看，如何把一个落入到底部的形状融入到背板中。

```
void CBoard::UniteShape(const CShape& shape)
{
    POINT point = shape.GetPos();
    int sWidth = shape.GetWidth(), sHeight = shape.GetHeight();
    int i, j;
    for (i=0;i<sHeight;i++)
    {
        for (j=0;j<sWidth;j++)
        {
            if (shape[i][j] == R_BLOCK)
            {
                m_mat.SetAt(i + point.y, j + point.x, R_BLOCK);
            }
        }
    }
}
```

仍然是，利用 i 和 j 对形状对象进行遍历，凡是形状对象中被占用的格子，然后将其转化为背板的坐标，在背板中也将其标记为 R_BLOCK，从而完成形状的融合。

在背板类中，还有其他的一些功能，如判断一行是否已满，清除已满的行等。这些方法比较简单，在此就不做过多分析了。

11.1.4 主程序类 CRussia

主程序类 CRussia 负责整个程序的运行，它主要记录当前程序的运行状态，处理背板类和形状类的数据沟通问题。在 CRussia 类中，定义了四种状态。

```
#define RS_NORMAL        1
#define RS_UNITE         2
#define RS_CLEAR         3
#define RS_GAMEOVER      4
```

第一个是正常状态。第二个是连接状态，即形状即将和背板融合。第三个是清除状态，即背板中有一行已经满了，应该消掉。第四个是结束状态，即程序结束。

在 CRussia 类中，仍然有方块左右移动的函数，这些函数是更高层次的封装，需要考虑到程序的当前状态，状态不对则不能进行操作。

CRussia 类是一个集大成者，在与图形界面的交互中，主要是这个类在负责，前面介绍的三个类只是对这个类提供基础支持，并不和图形界面打交道。这种设计就体现了信息的隐蔽性，即程序的主要功能有 CMatrix、CShape、CBoard 三个类来完成，然后用 CRussia 类将他们三个综合起来，提供少数几个简单的接口，供图形界面调用。这样就实现了 MVC 模式中各个模块的分离，降低了耦合性。

11.2　俄罗斯方块的源代码

经过上面的分析，应该已经对这个程序有了大致的了解，下面给出这个程序的源代码，如图 11.4 所示，读者可以更详细地了解这个程序。

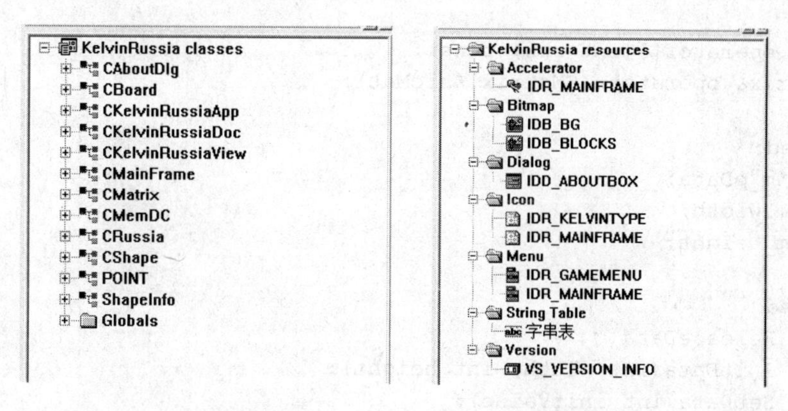

图 11.4　程序在 Visual C++6.0 中概览

从图 11.4 中可以看出，本程序包含了十一个类和一个结构体，同时还有两个图片，一个对话框，两个图标，两个菜单项等图形化资源。下面只给出 CMatrix、CShape、CBoard 和 CRussia 这四个类的源代码。

需要注意的是，本程序包含了许多 MFC 的知识，并且还用到了一些图片来美化程序。需要注意的是，教材并没有给出完整的代码，只给出与程序后台数据模型相关的代码。

程序清单 11.1 Matrix.h　中的代码

```
#if !defined(AFX_MATRIX_H__D99244D0_ACB9_4087_A4AF_DB379A4DC7BE__INCLUDED_)
#define AFX_MATRIX_H__D99244D0_ACB9_4087_A4AF_DB379A4DC7BE__INCLUDED_

#if _MSC_VER > 1000
#pragma once
#endif //_MSC_VER > 1000

#ifndef NULL
#define NULL 0
#endif

class CMatrix
{
public:
    CMatrix();
    CMatrix(int width, int height);
    CMatrix(int width, int height, int initValue);
    virtual ~CMatrix();
```

```
    void ResetSize(int width, int height);
    void SetAll(int value);
    void SetAt(int row, int col, int value);

    int GetWidth() const;
    int GetHeight() const;
    int GetAt(int row, int col) const;

    bool Rotate(bool clockWise = true);

    int* operator[](int row) const;
    CMatrix& operator=(CMatrix &srcMat);

protected:
    int *m_pData;
    int m_width;
    int m_height;

protected:
    void ReleaseData();
    void InitData(int width, int height);
    void SetData(int initValue);
    static void MemCopy(int *dest, int *src, int len);

};
#endif //!defined(AFX_MATRIX_H__D99244D0_ACB9_4087_A4AF_DB379A4DC7BE__INCLUDED_)
```

程序清单 11.2 Matrix.cpp 中的代码

```
#include "stdafx.h"
#include "Matrix.h"

//////////////////////////////////////////////////////////////////////
//Construction/Destruction
//////////////////////////////////////////////////////////////////////

CMatrix::CMatrix()
{
    m_pData = NULL;
    m_width = m_height = 0;
}

CMatrix::CMatrix(int width, int height)
{
    InitData(width, height);
}

CMatrix::CMatrix(int width, int height, int initValue)
{
    InitData(width, height);
    SetData(initValue);
```

```
}

void CMatrix::ResetSize(int width, int height)
{
    InitData(width, height);
}

void CMatrix::SetAll(int value)
{
    SetData(value);
}

void CMatrix::SetAt(int row, int col, int value)
{
    if (row < 0 || row >= m_height || col < 0 || col >= m_width)
    {
        return;
    }
    *(m_pData + row * m_width + col) = value;
}

int CMatrix::GetWidth() const
{
    return m_width;
}

int CMatrix::GetHeight() const
{
    return m_height;
}

int CMatrix::GetAt(int row, int col) const
{
    if (row < 0 || row >= m_height || col < 0 || col >= m_width)
    {
        return 0;
    }
    return *(m_pData + row * m_width + col);
}

bool CMatrix::Rotate(bool clockWise)
{
    int i, j;
    int *pNew = new int[m_width * m_height];
    if (pNew == NULL)
    {
        return false;
    }
    if (clockWise)
    {
        for (i=0;i<m_height;i++)
```

```
        {
            for (j=0;j<m_width;j++)
            {
                *(pNew+j * m_height + (m_height-i-1))=*(m_pData + i * m_width+j);
            }
        }
    }
    else
    {
        for (i=0;i<m_height;i++)
        {
            for (j=0;j<m_width;j++)
            {
                *(pNew+(m_width -j-1) * m_height + i) = *(m_pData + i * m_width + j);
            }
        }
    }
    ReleaseData();
    m_pData = pNew;
    m_width = i;
    m_height = j;
    return true;
}

int* CMatrix::operator[](int row) const
{
    if (row < 0 || row >= m_height)
    {
        return NULL;
    }
    return (m_pData + row * m_width);
}

CMatrix& CMatrix::operator=(CMatrix &srcMat)
{
    ReleaseData();
    InitData(srcMat.m_width, srcMat.m_height);
    CMatrix::MemCopy(m_pData, srcMat.m_pData, m_width * m_height);
    return *this;
}

CMatrix::~CMatrix()
{
    ReleaseData();
}

void CMatrix::ReleaseData()
{
    if (m_pData != NULL)
    {
        delete[] m_pData;
```

```
        m_pData = NULL;
    }
    m_width = m_height = 0;
}

void CMatrix::InitData(int width, int height)
{
    ReleaseData();
    if (width <= 0 || height <= 0)
    {
        return;
    }
    m_pData = new int[width * height];
    if (m_pData != NULL)
    {
        m_width = width;
        m_height = height;
    }
}

void CMatrix::SetData(int initValue)
{
    int i, j;
    for (i=0;i<m_height;i++)
    {
        for (j=0;j<m_width;j++)
        {
            *(m_pData + i * m_width + j) = initValue;
        }
    }
}

void CMatrix::MemCopy(int *dest, int *src, int len)
{
    if (dest == NULL || src == NULL)
    {
        return;
    }
    int i;
    for (i=0;i<len;i++)
    {
        dest[i] = src[i];
    }
```

程序清单 11.3 Shape.h 中的代码

```
#if !defined(AFX_SHAPE_H__E8F2190E_01BF_4F92_B29D_27412A279F1D__INCLUDED_)
#define AFX_SHAPE_H__E8F2190E_01BF_4F92_B29D_27412A279F1D__INCLUDED_

#if _MSC_VER > 1000
#pragma once
#endif //_MSC_VER > 1000
```

```
#include "Matrix.h"
#include "common.h"

class CShape
{
public:
    CShape();
    virtual ~CShape();

    void CreateRandomShape(int posX = 0, int posY = 0);
    void SetPos(int posX, int posY);
    void Rotate();
    void CancelRotate();
    void MoveDown();
    void MoveUp();
    void MoveLeft();
    void MoveRight();

    int GetShapeType() const;
    POINT GetPos() const;
    int GetWidth() const;
    int GetHeight() const;

    const int* operator[](int row) const;
    CShape& operator=(CShape& srcShape);

protected:
    CMatrix m_mat;
    int m_type;
    bool m_needJump;
    int m_posX;
    int m_posY;

protected:
    void RandCreate();
    void RandRotate();
    void RotateShape(bool clockwise);

};

#endif //!defined(AFX_SHAPE_H__E8F2190E_01BF_4F92_B29D_27412A279F1D__INCLUDED_)
```

程序清单 11.4 Shape.cpp 中的代码

```
#include "stdafx.h"
#include "Shape.h"
#include "stdlib.h"
#include "time.h"

//////////////////////////////////////////////////////////////////////
//Construction/Destruction
//////////////////////////////////////////////////////////////////////
```

```
CShape::CShape()
{
    srand(time(NULL));
    CreateRandomShape();
}

CShape::~CShape()
{

}

void CShape::CreateRandomShape(int posX, int posY)
{
    RandCreate();
    RandRotate();
    m_posX = posX;
    m_posY = posY;
}

void CShape::SetPos(int posX, int posY)
{
    m_posX = posX;
    m_posY = posY;
}

void CShape::Rotate()
{
    RotateShape(true);
}

void CShape::CancelRotate()
{
    RotateShape(false);
}

void CShape::MoveDown()
{
    m_posY++;
}

void CShape::MoveUp()
{
    m_posY--;
}

void CShape::MoveLeft()
{
    m_posX--;
}
```

```
void CShape::MoveRight()
{
   m_posX++;
}

int CShape::GetShapeType() const
{
   return m_type;
}

POINT CShape::GetPos() const
{
   POINT point = {m_posX, m_posY};
   return point;
}

int CShape::GetWidth() const
{
   return m_mat.GetWidth();
}

int CShape::GetHeight() const
{
   return m_mat.GetHeight();
}

const int* CShape::operator[](int row) const
{
   return m_mat[row];
}

CShape& CShape::operator=(CShape& srcShape)
{
   m_mat = srcShape.m_mat;
   m_needJump = srcShape.m_needJump;
   m_posX = srcShape.m_posX;
   m_posY = srcShape.m_posY;
   m_type = srcShape.m_type;
   return *this;
}

void CShape::RandCreate()
{
   m_type = rand() % 7;
   m_needJump = false;
   switch (m_type)
   {
   case 0:
   /*
   XX
   XX
```

```
*/
    m_mat.ResetSize(2, 2);
    m_mat.SetAll(R_BLOCK);
    break;
case 1:
/*
.X.
XXX
...
*/
    m_mat.ResetSize(3, 3);
    m_mat.SetAll(R_EMPTY);
    m_mat[0][1] = R_BLOCK;
    m_mat[1][0] = R_BLOCK;
    m_mat[1][1] = R_BLOCK;
    m_mat[1][2] = R_BLOCK;
    break;
case 2:
/*
X..
XXX
...
*/
    m_mat.ResetSize(3, 3);
    m_mat.SetAll(R_EMPTY);
    m_mat[0][0] = R_BLOCK;
    m_mat[1][0] = R_BLOCK;
    m_mat[1][1] = R_BLOCK;
    m_mat[1][2] = R_BLOCK;
    break;
case 3:
/*
..X
XXX
...
*/
    m_mat.ResetSize(3, 3);
    m_mat.SetAll(R_EMPTY);
    m_mat[0][2] = R_BLOCK;
    m_mat[1][0] = R_BLOCK;
    m_mat[1][1] = R_BLOCK;
    m_mat[1][2] = R_BLOCK;
    break;
case 4:
/*
....
XXXX
....
....
*/
    m_mat.ResetSize(4, 4);
```

```
        m_mat.SetAll(R_EMPTY);
        m_mat[1][0] = R_BLOCK;
        m_mat[1][1] = R_BLOCK;
        m_mat[1][2] = R_BLOCK;
        m_mat[1][3] = R_BLOCK;
        break;
    case 5:
    /*
    XX.
    .XX
    ...
    */
        m_mat.ResetSize(3, 3);
        m_mat.SetAll(R_EMPTY);
        m_mat[0][0] = R_BLOCK;
        m_mat[0][1] = R_BLOCK;
        m_mat[1][1] = R_BLOCK;
        m_mat[1][2] = R_BLOCK;
        break;
    case 6:
    /*
    .XX
    XX.
    ...
    */
        m_mat.ResetSize(3, 3);
        m_mat.SetAll(R_EMPTY);
        m_mat[0][1] = R_BLOCK;
        m_mat[0][2] = R_BLOCK;
        m_mat[1][0] = R_BLOCK;
        m_mat[1][1] = R_BLOCK;
        break;
    default:
        break;
    }
}

void CShape::RandRotate()
{
    int time = rand() % 4;
    while (time)
    {
        Rotate();
        time--;
    }
}

void CShape::RotateShape(bool clockwise)
{
    if (m_type == 0)
    {
```

```
        return;
    }
    if (m_type >= 5)
    {
        m_mat.Rotate(clockwise);
        if (m_needJump == clockwise)
        {
            m_mat.Rotate(clockwise);
            m_mat.Rotate(clockwise);
        }
        m_needJump = !m_needJump;
    }
    else
    {
        m_mat.Rotate(clockwise);
    }
}
```

程序清单 11.5 Board.h 中的代码

```
#if !defined(AFX_BOARD_H__01C8547D_A472_4A93_8C32_71D405BFA235__INCLUDED_)
#define AFX_BOARD_H__01C8547D_A472_4A93_8C32_71D405BFA235__INCLUDED_

#if _MSC_VER > 1000
#pragma once
#endif //_MSC_VER > 1000

#include "Matrix.h"
#include "common.h"
#include "Shape.h"

class CBoard
{
public:
    CBoard();
    virtual ~CBoard();

    void ResetSize(int width, int height);
    void SetAt(int row, int col, int value);
    void UniteShape(const CShape& shape);
    int ClearRows();

    int GetWidth() const;
    int GetHeight() const;
    int GetAt(int row, int col) const;
    void GetBoardData(int *destBuffer) const;
    bool SingleTest(const CShape& shape) const;
    bool RangeTest(const CShape& shape) const;

    const int* operator[](int index) const;

protected:
```

```
    CMatrix m_mat;

protected:
    bool IsRowFull(int index) const;
    bool IsRowEmpty(int index) const;
    bool IsRowInStatus(int index, bool full) const;
    void ClearRow(int index);
    void FallDown();
    void CopyRow(int destRow, int srcRow);
    bool ShapeTest(const CShape& shape, bool coverTest) const;

};

#endif //!defined(AFX_BOARD_H__01C8547D_A472_4A93_8C32_71D405BFA235__INCLUDED_)
```

程序清单 11.6 Board.cpp 中的代码

```
#include "stdafx.h"
#include "Board.h"

//////////////////////////////////////////////////////////////////////
//Construction/Destruction
//////////////////////////////////////////////////////////////////////

CBoard::CBoard()
{
    ResetSize(10,20);
}

CBoard::~CBoard()
{

}

void CBoard::ResetSize(int width, int height)
{
    m_mat.ResetSize(width, height);
    m_mat.SetAll(R_EMPTY);
}

void CBoard::SetAt(int row, int col, int value)
{
    m_mat.SetAt(row, col, value);
}

void CBoard::UniteShape(const CShape& shape)
{
    POINT point = shape.GetPos();
    int sWidth = shape.GetWidth(), sHeight = shape.GetHeight();
    int i, j;
    for (i=0;i<sHeight;i++)
    {
```

```
        for (j=0;j<sWidth;j++)
        {
            if (shape[i][j] == R_BLOCK)
            {
                m_mat.SetAt(i + point.y, j + point.x, R_BLOCK);
            }
        }
    }
}

int CBoard::ClearRows()
{
    int width = m_mat.GetWidth(), height = m_mat.GetHeight();
    int count = 0, i;
    for (i=0;i<height;i++)
    {
        if (IsRowFull(i))
        {
            ClearRow(i);
            count++;
        }
    }
    for (i=0;i<count;i++)
    {
        FallDown();
    }
    return count;
}

int CBoard::GetWidth() const
{
    return m_mat.GetWidth();
}

int CBoard::GetHeight() const
{
    return m_mat.GetHeight();
}

int CBoard::GetAt(int row, int col) const
{
    return m_mat.GetAt(row, col);
}

void CBoard::GetBoardData(int *destBuffer) const
{
    int width = m_mat.GetWidth(), height = m_mat.GetHeight();
    int i, j;
    for (i=0;i<height;i++)
    {
        for (j=0;j<width;j++)
```

```
        {
            destBuffer[i * width + j] = m_mat.GetAt(i, j);
        }
    }
}

bool CBoard::SingleTest(const CShape& shape) const
{
    return ShapeTest(shape, true);
}

bool CBoard::RangeTest(const CShape& shape) const
{
    return ShapeTest(shape, false);
}

const int* CBoard::operator[](int index) const
{
    return m_mat[index];
}

bool CBoard::IsRowFull(int index) const
{
    return IsRowInStatus(index, true);
}

bool CBoard::IsRowEmpty(int index) const
{
    return IsRowInStatus(index, false);
}

bool CBoard::IsRowInStatus(int index, bool full) const
{
    if (index < 0 || index >= m_mat.GetHeight())
    {
        return false;
    }
    int width = m_mat.GetWidth(), i;
    for (i=0;i<width;i++)
    {
        if (m_mat[index][i] == (full?R_EMPTY:R_BLOCK))
        {
            return false;
        }
    }
    return true;
}

void CBoard::ClearRow(int index)
{
    int i, width = m_mat.GetWidth();
```

```
    if (index < 0 || index >= m_mat.GetHeight())
    {
       return;
    }
    for (i=0;i<width;i++)
    {
       m_mat.SetAt(index, i, R_EMPTY);
    }
}

void CBoard::FallDown()
{
    int width = m_mat.GetWidth(), height = m_mat.GetHeight();
    int i;
    for (i=height-1;i>=0;i--)
    {
       if (IsRowEmpty(i))
       {
          CopyRow(i, i-1);
          ClearRow(i-1);
       }
    }
}

void CBoard::CopyRow(int destRow, int srcRow)
{
    int width = m_mat.GetWidth(), height = m_mat.GetHeight();
    int i;
    if (destRow < 0 || destRow >= height)
    {
       return;
    }
    if (srcRow < 0 || srcRow >= height)
    {
       ClearRow(destRow);
       return;
    }
    for (i=0;i<width;i++)
    {
       m_mat[destRow][i] = m_mat[srcRow][i];
    }
}

bool CBoard::ShapeTest(const CShape& shape, bool coverTest) const
{
    POINT point = shape.GetPos();
    int sWidth = shape.GetWidth(), sHeight = shape.GetHeight();
    int bWidth = m_mat.GetWidth(), bHeight = m_mat.GetHeight();
    int i, j;
    for (i=0;i<sHeight;i++)
    {
```

```
        for (j=0;j<sWidth;j++)
        {
            int row = i + point.y;
            int col = j + point.x;
            if (shape[i][j] == R_BLOCK)
            {
                if (coverTest)
                {
                    if (m_mat.GetAt(row, col) == R_BLOCK)
                    {
                        return false;
                    }
                }
                else
                {
                    if (row < 0 || row >= bHeight || col < 0 || col >= bWidth)
                    {
                        return false;
                    }
                }
            }
        }
    }
    return true;
}
```

程序清单 11.7 Russia.h 中的代码

```
#if !defined(AFX_RUSSIA_H__81FAA0AB_41C7_4AA0_8FE4_6BA59075B6D9__INCLUDED_)
#define AFX_RUSSIA_H__81FAA0AB_41C7_4AA0_8FE4_6BA59075B6D9__INCLUDED_

#if _MSC_VER > 1000
#pragma once
#endif //_MSC_VER > 1000

#include "Shape.h"
#include "Board.h"
#include "Matrix.h"
#include "ShapeInfo.h"
#include "common.h"

#define RS_NORMAL       1
#define RS_UNITE        2
#define RS_CLEAR        3
#define RS_GAMEOVER     4

class CRussia
{
public:
    CRussia();
    virtual ~CRussia();
```

```
    void InitGame(int width = 10, int height = 20);
    bool MoveShapeLeft();
    bool MoveShapeRight();
    bool PassTick();
    bool RotateShape();

    void GetBoardInfo(int *buffer) const;
    int GetBoardInfo(int row, int col) const;
    ShapeInfo GetCurrentShape() const;
    ShapeInfo GetNextShape() const;
    int GetScore() const;
    int GetStatus() const;

protected:
    CBoard m_board;
    CShape m_currentShape;
    CShape m_nextShape;
    bool m_hasShape;
    int m_score;
    int m_status;

protected:
    void InitShapePos();
    bool DragInRange();
    void ShapeDown();
    bool NextShape();
    ShapeInfo GetShapeInfo(const CShape &shape) const;

};

#endif //!defined(AFX_RUSSIA_H__81FAA0AB_41C7_4AA0_8FE4_6BA59075B6D9__INCLUDED_)
```

程序清单 11.8 Russia.cpp 中的代码

```
#include "stdafx.h"
#include "Russia.h"

//////////////////////////////////////////////////////////////////////
//Construction/Destruction
//////////////////////////////////////////////////////////////////////

CRussia::CRussia()
{
    InitGame();
}

CRussia::~CRussia()
{

}

void CRussia::InitGame(int width, int height)
```

```
{
    if (width < 4)
    {
        width = 4;
    }
    if (height < 4)
    {
        height = 4;
    }
    m_board.ResetSize(width, height);
    m_currentShape.CreateRandomShape();
    m_nextShape.CreateRandomShape();
    InitShapePos();
    m_hasShape = true;
    m_score = 0;
    m_status = RS_NORMAL;
}

bool CRussia::MoveShapeLeft()
{
    if (m_status == RS_GAMEOVER)
    {
        return false;
    }
    if (m_hasShape == false)
    {
        return false;
    }
    m_status = RS_NORMAL;
    m_currentShape.MoveLeft();
    if (m_board.SingleTest(m_currentShape) == false || m_board.RangeTest
(m_currentShape) == false)
    {
        m_currentShape.MoveRight();
        return false;
    }
    return true;
}

bool CRussia::MoveShapeRight()
{
    if (m_status == RS_GAMEOVER)
    {
        return false;
    }
    if (m_hasShape == false)
    {
        return false;
    }
    m_status = RS_NORMAL;
    m_currentShape.MoveRight();
```

```
        if  (m_board.SingleTest(m_currentShape)  ==  false  ||  m_board.RangeTest
(m_currentShape) == false)
        {
            m_currentShape.MoveLeft();
            return false;
        }
        return true;
    }

    bool CRussia::PassTick()
    {
        if (m_status == RS_GAMEOVER)
        {
            return false;
        }
        else if (m_hasShape == true)
        {
            ShapeDown();
            return true;
        }
        else
        {
            return NextShape();
        }
    }

    bool CRussia::RotateShape()
    {
        if (m_status == RS_GAMEOVER)
        {
            return false;
        }
        if (m_hasShape == false)
        {
            return false;
        }
        m_status = RS_NORMAL;
        m_currentShape.Rotate();
        if (m_board.SingleTest(m_currentShape) == false)
        {
            m_currentShape.CancelRotate();
            return false;
        }
        if (m_board.RangeTest(m_currentShape) == false)
        {
            if (DragInRange() == false)
            {
                m_currentShape.CancelRotate();
                return false;
            }
        }
```

```
    return true;
}

void CRussia::GetBoardInfo(int *buffer) const
{
    m_board.GetBoardData(buffer);
}

int CRussia::GetBoardInfo(int row, int col) const
{
    return m_board.GetAt(row, col);
}

ShapeInfo CRussia::GetCurrentShape() const
{
    if (m_hasShape == false)
    {
        ShapeInfo info;
        info.isValidated = false;
        return info;
    }
    else
    {
        return GetShapeInfo(m_currentShape);
    }
}

ShapeInfo CRussia::GetNextShape() const
{
    return GetShapeInfo(m_nextShape);
}

int CRussia::GetScore() const
{
    return m_score;
}

int CRussia::GetStatus() const
{
    return m_status;
}

void CRussia::InitShapePos()
{
    int bWidth = m_board.GetWidth(), bHeight = m_board.GetHeight();
    int sWidth = m_currentShape.GetWidth(), sHeight = m_currentShape.GetHeight();
    int sX = (bWidth / 2) - (sWidth / 2);
    int i, j;
    for (i=0;i<4;i++)
    {
        for (j=0;j<4;j++)
```

```
            {
                if (m_currentShape[i][j] == R_BLOCK)
                {
                    break;
                }
            }
            if (j != 4)
            {
                break;
            }
        }
        int sY = -i;
        m_currentShape.SetPos(sX, sY);
    }

    bool CRussia::DragInRange()
    {
        int i;
        for (i=0;i<4;i++)
        {
            m_currentShape.MoveLeft();
            if (m_board.SingleTest(m_currentShape) == true)
            {
                if (m_board.RangeTest(m_currentShape) == true)
                {
                    return true;
                }
            }
            else
            {
                i++;
                break;
            }
        }
        for (;i>0;i--)
        {
            m_currentShape.MoveRight();
        }
        for (i=0;i<4;i++)
        {
            m_currentShape.MoveRight();
            if (m_board.SingleTest(m_currentShape) == true)
            {
                if (m_board.RangeTest(m_currentShape) == true)
                {
                    return true;
                }
            }
            else
            {
                i++;
```

```
            break;
        }
    }
    for (;i>0;i--)
    {
        m_currentShape.MoveLeft();
    }
    return false;
}

void CRussia::ShapeDown()
{
    m_currentShape.MoveDown();
    if (m_board.SingleTest(m_currentShape) == false || m_board.RangeTest
(m_currentShape) == false)
    {
        m_currentShape.MoveUp();
        m_board.UniteShape(m_currentShape);
        m_hasShape = false;
        m_status = RS_UNITE;
    }
    else
    {
        m_status = RS_NORMAL;
    }
}

bool CRussia::NextShape()
{
    int score;
    bool isSingle;;
    m_hasShape = true;
    m_currentShape = m_nextShape;
    m_nextShape.CreateRandomShape();
    InitShapePos();
    score = m_board.ClearRows();
    m_score += score;
    if (score > 0)
    {
        m_status = RS_CLEAR;
    }
    else
    {
        m_status = RS_NORMAL;
    }
    isSingle = m_board.SingleTest(m_currentShape);
    if (isSingle == false)
    {
        m_board.UniteShape(m_currentShape);
        m_hasShape = false;
        m_status = RS_GAMEOVER;
```

```
    }
    return isSingle;
}

ShapeInfo CRussia::GetShapeInfo(const CShape &shape) const
{
    ShapeInfo info;
    int width = shape.GetWidth(), height = shape.GetHeight();
    int i, j, count = 0;
    POINT pos = shape.GetPos();
    for (i=0;i<height;i++)
    {
        for (j=0;j<width;j++)
        {
            if (shape[i][j] == R_BLOCK)
            {
                info.blocks[count].x = j + pos.x;
                info.blocks[count].y = i + pos.y;
                count++;
                if (count >= 4)
                {
                    break;
                }
            }
        }
        if (count >= 4)
        {
            break;
        }
    }
    info.isValidated = true;
    info.type = shape.GetShapeType();
    return info;
}
```

本 章 小 结

本章分析了俄罗斯方块程序，了解了 MVC 设计模式的思想。在面对一个问题的时候，我们学会了如何去分析问题，如何对问题进行抽象，如何设计出与问题相匹配的类。通过一个大例子，对 C++语言的知识进行了系统的梳理，加深了理解。

附录A 标准模板库

C++ STL（Standard Template Library，标准模板库）是通用类模板和算法的集合，它提供给程序员一些标准的数据结构的实现。

C++ STL 提供给程序员以下三类数据结构的实现。

1. 顺序结构

C++ Vectors

C++ Lists

C++ Double-Ended Queues

2. 容器适配器

C++ Stacks

C++ Queues

C++ Priority Queues

3. 联合容器

C++ Bitsets

C++ Maps

C++ Multimaps

C++ Sets

C++ Multisets

附表 A-1 C++ STL

序号	名称	含义
Vectors 包含着一系列连续存储的元素，其行为和数组类似。访问 vector 中的任意元素或从末尾添加元素都可以在常量级时间复杂度内完成，而查找特定值的元素所处的位置或是在 vector 中插入元素则是线性时间复杂度		
0101	Constructors	构造函数
0102	Operators	对 vector 进行赋值或比较
0103	assign( )	对 vector 中的元素赋值
0104	at( )	返回指定位置的元素
0105	back( )	返回最末一个元素
0106	begin( )	返回第一个元素的迭代器
0107	capacity( )	返回 vector 所能容纳的元素数量（在不重新分配内存的情况下）
0108	clear( )	清空所有元素
0109	empty( )	判断 vector 是否为空（返回 true 时为空）
0110	end( )	返回最末元素的迭代器
0111	erase( )	删除指定元素
0112	front( )	返回第一个元素
0113	get_allocator( )	返回 vector 的内存分配器

续表

序　号	名　称	含　义
0114	insert( )	插入元素到 vector 中
0115	max_size( )	返回 vector 所能容纳元素的最大数量（上限）
0116	pop_back( )	删除最后一个元素
0117	push_back( )	在 vector 最后添加一个元素
0118	rbegin( )	返回 vector 尾部的逆迭代器
0119	rend( )	返回 vector 起始的逆迭代器
0120	reserve( )	设置 vector 最小的元素容纳数量
0121	resize( )	改变 vector 元素数量的大小
0122	size( )	返回 vector 元素数量的大小
0123	swap( )	交换两个 vector
Lists 将元素按顺序储存在链表中。与向量（Vectors）相比，它允许快速地插入和删除，但是随机访问却比较慢		
0201	assign( )	给 list 赋值
0202	back( )	返回最后一个元素
0203	begin( )	返回指向第一个元素的迭代器
0204	clear( )	删除所有元素
0205	empty( )	如果 list 是空的则返回真
0206	end( )	返回末尾的迭代器
0207	erase( )	删除一个元素
0208	front( )	返回第一个元素
0209	get_allocator( )	返回 list 的配置器
0210	insert( )	插入一个元素到 list 中
0211	max_size( )	返回 list 能容纳的最大元素数量
0212	merge( )	合并两个 list
0213	pop_back( )	删除最后一个元素
0214	pop_front( )	删除第一个元素
0215	push_back( )	在 list 的末尾添加一个元素
0216	push_front( )	在 list 的头部添加一个元素
0217	rbegin( )	返回指向第一个元素的逆向迭代器
0218	remove( )	从 list 删除元素
0219	remove_if( )	按指定条件删除元素
0220	rend( )	指向 list 末尾的逆向迭代器
0221	resize( )	改变 list 的大小
0222	reverse( )	把 list 的元素倒转
0223	size( )	返回 list 中的元素个数
0224	sort( )	给 list 排序

续表

序　号	名　称	含　义
0225	splice( )	合并两个 list
0226	swap( )	交换两个 list
0227	unique( )	删除 list 中重复的元素

C++ Double-Ended Queues（双向队列），双向队列和向量很相似，但是它允许在容器头部快速插入和删除（就像在尾部一样）

0301	Constructors	创建一个新双向队列
0302	Operators	比较和赋值双向队列
0303	assign( )	设置双向队列的值
0304	at( )	返回指定的元素
0305	back( )	返回最后一个元素
0306	begin( )	返回指向第一个元素的迭代器
0307	clear( )	删除所有元素
0308	empty( )	如果双向队列为空，返回真
0309	end( )	返回指向尾部的迭代器
0310	erase( )	删除一个元素
0311	front( )	返回第一个元素
0312	get_allocator( )	返回双向队列的配置器
0313	insert( )	插入一个元素到双向队列中
0314	max_size( )	返回双向队列能容纳的最大元素个数
0315	pop_back( )	删除尾部的元素
0316	pop_front( )	删除头部的元素
0317	push_back( )	在尾部加入一个元素
0318	push_front( )	在头部加入一个元素
0319	rbegin( )	返回指向尾部的逆向迭代器
0320	rend( )	返回指向头部的逆向迭代器
0321	resize( )	改变双向队列的大小
0322	size( )	返回双向队列中元素的个数
0323	swap( )	和另一个双向队列交换元素

C++ Stack（堆栈）是一个容器类的改编，为程序员提供了堆栈的全部功能，也就是说实现了一个先进后出（FILO）的数据结构

0401	empty( )	堆栈为空则返回真
0402	pop( )	删除栈顶元素
0403	push( )	在栈顶增加元素
0404	size( )	返回栈中元素数目
0405	top( )	返回栈顶元素

续表

序　　号	名　　称	含　　义
C++ Queues（队列），是一种容器适配器，它给予程序员一种先进先出（FIFO）的数据结构		
0501	back( )	返回最后一个元素
0502	empty( )	如果队列空则返回真
0503	front( )	返回第一个元素
0504	pop( )	删除第一个元素
0505	push( )	在末尾加入一个元素
0506	size( )	返回队列中元素的个数
C++ Priority Queues（优先队列），类似于队列，但是在这个数据结构中的元素按照一定的断言排列有序		
0601	empty( )	如果优先队列为空，则返回真
0602	pop( )	删除第一个元素
0603	push( )	加入一个元素
0604	size( )	返回优先队列中拥有的元素的个数
0605	top( )	返回优先队列中有最高优先级的元素
C++ Bitsets 给程序员提供一种位集合的数据结构。Bitsets 使用许多二元操作符，比如逻辑与、或等		
0701	Constructors	创建新 bitset
0702	Operators	比较和赋值 bitset
0703	any( )	如果有任何一个位被设置就返回真
0704	count( )	返回被设置的位的个数
0705	flip( )	反转 bits 中的位
0706	None( )	如果没有位被设置则返回真
0707	reset( )	清空所有位
0708	set( )	设置位
0709	size( )	返回可以容纳的位的个数
0710	test( )	返回指定位的状态
0711	to_string( )	返回 bitset 的字符串表示
0712	to_ulong( )	返回 bitset 的整数表示
C++ Maps 是一种关联式容器，包含“关键字/值”对		
0801	begin( )	返回指向 map 头部的迭代器
0802	clear( )	删除所有元素
0803	count( )	返回指定元素出现的次数
0804	empty( )	如果 map 为空则返回真
0805	end( )	返回指向 map 末尾的迭代器
0806	equal_range( )	返回特殊条目的迭代器对
0807	erase( )	删除一个元素
0808	find( )	查找一个元素

续表

序　号	名　称	含　义
0809	get_allocator( )	返回 map 的配置器
0810	insert( )	插入元素
0811	key_comp( )	返回比较元素 key 的函数
0812	lower_bound( )	返回键值≥给定元素的第一个位置
0813	max_size( )	返回可以容纳的最大元素个数
0814	rbegin( )	返回一个指向 map 尾部的逆向迭代器
0815	rend( )	返回一个指向 map 头部的逆向迭代器
0816	size( )	返回 map 中元素的个数
0817	swap( )	交换两个 map
0818	upper_bound( )	返回键值>给定元素的第一个位置
0819	value_comp( )	返回比较元素 value 的函数
C++ Multimaps 和 Maps 很相似，但是 MultiMaps 允许重复的元素		
0901	begin( )	返回指向第一个元素的迭代器
0902	clear( )	删除所有元素
0903	count( )	返回一个元素出现的次数
0904	empty( )	如果 multimap 为空则返回真
0905	end( )	返回一个指向 multimap 末尾的迭代器
0906	equal_range( )	返回指向元素的 key 为指定值的迭代器对
0907	erase( )	删除元素
0908	find( )	查找元素
0909	get_allocator( )	返回 multimap 的配置器
0910	insert( )	插入元素
0911	key_comp( )	返回比较 key 的函数
0912	lower_bound( )	返回键值≥给定元素的第一个位置
0913	max_size( )	返回可以容纳的最大元素个数
0914	rbegin( )	返回一个指向 mulitmap 尾部的逆向迭代器
0915	rend( )	返回一个指向 multimap 头部的逆向迭代器
0916	size( )	返回 multimap 中元素的个数
0917	swap( )	交换两个 multimap
0918	upper_bound( )	返回键值>给定元素的第一个位置
0919	value_comp( )	返回比较元素 value 的函数
C++ Sets（集合）是一种包含已排序对象的关联容器		
1001	begin( )	返回指向第一个元素的迭代器
1002	clear( )	清除所有元素
1003	count( )	返回某个值元素的个数
1004	empty( )	如果集合为空，返回真

续表

序　　号	名　　称	含　　　义
1005	end( )	返回指向最后一个元素的迭代器
1006	equal_range( )	返回集合中与给定值相等的上下限的两个迭代器
1007	erase( )	删除集合中的元素
1008	find( )	返回一个指向被查找到元素的迭代器
1009	get_allocator( )	返回集合的分配器
1010	insert( )	在集合中插入元素
1011	lower_bound( )	返回指向大于（或等于）某值的第一个元素的迭代器
1012	key_comp( )	返回一个用于元素间值比较的函数
1013	max_size( )	返回集合能容纳的元素的最大限值
1014	rbegin( )	返回指向集合中最后一个元素的反向迭代器
1015	rend( )	返回指向集合中第一个元素的反向迭代器
1016	size( )	集合中元素的数目
1017	swap( )	交换两个集合变量
1018	upper_bound( )	返回大于某个值元素的迭代器
1019	value_comp( )	返回一个用于比较元素间的值的函数
多元集合（MultiSets）和集合（Sets）相像，只不过支持重复对象		
1101	begin( )	返回指向第一个元素的迭代器
1102	clear( )	清除所有元素
1103	count( )	返回指向某个值元素的个数
1104	empty( )	如果集合为空，返回真
1105	end( )	返回指向最后一个元素的迭代器
1106	equal_range( )	返回集合中与给定值相等的上下限的两个迭代器
1107	erase( )	删除集合中的元素
1108	find( )	返回一个指向被查找到元素的迭代器
1109	get_allocator( )	返回多元集合的分配器
1110	insert( )	在集合中插入元素
1111	key_comp( )	返回一个用于元素间值比较的函数
1112	lower_bound( )	返回指向大于（或等于）某值的第一个元素的迭代器
1113	max_size( )	返回集合能容纳的元素的最大限值
1114	rbegin( )	返回指向多元集合中最后一个元素的反向迭代器
1115	rend( )	返回指向多元集合中第一个元素的反向迭代器
1116	size( )	多元集合中元素的数目
1117	swap( )	交换两个多元集合变量
1118	upper_bound()	返回一个大于某个值元素的迭代器
1119	value_comp()	返回一个用于比较元素间的值的函数

附录B ASCII 码 表

ASCII 码表：包含数值在 0～127 之间的字符的十进制、八进制及十六进制表示

十进制	八进制	十六进制	字符	十进制	八进制	十六进制	字符
0	0	00	NUL	33	41	21	!
1	1	01	SOH	34	42	22	"
2	2	02	STX	35	43	23	#
3	3	03	ETX	36	44	24	$
4	4	04	EOT	37	45	25	%
5	5	05	ENQ	38	46	26	&
6	6	06	ACK	39	47	27	'
7	7	07	BEL	40	50	28	(
8	10	08	BS	41	51	29	)
9	11	09	HT	42	52	2A	*
10	12	0A	LF	43	53	2B	+
11	13	0B	VT	44	54	2C	,
12	14	0C	FF	45	55	2D	–
13	15	0D	CR	46	56	2E	.
14	16	0E	SO	47	57	2F	/
15	17	0F	SI	48	60	30	0
16	20	10	DLE	49	61	31	1
17	21	11	DC1	50	62	32	2
18	22	12	DC2	51	63	33	3
19	23	13	DC3	52	64	34	4
20	24	14	DC4	53	65	35	5
21	25	15	NAK	54	66	36	6
22	26	16	SYN	55	67	37	7
23	27	17	ETB	56	70	38	8
24	30	18	CAN	57	71	39	9
25	31	19	EM	58	72	3A	:
26	32	1A	SUB	59	73	3B	;
27	33	1B	ESC	60	74	3C	<
28	34	1C	FS	61	75	3D	=
29	35	1D	GS	62	76	3E	>
30	36	1E	RS	63	77	3F	?
31	37	1F	US	64	100	40	@
32	40	20	SPC	65	101	41	A

续表

<table>
<tr><th>十进制</th><th>八进制</th><th>十六进制</th><th>字符</th><th>十进制</th><th>八进制</th><th>十六进制</th><th>字符</th></tr>
<tr><td>66</td><td>102</td><td>42</td><td>B</td><td>97</td><td>141</td><td>61</td><td>a</td></tr>
<tr><td>67</td><td>103</td><td>43</td><td>C</td><td>98</td><td>142</td><td>62</td><td>b</td></tr>
<tr><td>68</td><td>104</td><td>44</td><td>D</td><td>99</td><td>143</td><td>63</td><td>c</td></tr>
<tr><td>69</td><td>105</td><td>45</td><td>E</td><td>100</td><td>144</td><td>64</td><td>d</td></tr>
<tr><td>70</td><td>106</td><td>46</td><td>F</td><td>101</td><td>145</td><td>65</td><td>e</td></tr>
<tr><td>71</td><td>107</td><td>47</td><td>G</td><td>102</td><td>146</td><td>66</td><td>f</td></tr>
<tr><td>72</td><td>110</td><td>48</td><td>H</td><td>103</td><td>147</td><td>67</td><td>g</td></tr>
<tr><td>73</td><td>111</td><td>49</td><td>I</td><td>104</td><td>150</td><td>68</td><td>h</td></tr>
<tr><td>74</td><td>112</td><td>4A</td><td>J</td><td>105</td><td>151</td><td>69</td><td>i</td></tr>
<tr><td>75</td><td>113</td><td>4B</td><td>K</td><td>106</td><td>152</td><td>6A</td><td>j</td></tr>
<tr><td>76</td><td>114</td><td>4C</td><td>L</td><td>107</td><td>153</td><td>6B</td><td>k</td></tr>
<tr><td>77</td><td>115</td><td>4D</td><td>M</td><td>108</td><td>154</td><td>6C</td><td>l</td></tr>
<tr><td>78</td><td>116</td><td>4E</td><td>N</td><td>109</td><td>155</td><td>6D</td><td>m</td></tr>
<tr><td>79</td><td>117</td><td>4F</td><td>O</td><td>110</td><td>156</td><td>6E</td><td>n</td></tr>
<tr><td>80</td><td>120</td><td>50</td><td>P</td><td>111</td><td>157</td><td>6F</td><td>o</td></tr>
<tr><td>81</td><td>121</td><td>51</td><td>Q</td><td>112</td><td>160</td><td>70</td><td>p</td></tr>
<tr><td>82</td><td>122</td><td>52</td><td>R</td><td>113</td><td>161</td><td>71</td><td>q</td></tr>
<tr><td>83</td><td>123</td><td>53</td><td>S</td><td>114</td><td>162</td><td>72</td><td>r</td></tr>
<tr><td>84</td><td>124</td><td>54</td><td>T</td><td>115</td><td>163</td><td>73</td><td>s</td></tr>
<tr><td>85</td><td>125</td><td>55</td><td>U</td><td>116</td><td>164</td><td>74</td><td>t</td></tr>
<tr><td>86</td><td>126</td><td>56</td><td>V</td><td>117</td><td>165</td><td>75</td><td>u</td></tr>
<tr><td>87</td><td>127</td><td>57</td><td>W</td><td>118</td><td>166</td><td>76</td><td>v</td></tr>
<tr><td>88</td><td>130</td><td>58</td><td>X</td><td>119</td><td>167</td><td>77</td><td>w</td></tr>
<tr><td>89</td><td>131</td><td>59</td><td>Y</td><td>120</td><td>170</td><td>78</td><td>x</td></tr>
<tr><td>90</td><td>132</td><td>5A</td><td>Z</td><td>121</td><td>171</td><td>79</td><td>y</td></tr>
<tr><td>91</td><td>133</td><td>5B</td><td>[</td><td>122</td><td>172</td><td>7A</td><td>z</td></tr>
<tr><td>92</td><td>134</td><td>5C</td><td>\</td><td>123</td><td>173</td><td>7B</td><td>{</td></tr>
<tr><td>93</td><td>135</td><td>5D</td><td>]</td><td>124</td><td>174</td><td>7C</td><td>|</td></tr>
<tr><td>94</td><td>136</td><td>5E</td><td>^</td><td>125</td><td>175</td><td>7D</td><td>}</td></tr>
<tr><td>95</td><td>137</td><td>5F</td><td>_</td><td>126</td><td>176</td><td>7E</td><td>~</td></tr>
<tr><td>96</td><td>140</td><td>60</td><td>`</td><td>127</td><td>177</td><td>7F</td><td>DEL</td></tr>
</table>

附录 C　Visual C++组合键/快捷键

附表 C-1　Visual C++组合键/快捷键

序号	组合键/快捷键	功　能
1	F1	帮助
2	Ctrl+O	打开
3	Ctrl+P	打印
4	Ctrl+N	新建
5	Ctrl+Shift+F2	清除所有书签
6	F2	上一个书签
7	Shift+F2	上一个书签
8	Alt+F2	编辑书签
9	Ctrl＋F2	添加/删除一个书签
10	F12	进行定义
11	Shift+F12	进行参考
12	Ctrl+'Num+'	显示下一个定义模型和参考模型
13	Ctrl+'Num-'	显示定义和参考的评论、描述
14	Ctrl+J/K	寻找上一个/下一个预编译条件
15	Ctrl+Shift+J/K	寻找上一个/下一个预编译条件并将这一块选定
16	Ctrl+End	文档尾
17	Ctrl+Shift+End	选定从当前位置到文档尾
18	Ctrl+Home	文档头
19	Ctrl+Shift+Home	选定从当前位置到文档头
20	Ctrl+B/Alt+F9	编辑断点
21	Alt+F3/Ctrl+F	查找
22	F3	查找下一个
23	Shift+F3	查找上一个
24	Ctrl+]/Ctrl+E	寻找下一半括弧
25	Ctrl+Shift+]	寻找下一半括弧并选定括弧之间的部分（包括括弧）
26	Ctrl+Shift+E	寻找下一半括弧并选定括弧之间的部分（包括括弧）
27	F4	寻找下一个错误/警告位置
28	Shift+F4	寻找上一个错误/警告位置
29	Shift+Home	选定从当前位置到行首
30	Shift+End	选定从当前位置到行尾
31	Ctrl+L	剪切当前行

续表

序号	组合键/快捷键	功　　能
32	Ctrl+Shift+L	删除当前行
33	Alt+Shift+T	交换当前行和上一行
34	Ctrl+Alt+T	打开完整的列表框
35	Shift+PageDown	选定从当前位置到下一页当前位置
36	Shift+PageUp	选定从当前位置到上一页当前位置
37	Ctrl+Shift+Space	显示函数参数的工具顶端
38	Ctrl+Z/Alt+Backspace	恢复
39	Ctrl+Shift+Z/Ctrl+Y	重做
40	F8	当前位置变成选定区域的头/尾（再移动光标或者点鼠标就会选定）
41	Ctrl+Shift+F8	当前位置变成矩形选定区域的头/尾（再移动光标或者点鼠标就会选定）
42	Alt+F8	自动格式重排
43	Ctrl+G	运行
44	Ctlr+X/Shift+Del	剪切
45	Ctrl+C/Ctrl+Ins	粘贴
46	Ctrl+V/Shift+Ins	复制
47	Ctrl+U	将选定区域转换成小写
48	Ctrl+Shift+U	将选定区域转换成大写
49	Ctrl+F8	当前行变成选定区域的头/尾（再移动上下光标或者点鼠标就会选定多行）
50	Ctrl+Shift+L	删除从当前位置到行尾
51	Ctrl+Shift+8	将所有 Tab 变成`或者还原
52	Ctrl+T	显示变量类型
53	Ctrl+↑	向上滚屏
54	Ctrl+↓	向下滚屏
55	Ctrl+Del	删除当前单词的后半截（以光标为分割）
56	Ctrl+Backspace	删除当前单词的前半截（以光标为分割）
57	Ctrl+←	移到前一个单词
58	Ctrl+→	移到后一个单词
59	Ctrl+Shift+←	选定当前位置到前一个单词
60	Ctrl+Shift+→	选定当前位置到后一个单词
61	Ctrl+Shift+T	将本单词和上一个单词互换
62	Alt+0	窗体工作区
63	Alt+2	窗体外置
64	Alt+3	窗体监控
65	Alt+4	窗体变量
66	Alt+5	窗体注册

续表

序号	组合键/快捷键	功　　能
67	Alt+6	窗体存储
68	Alt+7	呼出窗体区
69	Alt+8	拆分窗体
70	Ctrl+W	复杂类
71	Alt+Enter	属性
72	F7	创建
73	Ctrl+F7	编译
74	Ctrl+F5	运行
75	Ctrl+Break	停止创建
76	F5	执行
77	Ctrl+F10	执行游标
78	F11	移步运行
79	Alt+F10	应用代码改变
80	Ctrl+F9	激活或者失效断点
81	Alt+F11	将窗体存储切换到下一种显示模式
82	Alt+Shift+F11	将窗体存储切换到上一种显示模式
83	Ctrl+Shift+F9	去掉所有断点
84	Ctrl+Shift+F10	将当前行设为下一条指令执行的行
85	Alt+Num*	滚动到当前指令
86	Shift+F11	跳出当前函数
87	F9	断点
88	F10	移步运行停止
89	Shift+F5	停止调试
90	Alt+F6	增强窗体的存储性能
91	Shift+Esc	隐藏窗口
92	Ctrl+*	打开字符表
93	Ctrl+F3	向下查找下一个
94	Ctrl+Shift+F3	查找上一个
95	Ctrl+D	查找
96	Ctrl+I	向下查找下一个
97	Ctrl+Shift+I	查找上一个
98	Alt+O	头文件与 cpp 文件的交互显示

参 考 文 献

[1] 徐宏喆．面向对象高级技术教程．北京：清华大学出版社，2012.
[2] 杜茂康．C++.NET 程序设计．北京：清华大学出版社，2009.
[3] 王浩．C++轻松入门．北京：人民邮电出版社．2009.
[4] 蔡学镛．C++ Primer Plus．6 版．北京：人民邮电出版社，2012.
[5] 李师贤．C++ Primer 中文版．4 版．北京：人民邮电出版社，2006.
[6] 聂雪军，Exceptional C++: 47 Engineering Puzzles, Programming Problems, and Solutions，2012.
[7] Matthew Wilson．Imperfect C++: Practical Solutions for Real-Life Programming．北京：人民邮电出版社，2012.
[8] 钱林松．C++反汇编与逆向分析技术揭秘．北京：机械工业出版社，2011.
[9] 冀云．C++黑客编程揭秘与防范．北京：人民邮电出版社，2012.
[10] 付永华．C ++高级语言程序设计．北京：中国电力出版社，2007.
[11] Bjarne Stroustrup．THE C++ PROGRAMMING LANGUAGE．北京：Higher Education Press Pearson Education．2002.
[12] Walter Savitch．C++面向对象程序设计——基础、数据结构与编程思想，周靖，译．北京：清华大学出版社，2004.
[13] Brian Overland．C++语言命令详解，董梁，等，译．北京：电子工业出版社，2000.
[14] AI Stevens．C++大学自学教程，林瑶，等，译．北京：电子工业出版社，2004.
[15] 刁成嘉．面向对象 C++程序设计，北京：机械工业出版社，2004.
[16] 刘瑞新．Visual C++面向对象程序设计程，北京：机械工业出版社，2004.
[17] 陈文宇，张松梅．C++语言教程．西安：西安电子科技大学出版社，2004.
[18] 张凯．VC++程序设计．大连：大连理工大学出版社，2002.
[19] 马建红，沈西挺．Visual C++程序设计与软件技术基础．北京：中国水利水电出版社，2002.
[20] 钱能．C++程序设计教程．北京：清华大学出版社，1999.
[21] 艾德才．C++程序设计简明教程．北京：中国水利水电出版社，2000.
[22] 于明，等．Visual C++程序设计教程．北京：海洋出版社，2001.
[23] 郑人杰．软件工程．北京：清华大学出版，1999.
[24] 王育坚，等．Visual C++程序基础教程．北京：北京邮电大学出版社，2000.
[25] 李光明．Visual C++6.0 经典实例大制作．北京：中国人事出版社，2001.
[26] 陈光明．实用 Visual C++编程大全．西安：西安电子科技大学出版社，2000.
[28] Jon Bates, Tim Tonpkins．实用 Visual C++6.0 教程．何健辉，等，译．北京：清华大学出版社，2000.
[29] Robert L.Krusw，Alexander J.Ryba．C++数据结构与程序设计．钱丽萍，译．北京：清华大学出版社，2004.
[30] Cliford A. Shaffer．A Practical Introduction to Data Structure and Algorithm Analysis．北京：电子工业出版社，2002.
[31] 江明德．面向对象的程序设计．北京：电子工业出版社，1993.

[32] 陈文宇．面向对象程序设计语言 C＋＋．北京：机械工业出版社，2004.
[33] 廉师友．C++面向对象程序设计简明教程．西安：西安电子科技大学出版社，1998.
[34] 李师贤，等．面向对象程序设计基础．北京：高等教育出版社，1998.
[35] 谭浩强．C++程序设计．北京：清华大学出版社，2004.
[36] H.M.Deitel,P.J.Deitel．C++程序设计教程——习题解答．施平安，译．北京：清华大学出版社，2004.
[37] Nell Dale, Chip Weems, Mark Headington．C++程序设计（第二版，影印版）．北京：高等教育出版社，2001.